决策心理学：成语中的现代智慧

盛晓白 / 著

东南大学出版社
SOUTHEAST UNIVERSITY PRESS
·南京·

内 容 提 要

本书利用人们喜闻乐见的成语，结合相关故事或轶事，阐释决策心理学的基本概念、原理和有趣的心理现象，既能加深读者对成语的理解，惊叹于成语与人们工作、生活的密切相关，又能让读者一窥决策心理学的奥秘，于潜移默化中改变自己的思维方式。

无论在工作中还是在生活中，人人都希望自己的决策更理性、更科学。本书的初衷，就是帮助您实现这个愿望，让人生焕发出全部的光彩和热量！

图书在版编目(CIP)数据

决策心理学 ：成语中的现代智慧 / 盛晓白著. —
南京 ：东南大学出版社，2024.7
ISBN 978-7-5766-1379-7

Ⅰ.①决… Ⅱ.①盛… Ⅲ.①决策(心理学)-通俗读物 Ⅳ.①B842.5-49

中国国家版本馆 CIP 数据核字(2024)第 070779 号

责任编辑：刘 坚(liu-jian@seu.edu.cn) **责任校对**：子雪莲
封面设计：王 玥 **责任印制**：周荣虎

决策心理学：成语中的现代智慧
Juece Xinlixue：Chengyu Zhong De Xiandai Zhihui

著 者 盛晓白
出版发行 东南大学出版社
出 版 人 白云飞
社 址 南京市四牌楼 2 号 邮编：210096
经 销 全国各地新华书店
印 刷 广东虎彩云印刷有限公司
开 本 787mm×1092mm 1/16
印 张 18.75
字 数 450 千字
版 次 2024 年 7 月第 1 版
印 次 2024 年 7 月第 1 次印刷
书 号 ISBN 978-7-5766-1379-7
定 价 78.00 元

本社图书若有印装质量问题，请直接与营销部调换。电话(传真)：025-83791830

前言

中国文化博大精深，成语(惯用语)更是中国人民从劳动生活中凝练的智慧结晶，是中华优秀传统文化典例之一。实际上，成语词典就是一本百科全书，凝聚了历代中国人的智慧。它广泛涉及政治、经济、社会、思想、心理等各个领域，不管从哪个角度探讨，都能让我们受益匪浅。本书利用人们喜闻乐见的成语，成语背后的典故或相关的故事、轶事，阐释决策心理学的基本概念、原理和有趣的心理现象，既能加深读者对成语的理解，惊叹于成语在生活中的广泛应用，又能让读者一窥决策心理学的奥秘，于潜移默化中改变自己的决策和思维方式。

本书因如下特点而独具一格：

其一，新颖性。本书内容广泛、观点新颖，以全新的视角，重新审视和解读决策心理学，既有理论上的探讨，又有对现实问题的剖析。用成语这个千年古瓶，装决策心理学这个现代美酒，其滋味究竟如何？不妨亲口一尝！

其二，亲切感。本书通过大量耳熟能详的成语，展现出古人对人类心理的深刻洞察，让读者倍感亲切，惊叹中国文化的博大精深、源远流长。

其三，项链式。本书有如一串贝壳项链，每段文字都是独立的，各自通过一个成语，介绍决策心理学的概念、原理或心理现象，串在一起就是一个整体。既符合现代社会的快节奏，便于随时阅读，又可日积月累，把握一门学科的精髓。

其四，趣味性。本书穿插了大量生动的小故事，用以揭示问题的本质，使复杂、枯燥的概念和原理，变得易于理解、易于领悟，趣味盎然、发人深省。

其五，通俗性。本书深入浅出，通俗易懂，雅俗共赏。

其六，知识性。读者会在潜移默化中转变自己的思维方式，用书中的基本概念和原理，剖析日常生活中光怪陆离的心理现象，读者不禁会为自己的惊人表现而惊叹：决策心理学并不神秘，我也能雾里看花，破译他人言行背后的心理密码！

凡是具有中学或中学以上文化，迫切希望提高决策水平和思维能力、掌握自身命运的人，或希望能够洞察他人心理，在社会交往中占有主动权的人，都会喜欢本书。也可以说，凡是喜欢成语、勤于思考的人，都有可能喜欢本书。

让决策心理学插上成语的翅膀，帮助我们飞得更高、更远！

盛晓白
2024. 3

目 录

第1章 决策偏差

第 2 章　决策的过程

第 3 章　三种基本心理需要

第4章　潜意识

第5章　潜意识与人类思维

第 6 章　损失规避

第7章 控制的渴望

第8章　寻求平衡

01 第1章　决策偏差

工欲善其事，必先利其器·改变思维方式

工欲善其事，必先利其器　器：工具。工匠要想做好活，一定要先使工具精良。《论语·卫灵公》："子曰：'工欲善其事，必先利其器。'"

进入21世纪，以破解人类心智奥秘为目标的认知科学越来越引起各国的重视。所谓认知，是指个体为弄清事物的性质和规律，而进行的一系列获取知识和运用知识的心理过程。其中，决策问题和思维方式更是认知科学的核心。工欲善其事，必先利其器。康德的墓志铭上写道："重要的不是给予思想，而是给予思维。"2002年的诺贝尔经济学奖授予了卡尼曼教授，因为他把心理学的研究方法和成果引入经济学研究领域，解释了人们在不确定情况下是如何判断和决策的。

运筹决策·什么是决策

运筹决策　筹：古代用以计数的算筹，引申为谋划、计策。筹划情况，拟订作战策略。明·罗贯中《三国演义》第四十七回："赤壁鏖兵用火攻，运筹决策尽皆同。"

所谓决策，是指个体从多个方案中进行选择的过程。根据人类的认识规律，要想运筹决策，首先得通过感官接受外界刺激，产生一定的认识和体验。然后，通过推理，形成基本判断和备选方案。最后，再从多个方案中择一而从之。因此，决策的心理过程包括感知、推理和选择等三个阶段。决策的第一阶段是感知，通过听觉、视觉、触觉等，从外界获取信息，形成感性认识。决策的第二阶段是推理，通过对信息的加工和处理，形成一些基本判断和备选方案。决策的第三阶段是选择，通过比较和分析，找出一个最适宜、最满意的方案。

决胜千里·决策的重要性

决胜千里　形容将帅雄才大略，其决策影响巨大。《史记·留侯世家》："运筹策帷帐中，决胜千里外，子房功也。"

无论是个人、企业还是政府，无时无刻不在进行决策。交什么样的朋友？上什么样的学校？找什么样的工作？我们都需要决策。人生轨迹其实是由大大小小的决策所组成的。企业的一举一动，政府的每一项政策，也都是管理者决策后的结果。运筹帷幄，决胜千里。在重大转折关头，决策起着至关重要的作用，小到决定个人和企业的命运，大到决定国家存亡。美国兰德公司认为，世界上破产倒闭的大型企业中，85%是由管理者决策失误所造成的。

捉摸不定·决策的难易

捉摸不定　捉摸:猜测。形容变化无常,无法猜测。明·施耐庵《水浒传》第二回:“却说朱武、杨春两个,正在寨里猜疑,捉摸不定,且教小喽啰再去探听消息。”

决策有简单的,也有复杂的。有些决策出于惯性,不需多加思考,如清晨在闹钟声中起床。有些决策稍微复杂一些,需要掌握足够的信息,如买一部汽车,必须对这部汽车的方方面面有所了解。有些决策就更加复杂了,如购买股票,光掌握信息不行,还必须对大盘和个股的发展趋势有一个清醒的认识,有时甚至要碰一下运气。决策的难易,与不确定性程度有关。赫伯特·西蒙认为,决策是对存在不确定性因素的备选方案做出选择的行为。如果一切都确定无疑,决策就很简单。倘若前景捉摸不定,决策就非常困难,需要高超的眼力和非凡的勇气。有的不确定性在掌握充足信息后可以被消除,如买汽车的不确定性。有的不确定性无法被消除,如买股票的不确定性。因此,买汽车吃亏上当的不多,炒股票屡屡败北的随处可见。

天有不测风云,人有旦夕祸福·不确定性

天有不测风云,人有旦夕祸福　比喻有些灾祸难以预料。宋·无名氏《张协状元》第三十二出:“天有不测风云,人有旦夕祸福。”

“天有不测风云,人有旦夕祸福”是对不确定性的最佳概括。上句“天有不测风云”,道出了自然界的不确定性。下句“人有旦夕祸福”,道出了人类社会的不确定性。不确定性与确定性相对应。所谓确定性,指某事件只有一种结果;不确定性指可能出现的情况不止一种。不确定性分为两种,一种能够用概率来描述,另一种没有稳定的概率。弗兰克·奈特把前一种情况界定为“风险”,后一种情况界定为“不确定性”。火灾是“风险”,可以根据历史资料估计其概率,保险就是专门用来消除或转移风险的。但是,有些事件的概率却无法估计,如金融危机、社会动乱。通常,人们将两种情况都称为风险或不确定性。

心中有数·控制事态发展

心中有数　对情况和问题有基本的了解,处理问题有一定把握。冯德英《迎春花》第七章:“春玲要先同儒春谈好,心中有数,再去和老东山交锋。”

人们偏爱确定性,害怕不确定性,是为了满足自己的控制欲。知道某事件肯定会发生或肯定不会发生,我们就心中有数,知道如何去应对,控制事态的发展。这时的感觉是美好的,觉得可以掌握个人命运,掌控周围世界。反之,如果未来充满不确定性,我们就会有一种无望、无助的感觉,这是令人沮丧的。在闽南一带,古时,渔民出海,随时都可能遇到风暴,而风暴有时可以预测,有时突如其来。此时此刻,人们认为只能凭借妈祖的力量,来减少这种不确定性。于是,妈祖庙才会遍布于中国沿海和东南亚一带。

不孚众望·专家的决策

不孚众望　孚:令人信服。不能使众人信服。《清史稿·温承惠传》:“二十三年,授

山东按察使。承惠前官畿辅，不孚众望，及复起，颇思晚盖。”

决策需要非凡的洞察力，从不确定性中找到方向，从混沌中看到隐含的秩序。未来存在着多种可能性，其结果常出乎人们的意料。不确定性很大时，决策只能是一场赌博。在某些行业，由于不可重复性，其实并没有真正的专家。对证券分析、情报分析、现代战争等领域的研究表明，专家的预测和决策能力不孚众望，不比普通人强。只有在那些不确定性占比较小的领域，如自然科学、会计核算、外科手术等，专家的能力才远强于普通人。例如，经济学家并没有预见 20 世纪以来的几次经济危机，甚至认为世界即将迎来经济繁荣。

远见卓识 · 希尔顿酒店

远见卓识　有远大的眼光和高明的见解。明 · 焦竑《玉堂丛语 · 调护》：“解缙之才，有类东方朔，然远见卓识，朔不及也。”

1919 年，康拉德 · 希尔顿退伍了，本想到得克萨斯州买下一家银行。开始，谈判很顺利。后来，对方突然提高了收购价格，希尔顿打算先睡一觉，醒来再做决定。他走进一家旅馆，老板告诉他，有房间可供休息，但只供 8 个小时，因为附近正在开采油田，对住宿需求很大。希尔顿看到旅馆业的黄金时代已经到来，立即取消了介入银行业的计划，第二天就买下这家旅馆，开创了希尔顿酒店王国。这表明，想要做出好的决策，需要有远见卓识，能够在漫天迷雾中，捕捉到最珍贵、最适合自己的机会，能够在巨大的可能性空间中，寻找到最适合自己发展的那种可能性。

取之不尽，用之不竭 · 巨大的可能性空间

取之不尽，用之不竭　形容非常丰富，能尽其所用而有余。宋 · 苏轼《前赤壁赋》：“惟江上之清风，与山间之明月，耳得之而为声，目遇之而成色，取之无禁，用之不竭。”

让决策者绞尽脑汁的巨大的可能性空间，却是文学艺术取之不尽、用之不竭的创作源泉。文学艺术之所以迷人，就是因为它描述了人生的多种可能性，弥补了现实人生的缺憾。那里展现的人生，既在情理之中，又在意料之外。其美好和独特，有时甚至超出我们的想象。我们因作品中的人物而感动，而深思。他们或许与我们观念相同、身份相同，能引起我们的共鸣；他们或许与我们经历相似，却有着不一样的辉煌，为我们提供借鉴；他们或许与我们天差地别，让我们充满好奇，沉醉于光怪陆离的别样人生。中老年女性爱看韩剧，为里面的家长里短、温馨氛围所吸引；男孩子爱看武侠小说，在路见不平、拔刀相助的大侠身上，满足了自己的英雄情结；女孩子爱看言情小说，从中寻找令人陶醉的瞬间。

纸上谈兵 · 知识和智慧

纸上谈兵　比喻空谈理论，不能解决实际问题。《史记 · 廉颇蔺相如列传》记载：战国时赵国名将赵奢之子赵括，从小熟读兵法，谈起兵事来，父亲也难不倒他。但赵括不知

变通,在长平之战中大败于秦军。

纸上谈兵,是知其然不知其所以然,有知识而没有智慧。纸上谈兵者把世界看成是确定性的,没有变化的,他们认为只要照着教条去做就行。知识是前人经验的总结,单纯的知识是没有生命力的。智慧体现在对知识的融会贯通和灵活运用;过人的思维能力和科学的思维方式;善于发现,富于远见和洞察力,能在不确定性中发现规律。历史上的大军事家、大科学家和大学者,不仅拥有过人的知识,而且拥有过人的智慧。"悟"是通向智慧的唯一途径。在大量读书的基础上,大胆实践,反复揣摩,不断反思,才有可能顿悟,从而获得智慧。知识和智慧的区别,就是工匠和大师的区别,就是赵括和诸葛亮的区别。

梦想不到·意外事件

梦想不到　比喻完全出乎意料。明·侯岐曾《侯岐曾日记·丙戌》:"且以支离漂泊如许,而彭城、天水先后议婚,真梦想不到。"

不确定性很强的事件的预测难度是很大的,如长期天气预报。不过,气候变化有一定的可重复性,短期预报还是比较准确的。然而,很多重大事件都是不可重复的意外事件,没有经验可资借鉴,无法进行比较和推理,很难做出准确判断。而且,预测长期趋势时,对重大事件的估计失误会产生累积性错误,使预测完全失败。菲利普·泰洛克让有关专家(涉及专家近 300 名)判断 5 年后,某些政治、经济和军事事件发生的可能性。研究表明,专家的错误率非常高。而且,博士不比学士高明,教授不比记者高明。培根说,人类最重要的发展是梦想不到的。达尔文和华莱士发表进化论论文的那一年,公布他们论文的林奈学会主席年底声称,该学会"没有重大发现",没有对科学具有革命性影响的东西。

前车之鉴·避开决策误区

前车之鉴　鉴:镜子。前面车子翻倒了,应引以为戒。比喻从前人的失败中吸取教训。《汉书·贾谊传》:"前车覆,后车诫。"

决策分为三个阶段:感知、推理和选择。大脑的局限性和未来的不确定性,使得每个阶段都可能出现偏差。决策者的误区具有一般性和系统性特征。一般性是指所有人,至少是绝大多数正常人,都有这样的误区,而且在一定程度上是不可矫正的。决策时,如果面对不确定性很强的问题,受教育水平起不了多大作用,专家和新手同样会陷入误区。所谓系统性,指这些误区是稳定的,可以根据其类型,精确地复制出来,研究如何强化或弱化这些误区。如果我们能够识别并认识决策误区,将之作为前车之鉴,就能够尽量避免错误,至少是大大减少错误。

盲人摸象·感官的误区

盲人摸象　盲人靠触摸来了解大象。后泛指认识事物片面或以偏概全。明·张岱《大易用·序》:"盲人摸象,得耳者谓象如簸箕,得牙者谓象如槊,得鼻者谓象如杵。随摸所名，都非真象。”

除了未来的不确定性之外，大脑本身也是决策失误的根源。人类的感官存在着局限性，难以全面摄取所需信息，有如盲人摸象。更重要的是，人类以自我为中心，带有很强的主观色彩。但是，很少有人能意识到这一点，这是产生感官错觉的最根本原因。人们愿意看到自己所想看到的，听到自己所想听到的，记住自己所想记住的，只有这样，人们才能心安理得，获得心理上的平衡。

比物连类・对比效应

比物连类　联结同类事物进行比较。《史记・鲁仲连邹阳列传》：“邹阳辞虽不逊，然其比物连类，有足悲者，亦可谓抗直不桡矣。”

任何感觉都有相对性，触觉尤其是这样。在一个有关对比效应的实验中，取三只碗，分别盛满冷水、温水和热水。被试分为两组，第一组先把手放进冷水中，然后放进温水中。第二组先把手放进热水中，然后放进温水中。结果，同样一碗温水，两组被试的评价却大不相同。第一组被试说是热水，第二组被试说是冷水。其实，他们想说的仅仅是：这碗水比刚才那碗水热一些或冷一些。科伦和米勒注意到，播音员采访一群篮球运动员时，显得非常矮小。当他采访一群赛马手时，却显得非常高大。但是，如果播音员与一匹高大的赛马站在一起，看上去并没有变矮。他们推测，只有比物连类，两个刺激物相似时，对比效应才会存在。

有眼无珠・视觉的误区

有眼无珠　有眼眶却没有眼珠。比喻不辨真假，没有识别能力。明・吴承恩《西游记》第十六回：“我等有眼无珠，不识真人下界。”

人们早就认识到，听觉器官摄取的信息并不可靠，在不断传递过程中，信息受到歪曲和再加工，很快就面目全非了。其实，视觉也不可靠。人们心中有一种固定模式，由其价值观和经验所构成。人们对一切问题的看法和理解，都由这种心理模式出发。我们看到的，未必就是实际存在的，往往是我们希望的、相信的。晋献公时，骊姬想立自己的儿子奚齐为太子，诬陷太子申生以言语挑逗。献公不信，骊姬约申生游于花园。骊姬头发上涂有蜂蜜，蜂蝶纷纷落于其头上。骊姬曰：“请太子为我驱赶蜂蝶！”申生从背后以袍袖挥之。献公远远望去，以为真有调戏之事，大怒，欲杀申生。我们常常和献公一样有眼无珠，真是可悲可叹！

螳螂捕蝉，黄雀在后・视觉是不完全的

螳螂捕蝉，黄雀在后　螳螂正要捕蝉，不知黄雀在后面要捉它。比喻只看到前面有利可图，不知道祸害就在后面。汉・刘向《说苑・正谏》：“蝉高居悲鸣饮露，不知螳螂在其后也；螳螂委身曲附欲取蝉，而不知黄雀在其旁也；黄雀延颈欲啄螳螂，而不知弹丸在其下也。”

不但视觉本身会错，人们通过视觉获取的信息也常常是不完全的，从而导致错误结论的出现。“螳螂捕蝉，黄雀在后”说的就是这种情况。蝉在树上无忧无虑地唱歌，不知道螳螂在它的背后。螳螂正暗自得意，不知道黄雀在它的背后。黄雀自以为得计，不知道一位少年拿起了弹弓，悄悄瞄准着它。蝉、螳螂和黄雀，只看到眼前的猎物，个个心中窃喜，没有看到背后的天敌和面临的危险。人类何尝不是如此？由于生理上的局限，我们只能看到有限的事物，遗漏了大部分事物。由于心理上的局限，我们只愿看到有利于己的信息，不愿看到负面信息。

一孔之见 · 推理和判断有误

一孔之见　从一个小洞里所看到的。比喻狭隘、片面的见解。汉 · 桓宽《盐铁论 · 相刺》：“持规而非矩，执准而非绳，通一孔，晓一理，而不知权衡。”

我们通过感官获取的信息存在着误差，我们的推理和判断也可能有误。某医院精神科对一年来的心理咨询者进行盘点，发现成年男性中，公司老板和公务员来咨询的人数最多，占全部咨询者的35%。公务员压力大是由于“为前途担忧”“看到别人发了财，心理不平衡”“觉得人际关系微妙”。老板压力大主要是感情上的原因，是由于出现家庭危机。医院最终得出结论：在社会上，这两种人受到的压力最大。但是，这种结论过于片面，实为一孔之见。农民工和下岗工人遇到的困难和挫折甚至更大。但是，他们无力享用心理咨询这种奢侈品。从医院资料中只能得出这样的结论：在就诊者中，老板和公务员压力最大。

爱屋及乌 · 感情的困扰

爱屋及乌　爱一个人而连带爱他屋上的乌鸦。比喻爱一个人而连带喜欢与他有关的人或物。《尚书大传 · 大战》：“爱人者，兼其屋上之乌。”

我们的推理和判断，还受到感情因素的强烈影响。如果我们爱一个人，便会爱屋及乌，不但认为他一切都好，甚至连与他有关的一切人和物，我们都感到很亲切、很可爱。反之，如果我们讨厌一个人，便会觉得他的一言一行都令人可憎。就连他的朋友，也会被我们列入“黑名单”，轻易不去接近。于是就有了偏见。我们常常不知道，这些偏见是几时产生的，产生的原因又是什么。因此，在我们做出推理和判断时，必须扪心自问：自己的看法是否客观公正？是否带有成见？

歧路亡羊 · 令人纠结的选择

歧路亡羊　歧路：岔路。亡：丢失。岔路太多，找不到丢失的羊。比喻事情复杂多变，不确定性很强。《列子 · 说符》载：有人丢了羊，率众追之，无功而返。因岔路太多，不知顺着哪个方向去找。

决策者在选择环节也并不轻松。不确定性使得我们做出选择时非常纠结。古时候，杨朱的邻居丢失了一只羊，请了很多人去追赶。尽管找羊的人很多，但是岔路太多，每条岔路又分出许多小路，根本无法追下去。我们常常面临类似的情况：可能性空间过于巨大，各种备选方案只有微妙的区别，很难对之做出正确的取舍。通常，决策者偏爱确定性事件，排斥不确定性事件，甚至拒绝承认不确定性的存在。我们希望世界没有风险。哪怕风险很小，也让我们深感烦恼。我们要求一种新理论绝对正确，一项新技术绝对没有风险。对核能的反应就是一例。日本福岛核电站泄漏事故，在发达国家引起轩然大波，有些国家甚至立法反对和平利用核能。

空中楼阁 · 理想化

空中楼阁　悬在半空中的楼阁。比喻虚幻的事物或脱离实际的空想。唐 · 宋之问《游法华寺》诗：“空中结楼殿，意表出云霞。”

有只猫是捕鼠英雄，大批老鼠死于它的利爪之下。一天，老鼠开会商量对策。有只老鼠突发奇想，说：“把铃铛挂在猫脖子上，就再也不用害怕了。”众老鼠齐声欢呼。但是，派谁去承担这个任务呢？顿时鸦雀无声。有时，我们的选择太理想化了，有如空中楼阁。如果非得去实施，有可能产生灾难性的后果。一亩地正常只能产几百斤粮食，非要它亩产万斤，只能虚报产量，把饭锅高高吊起。红军兵力薄弱，非得进攻大城市，除了损兵折将、白白牺牲，还能有什么样的结果？

数往知来 · 毛驴的悲剧

数往知来　数：计算。根据过去推算，可以预测未来。《周易 · 说卦》：“数往者顺，知来者逆。”

我们的选择，往往依据过往的经验。数往知来、老马识途，就是对这种现象的概括。如果环境没有变化，一般没有什么问题。如果环境变化了，经验越多，失误就越大。一只毛驴驮了两袋盐来到河边，不小心滑入水中，盐全部化了，毛驴一下子轻松起来，这次事故让它大开眼界。后来，毛驴驮了一袋棉花来到河边，想起上次愉快的经历，便故意滚到河里。棉花吸足水，越来越沉重，毛驴再也没有爬起来，活活淹死了。遇到新问题时凭借以往的经验，通常都会遭遇失败的下场。

先入为主 · 决策者的偏见

先入为主　指先接受了一种思想或观点，就不易再接受不同看法，即怀有成见。《汉书 · 息夫躬传》：“唯陛下观览古戒，反复参考，无以先入之语为主。”

决策者解释新信息时，总是设法与先前的信念和经验保持一致。由于信息总是比较模糊，信念总是十分强烈，故而能产生重大影响。比如，球迷总认为裁判在偏袒另一方。一些实验通过提示语先入为主，影响人们的知觉和记忆。心理学家让大学生评价一个男人的面部表情。他们告诉部分被试，这是盖世太保的领导人，屠杀了大批犹太人。这些大学生认为，男人的轻蔑表情显示，他是冷酷无情的。他们告诉另一些被试，这是反纳粹组织的领导人，拯救了数以千计的犹太人。这些被试说，男人微笑的嘴角和善良的眼神表明,这是一个善良的、富有同情心的人。对于同一个男人,他们做出了截然不同的评价。

固执己见·核战争警报

固执己见　顽固地坚持自己的意见。《宋史·陈宓传》:"固执己见,动失人心。"

我们不是直接对现实做出反应,而是根据对现实的解释做出反应。实验表明,我们对某些信息做出解释,有了某种信念后,就会固执己见,难以摆脱对它的依赖。1980 年 6 月 3 日,美国相关部门的一台计算机发出警报:苏联发射了携带核弹头的导弹,几分钟后将到达美国本土,全美国立即行动起来,为即将到来的核战争做好了充分准备。警报发出 3 分钟后,发现这个信号是错误的。经调查,一枚价值 0.46 美元的计算机芯片失灵了。对于这次警报,不同的人做出的反应迥然不同。反对核武器者认为,这次事件让他们感到更不安全。支持核武器者认为,他们感到更安全,因为现实证明这种错误是可以克服的。

事有必至,理有固然·事件的确定性

事有必至,理有固然　事情是必然要发生的,道理本来就该这样。指依据事物发展的固有规律,某些事情必然要出现。清·吴璿《飞龙全传》第二十九回:"看官们有所未知,从来事有必至,理有固然。"

对于经历过的事件,决策者倾向于高估它们发生的概率。对于可能发生但实际上并没有发生的事件,决策者倾向于低估它们发生的概率。他们对已经发生的个别事件了解得很详细,将之作为经验的源泉,而对可能发生的事件却不加考虑,所知甚少。因此,他们认为事有必至,理有固然,已经发生的一切,不是无数可能性中的一种,而是必然的、确定的和明显的。蒙古大军没有横扫日本列岛,是因为受到台风的干扰。如果大自然当时换一副面孔,历史就会改写。从微观处说,如果我们的父母没有相遇,我们就不可能来到这个世界。这里没有必然性,只有偶然性。有时,偶然性甚至决定一切。

唯利是图·经济人假设

唯利是图　指个人利益至上,别的什么都不顾。晋·葛洪《抱朴子·勤求》:"名过其实,由于夸诳,内抱贪浊,唯利是图。"

根据传统经济学理论,人们的一切行为都是理性的。人们唯利是图,谋求个人利益最大化,决策也是这样。但在实践中,决策的结果往往有悖于决策者的初衷。"经济人"假设极度简化了市场行为。人类既不能掌握完全信息,又在获取和加工信息上存在着能力限制,无法进行理性计算,准确核算个体的成本-收益,以实现利益最大化。基本技能机构对 7 个发达国家的 6000 人展开调查,要求他们不依靠计算机解出 12 道简单的算术题,如"5 减去 1.78""6 乘以 21"。日本人得分最高,43%的人全部答对。英国人全部答对的只有 20%。人们决策时,常常处于复杂、混乱、危险的情境,或经受着时间压力。研究发现，经理人决策平均花费时间不到9分钟。由于事务繁忙，他们用来思考的时间很少，往往仓促行事，即使拥有充分的信息，也很难做出正确的判断和选择。

不可思议·非理性倾向

不可思议　原指思想言语皆不能达到。现指无法想象或很难理解。北魏·杨衒之《洛阳伽蓝记·城内永宁寺》："佛事精妙，不可思议。"

人们不但存在着理性倾向，努力追求个人利益最大化，也存在着非理性倾向。人们的行为常常受到无意识、不合逻辑的因素的影响，让人感到不可思议。卡尼曼教授的研究表明，个体的行为除了受到利益驱使，还受到个性心理特征、价值观、信念等多种心理因素的影响。比如，商店打折时，有人疯狂购买，回去后才发现，这些东西并不适用，只得弃置一旁。有人一掷千金，只为了炫耀自己，赚几声喝彩。决策中的非理性体现在很多方面，如直觉的作用、情绪的干扰、习惯性思维和各种偏见。其中的有些因素，取决于人的本性，根本无法回避。

才高识远·偏爱最初的选择

才高识远　才能超众，见识深远。宋·强至《祠部集·送王宾玉》："志节慷慨忠义俱，才高识远器有余。"

人们决策时并非总是追求正确，而是偏爱最初的选择，致力于寻找支持性证据，以表明自己才高识远。人的一生都在证明自己，证明自己存在的价值，证明自己不同凡庸。我们有证实倾向，搜寻的材料和事实，都是为了验证自己的观点。我们喜欢与认同自己观点的人交往，即使这些人对自己的评价很低；我们有选择性记忆，能够想起的观点和经验都与假设相吻合；我们有评价盲区，容易接受能支撑假设的证据，苛求或拒绝反面证据；我们有批评成见，认为批评者怀有敌意，故意找碴，而且在我们看来，他们的观点毫无意义，不值一驳。

形形色色·目标多元化

形形色色　泛指事物种类繁多，各式各样。元·戴表元《讲义》："如造化之于万物，大而大容之，小而小养之，形形色色，无所遗弃。"

现实生活中，人们的决策目标并非单一的，仅仅为了自身利益最大化，而是形形色色，具有多元化特征。某些情境中，决策者罔顾其他，优先考虑避免灾难性事件的发生。例如，看到有人落水，你可能奋不顾身地跳下水，忘记自己是一只旱鸭子。另一些情境中，人们选择让素昧平生的路人获利，不惜牺牲个人利益。还有一些情境中，人们为了追求闲暇、友情或真理，宁愿让经济利益受损。

买椟还珠·艺术至上

买椟还珠　椟：木匣。买下木匣，退还珍珠。比喻不识货，取舍不当。《韩非子·外储说左上》："楚人有卖其珠于郑者，为木兰之柜，熏以桂椒，缀以珠玉，饰以玫瑰，辑以羽翠。郑人买其椟而还其珠。"

两千年来，买椟还珠的郑国人受尽了人们的嘲讽，被讥无眼光、不识货，被认为是个十足的傻子。显然，此人的行为不符合"经济人"假设，看上去非常愚蠢。其实，还存在着另外一种可能：这个郑国人是位艺术家，他鄙视普通人的眼光，视艺术为生命，视金钱为粪土。在他看来，珍珠只不过是金钱的象征，不值一提，倒是装珍珠的盒子，装饰精美、巧夺天工，实为无价之宝。

助人为乐・公正和利他

助人为乐　以帮助别人为乐。冰心《咱们的五个孩子》："在我们的新社会里，这种助人为乐的新风尚，可以说是天天在发生，处处在发生。"

除了利己特征之外，人类也具有公正和利他特征，时常助人为乐。由于基因上的联系，我们会对亲属和亲戚产生利他行为。由于互惠性，我们会对朋友和其他人产生利他行为。但是，有些利他行为既不会带来明显的利益，也很难在将来得到回报，如献血、帮助陌生人、向慈善机构捐款。国外学者发现，有 40%～60%的人愿意为公共事务做出贡献。比尔・盖茨退休前表示，将把 580 亿美元个人财产全部捐献给比尔及梅琳达・盖茨基金会。沃伦・巴菲特说："那种以为只要投对娘胎便可一世衣食无忧的想法，损害了我心中的公平观念。"他宣布捐献 99%的财产。许多美国富人赞同这样的观点："在巨富中死去是一种耻辱。"

乐善好施・高成本信号理论

乐善好施　乐于做好事，喜欢施舍他人。明・冯梦龙《醒世恒言》第二十卷："那王员外虽然是个富家，做人倒也谦虚忠厚，乐善好施。"

英国的一项调查发现，做一次慈善，能让人们的精神振奋 24 天。这意味着，人们是乐善好施的。有学者提出高成本信号理论。他们认为，个体表现出利他行为，是为了发送一种信号："我的利他和慈善之举，证明我是这个社会里一个诚实、可信赖的成员。而且，我很成功，所以能够承受向他人和其他群体做出此种牺牲的代价。"人是社会性动物，离开群体是无法生存下去的。因此，除了本能地追求个人利益外，个体还需要通过帮助别人取得信任，来满足自己的归属感；通过帮助别人提高社会地位，显示自己有智慧、有资源、有能力，来满足自己的优越感。换言之，与利己特征一样，利他行为也体现了人类的基本需要。

慈悲为怀・盲人点灯

慈悲为怀　慈悲：慈善和怜悯。指心怀慈悲，富于同情。南朝梁・萧子显《南齐书・高逸传》："今则慈悲为本，常乐为宗，施舍惟机，低举成敬。"

如果你乐于助人，利用你所拥有的一切资源为社会多做贡献，你将会得到很多帮助。

你会觉得很安全，很温暖，也会觉得自己平添了很多力量。禅师见盲人打着灯笼感到不解。盲人说：我点上灯，为世人照亮道路。禅师说：你慈悲为怀，很有善心。盲人说：其实我是为自己点灯。点了灯，别人在黑夜里才不会撞到我，还会搀扶我，照顾我。禅师大悟，为别人原来就是为自己。

嗟来之食·受惠者的自尊

嗟来之食　嗟：不客气的招呼声。指带有侮辱性的施舍。《礼记·檀弓下》："齐大饥，黔敖为食于路，以待饿者而食之。有饿者，蒙袂辑屦，贸贸然来。黔敖左奉食，右执饮，曰：'嗟！来食。'扬其目而视之，曰：'予唯不食嗟来之食，以至于斯也。'从而谢焉，终不食而死。"

高呼"嗟！"的施惠者如此不客气，是有意侮辱对方吗？当然不是。他不过是产生了优越感，并于无意之中流露了出来，深深刺伤了对方的自尊心。我们助人时，常常体验到优越感：慷慨解囊时，觉得自己很有能力；拔刀相助时，觉得自己很像英雄；看望病人时，觉得自己非常健康。这些感受，于无意之中流露出来，会让对方感到相形见绌。被援助者心怀感激的同时，也会滋生出自卑感，觉得受到侮辱。得到的恩惠越多，受辱感就越强。于是，饿者宁愿饿死路旁，也不吃嗟来之食。更有极少数人，甚至对施惠者恩将仇报。所谓一升米养个恩人，一斗米养个仇人。其实，助人就是助己，而不是恩惠，何必有什么优越感！

差强人意·有限理性

差强人意　差：稍微。强：振奋。原指还算能振奋人心，现表示大体上能使人满意。《东观汉记·吴汉传》："吴公差强人意，隐若一敌国矣。"

赫伯特·西蒙教授认为，个体的思维能力有限，掌握的信息有限，很难全面评估自己做出的选择。因此，决策者无法做出最佳决策，只能在现有条件下，找到比较满意的决策。倘若在一块麦田中挑选一棵最大的麦穗，你能做到吗？你穿过麦田，不知道碰上的那棵麦穗是不是最大的。倘若中途摘得一个，后来发现有更大的，你会后悔。倘若因难以取舍而始终不摘，最后很可能摘一个比较小的，你也会后悔。你无法选中最大的麦穗，但可以找到比较大的麦穗。例如，进入麦田 1/4 处后，估计可以摘取的麦穗大概处于什么范围，差强人意的就摘。

天作之合·最佳配偶

天作之合　在上天安排下，完美地结合到一起。形容婚姻美满幸福。《诗经·大雅·大明》："文王初载，天作之合。"

日常生活中，人们只能做出比较满意的决策，而非最佳决策。很多人结婚时都是情投意合的，可为什么会有那么多的离婚和婚外情？原因之一是，天作之合罕见。你的配偶并非此生最适合你的，而是彼时彼地，你觉得比较满意的。由于时间、信息、生活范围的限制，遇到最佳配偶的可能性几乎为零。岁月固然让配偶魅力减退，产生离异更常见的原因是，遇到一个更适合你的，至少在某些方面让你更满意的人选。你能够因为难以碰到最佳配偶，就远离爱情和婚姻吗？“剩男”“剩女”的苦恼，多半在于没有参透其中的玄机，干脆选择了不作为。

力不从心·大脑的局限

力不从心　从：听从。想做某事而能力或力量达不到。《后汉书·西域传》：“今使者大兵未能得出，如诸国力不从心，东西南北自在也。”

除了未来的不确定性和情感因素的干扰之外，大脑本身的局限性也是决策失误的根源。脑电图技术揭示，大脑不像我们想象的那样，是一部完全理性的计算器。面对着复杂多变的世界，我们力不从心，无法获取完全信息，得到的大量信息往往也是重叠或冗余的，很难对观察到的事物做出有效归纳。决策时，我们常常依靠简单的策略或经验法则，称为启发式。这是应对复杂环境的有效机制。启发式在一般情况下有益，但有时会带来严重的错误。卡尼曼指出，理性模型的失败并不是因为它的逻辑有问题，而是因为它所要求的人脑是不实际的。

有一利必有一弊·如何看待决策偏差

有一利必有一弊　指一般的事物，有其有利的一面，也必然有其不利的一面。清·吴趼人《二十年目睹之怪现状》第四十六回：“天下事有一利必有一弊，那里有没有弊病的道理。”

在感知、判断和选择等环节中，人类的认知与客观事实常常存在着差异，从而形成决策偏差。然而，这是人类进化和适应环境的结果。在漫长的演化史上，这些认知错误之所以能够保存下来，是因为曾经有益于人类的生存和繁衍。有一利必有一弊。在很多情况下，错觉和失误是大脑对周围环境做出的有效的、快速反应的副产品，总体上利大于弊。例如，直觉可能有误，却使我们的生活变得更加轻松。我们常常自动地、下意识地解决很多比较简单的问题，如吃饭、穿衣和大多数日常琐事，以便腾出时间、脑力和精力，来处理比较复杂的问题，从事发明和创造，思考人类的未来。可以说，没有直觉，就不可能有人类文明。

推己及人·移情与人权观念

推己及人　用自己的心思去推想别人的心思。指设身处地为别人着想。《礼记·中庸》：“忠恕违道不远。”宋·朱熹注：“尽己之心为忠，推己及人为恕。”

有时，决策偏差是我们为了适应环境而不得不付出的代价。尽管如此，我们仍应竭尽所能，克服大脑的局限性。复杂情境下，仅仅掌握信息不行，还需要拥有“去偏差”技巧，如采用不同视角分析问题。移情就能产生这样的效果。所谓移情，是指推己及人，设身处地为别人着想，理解他人的感受并产生共鸣。18 世纪以来的人类历史，很大程度上受到人权概念的影响。人生而平等，每个人的自由、财产和追求幸福的权利，都应受到保护等观念，已经突破了文化、地域、宗教的界限，成为人们普遍接受的观念。移情是产生人权观念的主要因素，这是通过小说、案例、宣言等方式来完成的。卢梭的小说让民众意识到，所有人都拥有共同的心灵，都是平等的；对卡拉斯案件中酷刑的反思，促使各国废除酷刑，尊重个人权利；法国的《人权宣言》广泛传播，推动了现代人权观念的发展。

忠言逆耳·倾听不同意见

忠言逆耳　诚恳正直的劝告，听起来很刺耳。《孔子家语·六本》："孔子曰：'良药苦于口而利于病，忠言逆于耳而利于行。'"

如果群体中存在一个唱反调的角色，就能避免高度一致的盲目性。一次，美国通用汽车公司董事长阿尔弗雷德·斯隆主持会议，讨论一项重要决策。他听取大家发言后说，我们有了完全一致的看法，并宣布休会："这个问题延期到有不同意见时再开会决策。"与会者先是一愣，接着会心一笑。斯隆领导通用汽车公司长达几十年，将公司在美国的占有率从12%提升到56%。他的成功，首先是决策的成功。忠言逆耳利于行。倾听不同意见，是决策成功的重要基础。

求全责备·反对者的贡献

求全责备　责备：要求齐备。苛求完美无缺。宋·刘克庄《代谢西山启》："窃谓天下不能皆绝类离伦之材，君子未尝持求全责备之论。"

水利专家、光华工程科技奖获得者潘家铮说："对三峡工程贡献最大的人是那些反对者。正是反对者们的反复追问、疑问甚至是质问，逼着你把每个问题都弄得更清楚，才使方案一次比一次更理想、更完整。""当初在论证期间，我就是一个听不进反面意见的人。我后来提出对三峡工程贡献最大的人是那些反对者，是在事后不断反思和总结中才悟出来的道理。"他说，工程设计不可能尽善尽美，如果大家都说好，没有反对意见，将来肯定"摔跟头"。正是反对者的求全责备，让潘家铮等人看到自己的不足之处，才使工程设计不断得到完善。

从谏如流·曹操与袁绍

从谏如流　谏：直言规劝。形容乐于接受别人的批评意见。汉·班彪《王命论》："从谏如顺流。"

曹操与袁绍的优劣，表现在很多方面，最突出的一点，就是对待反对意见的态度。曹袁决战前，田丰献上一策，袁绍不听，还以扰乱军心罪，将田丰下狱。袁绍大败后，有人恭喜田丰。田丰苦笑道：主公凯旋，也许会赦免我。现在失败，一定羞愧难当，把我杀了。不久，袁绍果杀田丰。袁绍之子袁尚逃亡乌桓。曹操力排众议，率队远征，全胜而归。曹操下令奖赏当初反对征伐乌桓的人。他说，此次作战九死一生，不到如此险境，难知各位的深谋远虑，望以后仍然多多进言，不要有什么顾虑！曹操从谏如流，虽屡屡战败，总能吸取教训,反败为胜。

趋利避害·基本的心理需要

趋利避害　趋向有利的一面,避开有害的一面。汉·霍谞《奏记大将军梁商》:“至于趋利避害,畏死乐生,亦复均也。”

决策是一种复杂的思维活动,必然受心理机制的约束。要研究决策的心理机制,应该从研究人类的心理需要着手。安全需要、控制需要和平衡需要,是人类最基本的三种心理需要。安全需要指对失去的担忧,包括对失去金钱、地位、工作、亲人、名声等的担忧。归根结底,是对失去生存和繁衍机会的担忧。控制需要指对获得的渴望,包括对获得金钱、地位、名声、权力、尊重等的渴望,其目的是获取更多资源,谋求更大利益,以改变自身命运,进而改变周围世界。平衡需要指在心理失衡时,对恢复心理平衡的渴望。趋利避害是人类的本性。避害是满足安全需要,趋利是满足控制需要。若趋利避害不成,或趋利与避害之间发生矛盾冲突,我们就会缺少安全感或控制感,产生心理失衡和强烈的平衡需要。

层次分明·递进的心理需要

层次分明　层次:排列的次序。形容事物的排列次序清楚。清·徐珂《清稗类钞·工艺·竹器之制造》:“其最巧者,变为阴阳合刻,层次分明,浅深迭见,益得画家远近浓淡之致。”

安全需要、控制需要和平衡需要层次分明,逐步递进。安全需要是基础,是最低层次的需要,也是最基本的需要。不满足安全需要,就无法生存和繁衍,就没有人类自身。控制需要是较高层次的需要。有了安全感,人们就会设法控制自然、控制社会、控制自身命运。山河巨变、社会进步,甚至人类的进化,都是控制需要结出的硕果。平衡需要建立在安全需要和控制需要的基础之上,是最高层次的需要。寻求安全感和控制感时,人类会遇到各种困难和压力,以及伴随而来的紧张和不适,迫切希望消除这种负面的情绪体验,恢复心理上的平衡。

舍生忘死·改造世界,再造文明

舍生忘死　舍弃生命,忘却死亡。把个人生死置之度外。元·关汉卿《哭存孝》第二折:“说与俺能争好斗的番官,舍生忘死家将。”

通常情况下,倘若低层次的需要没有得到满足,个体是不会去追求更高层次的需要的。但是,这三种需要的关系并不是机械的,总有一些人会打破常规,到达很高的精神境界。为了追求真善美,很多科学家和艺术家宁愿生活在贫困之中,承受宗教迫害或政治迫害。为了创造理想世界,无数英雄人物奋不顾身、前赴后继。这些人舍生忘死,只希望按照自己的理想来改造世界,再造文明,推动历史前进。此时此刻,安全需要被他们置之脑后,控制需要成为压倒一切,必须首先满足的需要。如果让他们放弃理想苟活在世上,他们就会生不如死，产生严重的心理失衡。

皮之不存，毛将焉附·安全需要

皮之不存，毛将焉附　焉：哪里。附：附着。皮都没有了，毛还长在哪儿呢？比喻人或事物失去了赖以生存的基础，就不能存在。《左传·僖公十四年》："皮之不存，毛将安傅（同'焉附'）？"

安全需要是对失去的担忧。安全需要追求稳定性，希望保持现状，与保守、习惯相联系。一般而言，安全需要是最基本的心理需要。皮之不存，毛将焉附。人类首先必须满足安全需要，生存和繁衍下去，然后才会考虑到控制需要和平衡需要，使短暂的一生变得更有价值，更加幸福。美国发生"9·11"恐怖袭击事件后，很多美国人表示，他们的观念发生了改变。他们一直以来最重视的事业、地位、金钱，均退居到次要地位，让位于家庭、朋友、社区以及与他人的情感交流。

操纵自如·控制需要

操纵自如　控制或驾驭能灵活自如，完全如意。清·刘鹗《老残游记》第一回："若遇风平浪静的时候，他驾驶的情状，亦有操纵自如之妙。"

控制需要是人类希望生活变得更美好而产生的需要，包括对自身的控制、对自然的控制、对社会的控制等三个层次。控制的目的是获取更多资源，谋求更大利益，改变周围世界，以获得某种优越感。人的一生都在寻求超越。超越自我，可以更好地掌控本人命运。超越他人，可以更好地影响或掌控他人命运。所谓成功，就是指按照社会标准，在一定领域、一定范围内操纵自如、表现突出。这些领域越重要，涉及的范围越广，个体就越成功，体验到的优越感就越强。能够满足个体控制需要的资源称为控制力，如个人才干、受教育程度、关系网等。

金榜题名·更高层次的需要

金榜题名　指古代科举中被殿试录取，后泛指应试被录取。五代·王定保《唐摭言》卷三："金榜题名墨尚新，今年依旧去年春。"

裴多菲有首诗脍炙人口，无人不晓："生命诚可贵，爱情价更高。若为自由故，二者皆可抛。"第一句和第二句描述了安全需要的崇高价值，第三句和第四句表明控制需要是更高层次的需要。这首诗再好不过地展示了控制需要在人们心目中至高无上的地位。中国古人在这方面的描述更为生动形象：人生有四大乐事——久旱逢甘霖，他乡遇故知。洞房花烛夜，金榜题名时。四大乐事逐层递进，一个胜似一个。第一句表明收成好，可满足生存需要。第二、三句涉及友情、爱情，表明满足了归属需要。生存需要也好，归属需要也罢，都隶属于安全需要。第四句意味着金钱、名望和地位三丰收，表明控制需要更令人向往。

生老病死·斯芬克斯之谜

生老病死　佛家认为生、老、病、死是人生的四苦。今泛指人从生到死的过程。《仁王经·无常偈》:“生老病死,事与愿违。”

有这样一个谜语:一种动物,早晨用四条腿走路,中午用两条腿走路,晚上用三条腿走路。谜底是“人”。这就是著名的斯芬克斯之谜,它概括了生老病死各阶段基本心理需要的侧重点。早晨用四肢爬,这是最安全的姿势,意味着在婴幼儿时期,人类以安全需要为主,安全需要得到满足,才能健康成长。中午两条腿走路,可以腾出两只手拿东西。因此,两条腿走路隐含着控制需要,意味着在成年时期,人类以控制需要为主,追求事业和名利。控制需要往往难以满足,故而在成年时期,平衡需要也很重要。晚上三条腿走路,指手持拐杖,以保持身体平衡,意味着老年时期以平衡需要为主,与世无争、怡然自得。手拄拐杖可以减少摔倒的概率,表明安全需要也很重要。当然,这也因人而异。有人童年时雄心勃勃,控制欲很强。有人成年时屡受挫折,情绪抑郁、心理失衡。有人一生谨小慎微,缺少最起码的安全感。

草木皆兵·过激反应

草木皆兵　把草和树木都当成敌兵。形容极度恐惧,做出过激反应。《晋书·苻坚载记下》:“坚与苻融登城而望王师,见部阵齐整,将士精锐;又北望八公山上草木皆类人形,顾谓融曰:‘此亦勍敌也,何谓少乎?’怃然有惧色。”

在信息传播中,速度最快的是让人恐慌的信息,如关于自然灾害和恐怖事件的信息。危机来临时,人们的安全需要最强烈,最渴望获得更多信息,最容易做出过激反应。这时,理智往往会被搁置一旁,代之以草木皆兵、匪夷所思的非理性行为。2011 年日本核泄漏事件发生后,我国产生了很多非理性消费行为。虽然没有任何证据表明,核污染已进入中国,但人们仍然非常害怕。碘盐可防核辐射的流言,使得食盐抢购风遍布全国。不仅食盐,就连大酱、酱油都跟着脱销,根本不含碘的工业盐,也成了紧俏货。其实,即使是碘片,防辐射的效果也非常有限。

法力无边·红纸畅销

法力无边　法力:佛教中指佛法的力量,后泛指神奇超人的力量。比喻力量大得不可估量。明·无名氏《八仙过海》第三折:“小圣我法力无边,通天达地,指山山崩,指水水跑。”

非理性消费并非现在才有。只要有危机,甚至是想象中的危机,就必然有非理性行为,包括非理性消费。最荒唐的是红纸的畅销。据说,义和团法力无边,不但可以刀枪不入,而且能让洋人的大炮失效,让炮弹在炮膛里自己爆炸。不过,这种法术需要全体百姓一致配合,如妇女不梳头、不缠足、不洗脸。女人的不洁,是洋人法术的克星。不仅如此,老百姓还要把自家的烟囱用红纸蒙上。烟囱冒烟,有如炮口,只要蒙上红纸,就能令洋炮闭口。由于义和团不断施行这种法术,百姓家的烟囱就得一蒙再蒙。结果,北京城里的红纸很快就脱销了。

担惊受怕·缺少安全感

担惊受怕 形容内心感到惊恐害怕。元·无名氏《盆儿鬼》第三折:“俺出门红日乍平西,归时犹未夕阳低,怎教俺担惊受怕着昏迷。”

研究指出,人类可以分成两类:有安全感的和无安全感的。有安全感的人认为世界是安全的。他们乐观、进取,勇于克服困难。人们乐于与他们交朋友、谈恋爱,因为可提升自己的安全感。在普通人群中,大约有一半是没有安全感的,整天担惊受怕。心理学家把被试分成几个小组,分别进入一个藏有制烟机的房间。实验人员开动机器,造成起火假象。最没有安全感的小组,最快注意到烟雾并立即逃离。感到恐惧时,大脑中的杏仁核被迅速激活,身体进入高度警觉状态,以应付随时可能发生的危险。因此,缺少安全感的个体也是具有适应性的。

大显身手·满足控制欲

大显身手 显:表现。身手:本领。充分显示出自己的本领。茹志鹃《高高的白杨树》:“爱唱的人,就在舞台上痛痛快快唱吧!爱种棉花的,就在连成片的土地上大显身手吧!”

人们为什么要决策?决策是为了掌控周围的环境,使事态朝着有利于自己的方向发展。如果失去控制力,人们就有强烈的不安全感,变得郁郁寡欢、茫然无助,甚至宁愿放弃生命。人们寻找一份工作,不仅是为了获得收入,以满足安全需要,而且是为了获得控制力,以满足控制需要。在工作中,人们可以发掘自己的才能和潜力,可以改变周围世界,在职权范围内实现对人、物和环境的局部控制。人们追求名誉、地位、权力和财富,其实质不过是追求对自然、社会或个人命运的控制罢了。工作中难以实现的抱负,需要在休闲生活中得到弥补。对于那些无职无权、工作不如意的人来说,尤其是如此。女性通过购物来满足对物的控制欲,男性通过玩游戏来满足对人的控制欲。很多人迷上网络,是由于在网络中可以大显身手,如成为某个话题的主角,某个游戏的英雄,某个社区的领袖。

投桃报李·慷慨基因

投桃报李 他送给我桃子,我回敬他李子。比喻友好交往,礼尚往来。《诗经·大雅·抑》:“投我以桃,报之以李。”

生物学家发现,一只蚂蚁感染了病菌,其他蚂蚁反而会靠近它,通过舔舐帮它消除病原体。在这些蚂蚁中,60%因免疫系统受到刺激而获益,仅有2%因染病而亡。蚂蚁如此,人类同样如此。以色列科学家发现,有些人可能天生就有慷慨基因。产生慷慨基因符合进化规律,因为投桃报李,他们会获得对方的回报。另外,拥有慷慨基因的人,乐意帮助身边的人,有助于团队合作。因此,他们常常得到别人帮助,直接或间接地增强自己的控制力，更容易取得成功。

料事如神·预见性

料事如神　料：预料。形容人预测事情非常准确。宋·杨万里《提刑徽猷检正王公墓志铭》："公器识宏深，襟度宽博，议论设施加人数等，料事如神，物无遁情。"

无论是谁，都渴望料事如神，获得预见性。在古代，人们通过巫师与神灵对话。在现代，人们通过风水师、算命先生来窥测命运。更加普遍的是，人们通过投资顾问、气象预报员等专业人士预见未来。我们需要预言，是因为想要控制未来。能够控制某些人或某些事，使世界按照自己的意愿发生变化，这是令人愉快的事。从婴儿期开始，我们的行为就反映出对于控制外部世界的强烈偏好。幼儿最初学会走路、最初搭起积木、最初打碎一个泥人，都会兴奋地尖叫，表现出由衷的喜悦。他们体验到一种改变世界的力量，这种力量开始滋生并日渐强大。

无所事事·养老院的老人

无所事事　事事：做事情。闲着什么事都不干。明·归有光《送同年丁聘之之任平湖序》："然每晨入部，升堂祗揖而退，卒无所事事。"

研究表明，人们一旦不能满足控制需要，就会变得郁郁寡欢、茫然无助、悲观绝望。心理学家把某养老院的老人作为被试。他们告诉一部分老人，可以自由分配时间，任意摆放房中的家具，并负责看护一株植物。另一部分老人由护士照顾、安排日常起居，整天无所事事。他们也拥有一株植物，但是由工作人员看护。三个星期后，第二组71%的老人抱怨，他们感到疲惫不堪。相反，第一组93%的老人认为，自己的健康状况有所改善。他们变得更快乐，思维更活跃，更愿意与外界交流。如此微弱的控制都能产生效果，说明控制感对于老人和那些无法决策的人的重要性。实验结束，一切回归原状。几个月后，第一组老人中相当一部分纷纷离世。显然，控制权得而复失，比从来都没有更加糟糕。

天马行空·拥有汽车的感觉

天马行空　天马：神马。比喻不受任何约束。明·刘廷振《萨天赐诗集序》："其所以神化而超出于众表者，殆犹天马行空而步骤不凡。"

在美国，汽车体现着人们对自由的追求和个人力量的无限增长。美国人对自由的酷爱，使汽车成了他们生命的一部分。一位著名经济学家认为，对多数中国人来说，购买汽车主要是为了显示经济地位，是一种炫耀式消费。其实，中国人对汽车的需求，与美国人非常近似。在多数情形下，中国人买车不是为了面子，而是为了自由，为了掌握自己的命运。在当今中国，搭乘公交车或出租车出行，仍然是一件非常痛苦的事情。当你有如天马行空，开着汽车在高速公路上疾驶，当你看着上班族焦灼而又无奈地等待公交车或出租车时，你会为汽车带来的便利、自由、灵活和快捷而洋洋自得、欣喜若狂。

不入虎穴，焉得虎子·冒险的报酬

不入虎穴，焉得虎子　焉：怎么。比喻不亲历险境，就不能成功。南朝宋·范晔《后汉书·班超传》："不入虎穴，不得虎子。"

人们热衷于冒险。从本质上说，冒险是出于控制需要，是控制环境、控制自身命运的需要。不入虎穴，焉得虎子。考古学家认为：人类最早出现在非洲，后来遍布世界。蜷缩在洞穴中的原始人，只能靠周围的植物和小动物为生，难以承受人口暴增、资源短缺的打击。那些开拓者到处漫游，他们死于非命的可能性增大，却能得到更多的果实和猎物，成功地把基因遗传下来，最终在人类中占据主导地位。我们是冒险家的后代，携带着冒险基因。在许多文化中，冒险都有着明显的基因上的好处。生物学家证实，年轻女性更喜欢"危险"的而非"安分守己"的男性。他们会在冲突中占据上风，使女性更有安全感。

自欺欺人·寻求心理平衡

自欺欺人　欺骗自己，也欺骗别人。宋·朱熹《朱子语类》第十八卷："因说自欺欺人，曰：欺人亦是自欺，此又是自欺之甚者。"

只有当安全需要和控制需要都得到满足，且二者不存在任何冲突时，个体才能体验到心理平衡。人类产生的很多错觉，如再造记忆、选择性记忆，都是为着保持心理平衡。为了达到心理平衡，人们常常下意识地掩耳盗铃，自欺欺人。心理平衡是养生保健的基础。遇到精神压力，受到紧张、愤怒、焦虑等不良情绪缠绕时，生理上都会产生异常改变。如果这些改变持续时间长、不断重复，有可能造成器质性损害。例如，大部分中风是由心理因素诱发，尤以愤怒居于首位。

不过，心理失衡是一切行为的动力和根源。适度的失衡具有适应性。

坐以待毙·习得性无助

坐以待毙　坐着等死。比喻危难中不是积极想办法，而是坐等失败或死亡。《管子·参患》："短兵待远矢，与坐而待死者同实。"

1967年美国心理学家塞利格曼做了一个实验。他把一只狗关在笼子里，蜂音器一响就给予电击。多次实验后，实验人员在蜂音器响过但尚未电击前，先把笼门打开。这时狗不但不逃跑，而且不等电击出现就躺倒在地上，开始呻吟和颤抖。这就是习得性无助，指人或动物不断受到挫折后，彻底丧失信心、坐以待毙的心理状态。个体遇到威胁时产生焦虑，常运用心理防御机制，回避、否认或消除那些引起威胁感的因素。若心理防御失败，就会出现习得性无助。这是心理失衡的极端形式。纳粹集中营中的幸存者回忆，许多难民因解救无望，便任人宰割，根本不想反抗。芬兰的研究发现，日常生活中，有无助感的人死亡率很高。

重整旗鼓·消除习得性无助

重整旗鼓　比喻失败或受挫后整顿力量，准备再干。宋·释克勤《圆悟佛果禅师语录》一七:“法灯重整枪旗,再装甲胄。”

怎样才能消除习得性无助?从本质上说,是帮助自己获得某种控制力。

首先,必须多一点希望,才不会感到无助。所谓希望,就是想象自己对事态发展拥有一定的控制力。希望有时看似渺茫,对无助感却是有效的解药。有了希望,才能体验到自身的价值,才能有乐观的精神、积极的信念和不屈不挠的意志。其次,可以通过训练获得“免疫力”,以战胜无助感。例如,冒着一定危险去登山、漂流和进行野外生存训练,以挑战自我。更重要的是,充分利用社会资源,如寻求亲友帮助,寻求政府、社会机构支持,帮助自己重整旗鼓,渡过难关。

细水长流·节约原理

细水长流　比喻一点一滴、持续不断地做事。也比喻节约使用财物,使之常有不缺。清·翟灏《通俗编·地理》引《遗教经》:“汝等常勤精进,譬如小水长流,则能穿石。”

人类决策时受三大心理活动原理支配,它们是节约原理、关联性原理和适应性原理,分别与安全需要、控制需要与平衡需要相对应。节约原理是决策时最基本的心理活动原理。所谓节约原理,指在自然界和人类社会中,尽可能减少资源和能量消耗,使之细水长流,这已成为一种普遍规律。进化偏爱节俭的动物,任意挥霍资源和能量的动物难以生存。大雁飞行时,为何总是结伴而行?研究表明,大雁编队飞行能产生节能效应。一群由25只编成“V”字队形飞行的鸟,可以比单独飞行的鸟多飞70%的路程。这是因为,当鸟扇动翅膀时,产生了一种上升的气流。编队飞行的鸟,利用了邻近的鸟所产生的气流,只需消耗较少的能量。

养精蓄锐·节约认知能量

养精蓄锐　保养精神,积蓄力量。明·罗贯中《三国演义》第三十四回:“且待半年,养精蓄锐,刘表、孙权可一鼓而下也。”

节约原理在决策中的表现是,人类对认知能量的节约,称作心理成本最小化。我们是那些珍惜认知能量的人类的后代,遗传了有效利用认知能量的基因。人类可以用极少的能量,驱动大脑中非常复杂的意识体系。大脑中有上千亿个神经元细胞,240万亿个神经元突触,只需使用25瓦能量,相当于一个节能灯的能量,就能使之正常运转,产生各种各样复杂的情绪、意志和理智。

我们天生懒散,因为大自然痛恨无谓的能量消耗。注意、记忆、想象等认知能力是有限资源,只有养精蓄锐,节约认知能量,人类才有精力从事最必要的活动,如捕食野兽、寻找配偶等,并在危险降临时做出积极、灵敏的反应。因此,人类充分利用各种认知捷径,如直觉、偏见、潜意识、情绪化、习惯性思维、刻板印象等等。直觉、偏见和刻板印象源于经验和常识,不需多加思考。习惯性思维或潜意识活动,能自动对环境变化做出反应,只需消耗极少的认知能量。

熟人熟事·熟悉效应

熟人熟事 指常接触,很熟悉的人和事。盘云《探亲日记》:"我们是老街坊,熟人熟事的,有什么事要办,尽管说就是,不要客气!"

皮奥托·文吉尔曼发现,有吸引力的事物,不是看上去与众不同的事物,而是熟人熟事。越是熟悉的人和事物,就越有吸引力,这就是熟悉效应。这儿起关键作用的是,大脑处理信息的能力。我们是那些珍惜认知能量的人类的后代,遗传了有效利用认知能量的基因。一张脸或一个物体,看起来与其他人或物体的区别越小,越熟悉,大脑处理起来就越方便,处理过程就越顺畅,辨认的速度就越快,感觉就越好。例如,与陌生人的照片相比较,大脑在加工亲友的照片时更加轻松,你会因此而感觉良好,从而导致积极正面的评价。心理学家纽卡姆用半年时间,研究新生宿舍学生之间的人际关系。他发现,开始时,邻近宿舍的同学之间关系比较密切。慢慢地,性格和思维方式比较接近的人走到了一起。人们喜欢与自己相似的人,因为大脑加工有关他们的信息时轻车熟路。

可望而不可即·决策的最高境界

可望而不可即 即:接近。可望见却不可接近。形容难以达到。唐·张说《游洞庭湖湘》:"缅邈洞庭岫,葱蒙水雾色。宛在太湖中,可望不可即。"

人类存在两种理性。一种是经济理性,以利益最大化为目标,这是传统经济学所谓的理性。另一种是心理理性,以心理成本最小化为目标,宁愿有较少的回报,这是传统经济学所谓的非理性。同时满足利益最大化和心理成本最小化,是决策的最高境界。但是,这种境界可望而不可即,因为两个目标格格不入、相互矛盾。为实现利益最大化,人们不得不广泛收集信息,反复思考和权衡,从而消耗了大量心理活动能量。为了实现心理成本最小化,人们懒于思考,而依赖直觉和习惯性思维进行决策,又难免出现失误和偏差,无法完成原定计划。理想的做法是,在二者之间寻求某种平衡,使两大目标都能达到令人比较满意的程度。

二者不可得兼·两种理性的选择

二者不可得兼 两项之中只能得其一,不能兼而有之。《孟子·告子上》:"鱼,我所欲也;熊掌,亦我所欲也,二者不可得兼,舍鱼而取熊掌者也。"

很多时候,心理理性和经济理性二者不可得兼。决策者应该如何选择?取决于三个因素:第一是价值观。认为金钱、权力和名声更重要的人,重视经济理性。他们宁愿牺牲健康,抛弃安逸。认为闲暇更重要、身体更重要的人,重视心理理性。他们宁愿粗茶淡饭,也不愿劳神费力。第二是能力和水平。文化水平较高、经验较丰富的人,拥有不少成功的框架和思维模式,搜集信息、思考问题的难度较小,故而偏好经济理性。反之,文化水平较低、经验不足的人,搜集信息、思考问题的难度较大,故而偏好心理理性。第三是条件限制。有些问题太复杂,牵涉面太广,或时间太紧迫,迫使人们忽略收益大小,只考虑心理成本。

冷暖自知·富人和懒汉

冷暖自知　指内心的感受,他人难以了解,只有自己知道。唐·释慧能《六祖大师法宝坛经》:“今蒙指示,如人饮水,冷暖自知。”

富人工作之余来到海滩,遇到晒太阳的懒汉。富人说:你为什么不去工作?懒汉说:我为什么要工作?那么辛苦、那么劳神。富人说:你可以赚很多很多钱。懒汉说:为什么要赚那么多钱?富人说:你可以与我一样,来到海滩上放松一下,享受美丽的大海和温暖的阳光。懒汉说:我不正在享受大海和阳光吗?在这儿,富人选择利益最大化,不惜付出大量精力甚至是身体健康。懒汉选择心理成本最小化,得过且过,宁愿生活在贫困中。富人和懒汉冷暖自知,外人难以揣度。哪种选择更适宜、更有幸福感,取决于情境因素、价值判断和个人的信念。

瓜葛相连·关联性原理

瓜葛相连　瓜、葛为蔓生植物,其藤攀附在别的物体上。比喻人或事相互关联。三国魏·曹叡《种瓜篇》:“与君新为婚,瓜葛相结连。”

世上很多事物都在某种程度上瓜葛相连。个体总是致力于寻找事物之间的相互联系,以便发现规律、利用规律,这就是关联性原理。通过寻找事物之间的相互联系,人类加深了对自然和社会的认识,把握了事物的发展趋势,就有可能使之朝着有利于自己的方向发展,从而影响环境,掌控本人命运,满足自己的控制需要。该原理可进一步区分为相对性原理、相关性原理、相似性原理等。

矮子里面选将军·相对性原理

矮子里面选将军　从并不出色的人中选择最佳者。清·李渔《十二楼·夺锦楼》:“矮子队里选将军,叫我如何选得出?”

矮子里面选出的将军,指的是这个人并不出色,只是相对于其他人而言,条件要好一些罢了。我们的心理感受与认识,都从比较而来,这就是相对性原理。一般而言,人类对相对量比对绝对量更敏感。参照点是用来衡量相对变化的标准,包括事物、个人或群体。参照点既是比较的根据,又是决策的基础。哈佛大学教授大卫·麦克利兰发现,成功和失败并没有统一标准。什么是成功,什么是失败,取决于个体对“参照人群”的选择。参照人群是经过挑选、与个体交往最多的人群,它很大程度上决定了个体的奋斗方向和成就大小。

行行出状元·稀缺的蓝领工人

行行出状元　比喻不论干哪一行,只要热爱本职工作,都能做出优异的成绩。明·冯惟敏《玉抱肚·赠赵今燕》:“琵琶轻扫动人怜,须信行行出状元。”

什么是成功?赚多少钱,当多大官,出多大名,都不是判断成功的标准。所谓“成功”,应该是人尽其才,即充分挖掘潜力,开发自己的才能,并将这种才能运用到最适合自己的岗位上。中国优秀企业最大的痛苦是，找不到优秀的蓝领工人。孩子们更愿意去读本科，而不是中专中技。瑞士竞争力很强，但很多人都不上大学。初中毕业后学生开始分流，约70%的毕业生进入职业学校。行行出状元。不管从事什么工作，只要用心去做，都可以做得精妙绝伦，受到别人的尊重，自己也从中获得自豪和喜悦。看似简单的事情，也可以达到道的境界。庄子笔下的庖丁就是这样，他杀牛，简直就是一门艺术，随心所欲、游刃有余。

独到之处·明星护工

独到之处　与众不同的地方。清·况周颐《蕙风词话》第二卷："往往独到之处，能以中锋达意，以中声赴节。"

我认识一个男护工，60多岁，皮肤黝黑，饱经沧桑，在医院护理病人十几年。他不但人品端正，而且在护理上有着独到之处。有人说，他比护士都强。他口碑很好，病人、护士和护工都喜欢他。据说，他护理的病人，都是最难护理的，包括很多脑梗病人。有位病人大小便失禁，满床都是。他去了，采取的措施，连护士长都高声叫绝，为她们所不曾想到。此后，病人整天干干净净，家属非常满意。很多病人出院后，他没有时间跟随，就详尽告诉家属，应该怎样护理才能省时省力，让病人舒心。他喜欢聊天，最津津乐道的，是护理病人的一些小窍门，简单，但很管用。护理这种平时让人瞧不起的工作，在他手中做到了极致。

不患寡而患不均·快乐和痛苦来自比较

不患寡而患不均　不担忧少，只担忧分配不均。《论语·季氏》："丘也闻有国有家者，不患寡而患不均，不患贫而患不安。"

民间流行一句话，叫"端起碗来吃肉，放下碗来骂娘"。前句是纵向比较，指历史比较。后句是横向比较，指社会比较，即与参照群体比较。比起改革开放前，国人生活水平有了大幅度提高，但与贪官、奸商比较，收入差距太大。俗称"不患寡而患不均"，比较让人感受到社会不公。大多数情况下，参照群体是类似的人群。熟人之间的比较，比陌生人之间的比较更具杀伤力。美国一项研究指出，赚钱比朋友多，更容易感觉到快乐。某人赤贫，上帝看不下去，每天赐一千美金，他幸福得死去活来。得知上帝赐给另一个赤贫者每天两千美金，他又痛苦得死去活来。上帝问，让你们同时失去这些意外之财，你愿意吗？那人欢呼雀跃道：愿意！上帝问：为什么？那人道：我虽然失去一千，但他失去了两千啊！

想入非非·臆测倾向

想入非非　比喻脱离实际，幻想不能实现的事情。清·李宝嘉《官场现形记》第四十七回："施大哥好才情，真要算得想入非非的了！"

没有什么事物是完全独立的。万事万物总是伴随着其他事物的变化，在复杂的关系网络中体验着成长的烦恼，这就是相关性原理。因此，要解决一个难题，最好从事物间的相互关系入手，而不是一头钻进牛角尖。神经学研究发现，大脑有一种称作“臆测”的思维倾向，常常想入非非，不由自主地寻找某些可能并不存在的相关性。有时它会导致判断和决策失误，有时却会打开创新之路。阿瑟·米勒教授指出，正是这种天生的思维模式，推动着科学技术不断发展。普通人看似毫无关联的事物，有人却从中寻找到某种内在联系，在科学史上取得巨大突破。爱因斯坦把物体运动和光运动联系起来，开拓了一个崭新的研究领域。

痴人说梦·门捷列夫

痴人说梦　痴：傻。原指对傻子说梦话，傻子却信以为真。现用来讥讽那些天真幼稚的说法，也指某些荒谬、怪诞的话。明·许仲琳《封神演义》第五十三回：“邓将军，你这篇言词，真如痴人说梦。”

门捷列夫编写《化学原理》一书时，遇到巨大的困难。已发现的63种元素，看上去互不相关、杂乱无章。惜时如金的门捷列夫突然迷上玩扑克，他在每张牌上写上一种元素及其主要性质。他不断变化思路，尝试着扑克牌的各种组合方式。突然，门捷列夫有了惊人发现，如果按照原子量排列，元素的性质就会呈现着规律性变化。1869年，门捷列夫绘制出元素周期表，揭示了物质世界的基本结构，预言了6个求知元素。元素周期表发布之初，权威们一致反对。有人讥讽说，门捷列夫是痴人说梦，居然研究世界上并不存在的元素，幻想它们的性质特征。6年后，镓、钪、锗等新元素陆续被发现，门捷列夫的预言逐步得到证实。

无中生有·相关错觉

无中生有　形容本无其事，凭空捏造。《老子》第四十章：“天下万物生于有，有生于无。”

事物之间的相关性常常受到忽视。反之，有时人们预期的相关性纯属无中生有，却能得到让自己信服的验证。只要相信某种联系存在，人们注意到的，就只有支持这种联系的证据。研究者拿出正常人的照片说，这是一个精神病人。被试就会发现，那个人的眼神与众不同。老师相信学习成绩取决于个人的努力。于是，他们总能发现，低分学生贪玩、上课不听讲。其实，部分成绩差的同学，学习是非常勤奋的。相关错觉广泛存在于各种职业中。为何学术刊物需要专家审稿？因为指出别人的漏洞，比发觉自己的错误容易得多。著名英国诗人罗伯特·勃朗宁说：“你脑子里想什么，就会去寻找什么。你将得到期盼的结果。”

大同小异·相似性

大同小异　大体相同，略有差异。《三国志·魏书·东沃沮传》：“其言语与句丽大同，时时小异。”

事物自身或事物之间有可能大同小异，存在着相似性。这就是相似性原理。研究相似性，不但可以深化我们的认识，而且可以推动技术进步和文明发展。飞机的发明，就来自对飞鸟的模仿。相似性有三种情况：第一，事物的自相似，即部分与整体相似，如一个树枝与整棵大树相似，一段海岸线与整个海岸线相似。第二，事物之间相似。面对复杂的事物或现象，从剖析相似的、比较简单的事物或现象入手，更容易揭示其本质。例如，通过制作经济模型，来研究经济系统的运行。第三，同一种事物在不同发展阶段的相似。人生在婴幼儿、青壮年，直至老年的各个阶段，不但外貌上依稀可辨，身体的基本构造也变化不大。

同病相怜·我们喜欢谁

同病相怜　怜：怜悯，同情。比喻有同样的遭遇而互相同情怜惜。汉·赵晔《吴越春秋·阖闾内传》："子不闻河上之歌乎？同病相怜，同忧相救。"

我们喜欢谁？我们喜欢与自己相似的人，愿意帮助与自己在国籍、宗教、种族、性别、学校等方面相同的人。理查德·怀斯曼在全国性的报刊连锁店做了个实验。研究人员要求收银员多找零钱，所有人都毫无愧色地收下。接着，在街头小店做了同样的实验，一半顾客立即退回多找的零钱。他们同病相怜，说，小店店主处境相似，不应让他们蒙受损失。还有一个实验，被试浑身涂满番茄酱，躺在马路上求助。多次实验得到的结果完全雷同。被试在年龄、背景和品位上与自己相似时，人们最愿意伸出援助之手。不仅如此，人们还偏爱与自己观点相近的人，甚至对生日相同的人都颇有好感。相似性原理有着广泛影响，是符合进化规律的，外表和行为上相似的人，很可能在基因上存在相关性。加之，根据熟悉效应，一个人与本人区别越小，大脑处理起相关信息就越方便，感觉就越好。

触类旁通·类比思维

触类旁通　触：接触。旁通：广泛通晓。掌握了关于某一事物的知识或规律，就可以推知同类中其他事物。《周易·系辞上》："引而伸之，触类而长之，天下之能事毕矣。"

所谓类比思维，是比较事物在形式、结构、性质、作用等方面的相似之处，并触类旁通，做出联想的一种思维方式。在缺乏直接的相关知识时，通过类比和相似性，可以使现有知识得到充分利用。类比思维是获得创造力的关键途径。科学家常常致力于寻找事物在结构上的相似性，而不是表面特征上的相似性。1893年，美国青年哥克研制出第一代潜艇。但他并不满足，因为潜艇靠压载重物潜水，使用起来很不方便。一天，哥克与朋友去海滩，比赛谁的酒瓶扔得最远。结果，除了一只酒瓶，其余的纷纷沉入海底。这只酒瓶的独特之处，在于它不是空瓶，而是装有半瓶酒。哥克猛然醒悟，将潜艇改造成双壳体，潜水时壳体充满水，上浮时用水泵抽掉水。于是，潜艇的沉浮，就变得轻松自如了。

归根结底·阴阳五行

归根结底　归结到根本上。周立波《山乡巨变》："如今是人力世界，归根结底，还是靠做。"

阴阳五行学说体现了朴素的唯物论和自发的辩证思想。该学说认为,世界是由物质构成,在阴阳二气作用下产生、发展和变化的。木、火、土、金、水是构成世界的五种最基本的物质,它们相互促进、相互制约,不断发生变化。庞朴指出,归根结底,“五四”以前的中国固有文化,是以阴阳五行为基本骨架的。阴阳消长、五行生克的思想,迷漫于意识的各个领域,深嵌到生活的一切方面。研究阴阳五行学说,有助于我们全面把握关联性原理:古人从万物之间的相似性,提炼出阴阳和五行概念;阴与阳并非绝对的划分,只具有相对的意义;五行相生相克,说明事物之间具有相关性,存在着千丝万缕的联系。

一分为二·阴阳学说

一分为二　我国古代哲学术语,指由太极生成阴阳对立面,后亦指事物的发展过程。宋·邵雍《皇极经世绪言·观物外篇·先天象数第二》:“太极既分,两仪立矣。阳下交于阴,阴上交于阳,四象生矣……是故一分为二,二分为四。”

阴阳学说认为,自然界任何事物都可以一分为二,包含阴阳两个方面。阴阳概念可以表示事物之间的关系,也可以代表同一事物内部的两种力量。一般来说,运动的、外向的、上升的、温热的、明亮的都属于阳,静止的、内敛的、下降的、寒冷的、晦暗的都属于阴。如天为阳,地为阴;火为阳,水为阴;白天为阳,夜晚为阴。阴阳的对立统一,是一切事物发生、发展、变化的根本原因。阴阳双方既相互对立,又相互依存。例如,南为阳、北为阴,没有南就没有北。

此消彼长·阴阳的对立

此消彼长　这个消失,那个出现。这个少了,那个多了。雷达《关于短篇创作活力的思考》:“金钱与良心颠来倒去,贪欲与正气此消彼长。”

阴阳的对立,不是静止的,而是处于此消彼长的动态平衡之中。只有这样,才能保持事物的正常发展变化。太阳下山,月亮上天。月亮淡出,太阳升起。这样,才有了昼夜交替,生物才能完成动与静的统一,呈现出旺盛的生命力。白天阳盛,人体的生理功能以兴奋为主,忙于工作和各项活动。夜间阴盛,生理功能以抑制为主,需要休息和睡眠。子夜到中午,阳气渐盛,人体逐渐由抑制转向兴奋,这就是阴消阳长。中午到子夜,阳气渐衰,人体逐渐由兴奋转为抑制,这就是阳消阴长。个体必须顺应环境变化,劳逸结合、起居有常,否则百病生矣。

相生相克·五行学说

相生相克　生:生发。克:克制。我国古代关于水火土金木五种物质间相互促进、相互排斥的观点。清·钱彩《说岳全传》第七十九回:“五色旗按金、木、水、火、土,相生相克。”

五行学说肇始于夏商之际,完善于春秋战国,影响到当今社会。按照这种理论,万物皆由木、火、土、金、水等五种元素构成。可归入同一种元素的物体,皆具有类似特性。五行相生相克。五行相生指五元素间相互助长、相互转化。点燃植物产生火焰，曰木生火；火焰燃烧后留下灰，曰火生土；金属矿藏埋在地下，曰土生金；金属在高温下熔化，曰金生水；植物生长需要水分，曰水生木。五行相克指一种元素可以战胜、克制另一种元素。种子发芽后破土而出，木制农具用来松土，这是木克土；土筑堤坝可以拦住水流，这是土克水；水能灭火，这是水克火；高温熔化金属，这是火克金；斧头可以砍伐树木，这是金克木。

优胜劣败・适应性原理

优胜劣败　优良的胜出而低劣的失败。原指生物界演变进化的规律，后用以说明人类社会的竞争。清・吴趼人《痛史》第一回："优胜劣败，取乱侮亡，自不必说。"

个体必须适应环境，才能满足平衡需要。这儿的环境，不仅指自然，也包括社会。倘若不能适应环境，个体便会失去安全感和控制感，心理上严重失衡。这就是适应性原理。有两种适应性。第一种是积极的适应，采取实际行动增强控制力，以缓解面临的压力。如通过兴修水利、建筑堤坝，以消除洪水带来的恐惧情绪；通过培训、读书，更好地应对工作上面临的挑战。再就是改变思维方式、抚平极端情绪，看到自己的优势和解决问题的希望，从而减轻外在压力。第二种是消极的适应，通过安慰自己、麻痹自己，以缓解安全缺失和控制缺失所带来的紧张状态。任务完成得不好，找出各种理由，如运气不佳、有人设置障碍、领导故意刁难等。在激烈的竞争中，优胜劣败，唯有积极的适应才有可能取胜。

生于忧患，死于安乐・温水煮青蛙效应

生于忧患，死于安乐　忧患能磨炼人，促人发奋，因而得生。安乐使人沉迷享受，丧志怠惰，因而致死。《孟子・告子下》："然后知生于忧患而死于安乐也。"

19 世纪末，美国康奈尔大学做了一个著名实验，生动地阐释了"生于忧患，死于安乐"的深刻含义。研究人员将一只青蛙投入开水锅，青蛙疼痛难忍，奋力一跳，逃脱了灭顶之灾。半小时后，研究人员把那只青蛙放进冷水锅，在锅底慢慢加热。水温缓慢上升，青蛙怡然自得。水温达到某个临界点后，青蛙才感到痛苦，拼命挣扎，但因全身乏力，几经尝试仍无法跳出，直至被活活烫死。在开水锅里，青蛙无法忍受，为应对危机，瞬间激发出最大潜能。在冷水锅里，水温渐增，青蛙适应了这种缓慢的变化，待水温突破阈限后，青蛙已无力回天。

习以为常・幸福度调查

习以为常　习：习惯。习惯了，就觉得很平常了。《魏书・太武五王传》："将相多尚公主，王侯亦娶后族，故无妾媵，习以为常。"

人类不但在生理上有很强的适应能力，在心理上也有很强的适应能力。1978 年，美国的布里克曼教授做过一项幸福度调查，满分为 5 分。他先随机抽取一些人，幸福度得分平均 3.8 分。然后，他调查了一年内获彩票大奖的人，幸福度得分也为 3.8 分。他还

调查了因车祸而瘫痪的人，幸福度得分为 3 分。最幸运的人和最不幸的人，为什么对生活的满意程度，与普通人并没有太大的差距？这是因为，个体对某种外界刺激的反应，随着时间流逝而逐渐减弱，不久就习以为常。适应外界变化以维持心理平衡，是人类与生俱来的倾向。这是进化的结果。如果总是处于亢奋状态，无论是极端快乐还是极端悲伤，都会因为生理、心理长期失衡，使身心受到极大摧残。那些具备良好适应性的原始人，其基因更容易留存在世上。

变化多端・脉冲式刺激

变化多端　端：项目，种类。变化很多，使人难以把握。明・吴承恩《西游记》第三十二回："那怪果然神通广大，变化多端。"

我们通常用快乐等积极情绪来度量幸福。不过，幸福感取决于快乐的频数而非强度。反复多次的弱刺激，比一次性的强刺激作用更大。再大的刺激、再多的奖励，我们很快就会适应，但脉冲式的、不断发生的变化，人们就很难适应了。那些不断施加的、变化多端的小刺激，会使快乐长在。欧洲人不比美国人富有，却比美国人幸福感更强。欧洲人房子较小，汽车较便宜。他们省下钱度假、周游列国，享受着奇山异水、异国风情。某公司管理者说，真正打动人的是意外因素，而不是奖励的大小。幸福是一种积累，由不断的小刺激和小快乐积累而成。

坐立不安・认知失调原理

坐立不安　坐也不是，站也不是。形容心情焦虑、紧张。明・施耐庵《水浒传》第四十回："自从哥哥吃官司，兄弟坐立不安，又无路可救。"

列昂・费斯廷格于 1957 年提出认知失调理论。该理论认为，在一般情况下，个体对于事物的态度与行为之间是一致的。出现不一致时，个体就会处于认知失调状态，感到不愉快和心理紧张。为了减轻这种负面体验，我们会设法调整自己的态度或行为，使之相互协调。认知失调的程度，取决于行为的诱因。当诱因微不足道，且个人必须为某种消极后果承担责任时，认知失调最严重。例如，某人因小事与邻居打架，一时冲动误伤了对方，他会坐立不安，主动向对方道歉，予以赔偿。其实，认知失调原理是适应性原理的一个特例。它所反映的是，在认知上、心理上，由不平衡到恢复平衡的过程，其目的是适应外界环境的变化。

自然而然・无意识的反应

自然而然　自然：不受外力影响，自由发展。指不经人力干预而成为这样。清・文康《儿女英雄传》第十八回："不解到了那得意的时候，不知怎的自然而然有一种说不出的感慨。"

决策可分为三种，第一种满足安全需要，第二种满足控制需要，第三种满足平衡需要。当然，有时的决策，同时满足两种或三种需要。为满足安全需要制定的决策，通常是一种无意识的、自然而然的反应，这是人类几百万年进化的结果。这种决策遵循着节约原理，旨在降低心理活动能量，具有快速、自动化等特点，在大多数情况下能够有效应对日常活动和突发事件。无意识处理信息的过程，是相当敏捷熟练的。而且，人们常常省略思维的某些步骤或过于简化了复杂系统。这是对简单的远古环境的适应，未必能适应现代生活。在直觉、偏见、刻板印象指导下进行决策，当然很容易产生偏差。这是人类决策失误的重要源泉。

疑似之迹·相似匹配倾向

疑似之迹　疑似：既像又不像。指不被事物相似的表面现象所迷惑。《吕氏春秋·疑似》："疑似之迹，不可不察。"

为满足控制性需要做出的决策，遵循着关联性原理，致力于寻找事物之间的相互联系，包括相对性、相关性和相似性。然而，人们受到认识能力的限制和情感因素的干扰，往往会夸大事物之间的某种联系，从而造成决策失误。在一项模拟实验中，被试得知，由于采取了一些有效措施，某市旅游业快速成长，大大改善了该市的财政状况。被试认为，促进旅游业发展有利可图，继续全力推动旅游业发展。然而，该市环境发生了变化，过去曾使旅游业有利可图的条件不复存在。很快，该市接近破产的边缘。疑似之迹，不可不察。被试的错误，在于出现了相似匹配倾向，即只看到事物之间的相似性，而忽略了事物之间的差异性。

强词夺理·自我辩解

强词夺理　强：勉强。极力强辩，没理硬说有理。明·罗贯中《三国演义》第四十三回："孔明所言，皆强词夺理，均非正论，不必再言。"

为满足平衡性需要而做出的决策，遵循着适应性原理。如果是积极的适应，通常比较理性。比如面临压力时，我们改变思维方式，看到自己的优势所在，从中寻找解决问题的途径。如果是消极的适应，就带有很大的非理性成分，甚至不惜歪曲事实、隐瞒真相。例如，我们只看到自己愿意看到的，只听到自己愿意听到的，只记住自己愿意记住的。再如，认知失调理论指出，为了保持心理平衡，投资失败后，我们不去反思，而是追加投资，以证明自己的英明；为了保持心理平衡，尽管没有出现预期结果，我们也会强词夺理，试图掩饰自己的愚蠢。

02 第2章　决策的过程

决策可分为感知、推理和选择等三个环节，任一环节中都可能出现偏差。

耳聪目明·动物的感官

耳聪目明　聪：听觉灵敏。多形容头脑清楚，眼光敏锐。宋·李昉《太平广记》第七卷引《墉城集仙录》："广陵茶姥者，不知姓氏乡里，常如七十岁人，而轻健有力，耳聪目明，发鬓滋黑。"

弗朗西斯·高尔顿认为，智力取决于感觉的敏锐程度。一个人的感觉越敏锐，就可以推测他越聪明。从字面上看，"聪明"指的是耳聪目明。从这个意义上说，动物比人类更聪明。地震前，很多动物有异常反应，被称为地震的"活仪器"。动物的感觉器官比人类发达，能够感受到震前从地壳深处传来的声、光、电、磁、热等方面的变化。日本流传着一个有趣的故事。1923年东京大地震前，一位老农家的小狗见人就咬。主人将它绑在院中，它却挣脱出去，窜到屋里咬主人一口。主人怒不可遏，跑出去追打。刹那间，地震发生了，老农捡了一条命。

百灵百验·小猫的预见力

百灵百验　形容预测十分灵验，也指某种方法或药物十分有效。明·凌濛初《初刻拍案惊奇》第二十一卷："人多晓得柳庄神相，却不知其子志彻传了父术，也是一个百灵百验的。"

美国布朗大学助理教授杜沙，在《新英格兰医学杂志》上介绍了一只小猫。这只神奇的小猫名为"奥斯卡"，它百灵百验，准确预测了一家养老院兼康复中心25名病人的死亡。奥斯卡自幼生长在养老院里，经常在病房出入，与所有老人都非常熟悉。它每天查房，用鼻子嗅嗅病人，观察他们的情况。预见到病人即将离世，奥斯卡便爬上病床，蜷曲在病人身旁，陪伴他们走完人生的旅程。见此情景，工作人员立即通知家属，与病人见最后一面。医学专家迪诺说，奥斯卡比专业医护人员更有预见力。怎样理解奥斯卡出色的预见力？或许，猫能闻到垂死者那种特殊的气息，而人类的嗅觉却不能这样灵敏。

半真半假·知觉重构

半真半假　一半真，一半假，不是完全真实的。元·范居中《秋思》："半真半假乔摸样，宜嗔宜喜娇情况，知疼知热俏心肠。"

人类的感官不如动物灵敏倒也罢了，就连感官的可靠性也值得怀疑。我们听到的、见到的，并不就是实际存在的。研究表明，从外部世界感受到的信息，我们只利用了一小部分，大部分都被忽略了、抛弃了。我们感觉到的东西半真半假，其是我们对真实事件的知觉重构的产物。那些新接受的信息，唤起了我们的记忆和经历，包含着我们的需要、期望、态度、价值观和信念等主观成分。我们看到、听到的，正是我们希望的、相信的。因此，观察结果未必客观，常常带有某种局限性。

耳闻是虚，眼观为实 · 颜回偷食

耳闻是虚，眼观为实　亲自听到的还不足为信，亲眼看到的才是真实可靠的。清 · 名教中人《好逑传》第九回："'耳闻是虚，眼观为实'，叔叔此时，且不要过于取笑侄女，请再去一访。"

俗话说，耳闻是虚，眼观为实。那么，如果一件事为你亲眼所见，难道就值得信赖吗？我们摄取的外界信息，需要用经验来进行诠释。我们常常被假象迷惑，却深信自己看到了真相！颜回是孔子最得意的学生，素以德行著称。据《孔子家语》载，孔子在陈国、蔡国之间受困，七天粒米未进，众人白天只能躺着。颜回弄到米煮饭。孔子看见颜回抓饭吃，假装没有看见，说："刚才梦见先父，这饭很干净，祭过父亲再吃吧。"要知道，用过的饭是不能祭奠的，否则就是对先人不尊重。颜回说："不行！有点炭灰掉进锅里，丢掉可惜，我抓起来吃了。"孔子叹息道："人们都相信亲眼所见，但亲眼所见的未必可信。"

张冠李戴 · 证人的证词

张冠李戴　把姓张的帽子戴到姓李的头上。比喻认错了对象，弄错了事实。明 · 钱希言《戏瑕》第三卷："张公帽儿李公戴。"

美国每年约有7500个案件是冤案，其中将近4500个来自证人的张冠李戴、错误辨认。研究表明，证人对事实的了解经过三个阶段：认知事实；通过记忆保存相关信息；检索并复述相关信息。其中任一个步骤，都存在着导致证词偏离事实的可能性。在第一阶段，获取信息具有选择性，有的信息受到注意，有的信息证人印象模糊。在第二阶段，记忆受到新信息的干扰，或者被篡改，或者被遗忘。在第三阶段，从记忆中检索信息的方式非常重要，提问常常决定着最终的检索结果。如果问：枪是不是张三放的？证人就会聚焦于张三，忽视了其他人的可疑之处。

黄口小儿 · 最好的目击者

黄口小儿　黄口：雏鸟，借指儿童，也借讽人年幼无知。宋 · 郭茂倩《乐府诗集 · 东门行》："上用沧浪天故，下当用此黄口小儿。"

2001年，一架美国飞机坠毁，很多人目睹。目击者中，一半人说飞机起火了，然而黑匣子记录并没有起火。1/5的人看到飞机向左转弯，1/5的人看到飞机向右转弯。研究表明，最好的目击者是"父母不在身边的12岁以下的孩子"。成年人很容易受到自己的期望和经验的影响，黄口小儿的观察则有着较少的主观色彩。俗话说，孩子口中吐真言。这不仅因为他们没有顾忌，没有造假动机，不会违心地说话，而且因为他们对看到的东西

一无所知,从而不带有任何偏见。

胆战心惊·扭曲的印象

胆战心惊　战:发抖。形容十分害怕。元·郑光祖《刍梅香》第三折:“见他时胆战心惊,把似你无人处休眠思梦想。”

人们受到惊吓、威胁或处于巨大压力之下时,形成的印象特别容易发生扭曲。研究者设计了一场“表演”,让演员分别扮演教授和暴徒。被试亲眼看到,一位教授被“暴徒”殴打。事后立即进行询问,让目击者描述“暴徒”的相貌、年龄和身高。结果发现,胆战心惊的目击者对“暴徒”特征描述的准确率不超过25%。类似的研究表明,目击者从警察提供的嫌疑人中指认罪犯的错误率为25%。据研究,受害人描述罪犯的准确度与目击者相同。在许多案件中,受害者注意的是袭击者使用的凶器,而不是他们的相貌、服装或其他线索。有人做了一个实验:一群人围着一张会议桌开会。突然,一人站起来对天开了一枪。实验者一周后向目击者提问:谁放的枪?用的什么枪?持枪人位置?结果,给出的答案各不相同。

做贼心虚·眼睛标志

做贼心虚　做了坏事怕人觉察,总是心神不安。宋·释普济《五灯会元·重显禅师》:“却顾谓侍者曰:‘适来有人看方丈吗?’侍者云:‘有。’师曰:‘作贼人心虚。’”

如果说从远处观察,因难以把握细节而产生错觉,面对面的观察就准确吗?英国科学家发现,在一些公共场所张贴眼睛标志,可以对行为产生一定的约束作用。纽卡斯尔大学在校内设立了一台自动饮料机,注明饮用者应主动缴付相应的钱款。连续10周,研究人员在饮料机上方轮流张贴眼睛标志和花朵标志,每周换一次。结果,张贴眼睛标志的几周中,饮料机收入比张贴花朵标志的几周高出276%。有些人做贼心虚,眼睛标志使他们产生错觉,感觉到有人正在注视着自己。这表明,由于心理作用,尽管是面对面的观察,视觉仍难免失误。

合二为一·梦露与爱因斯坦

合二为一　指将两者合为一个整体。清·袁枚《新齐谐·佟觭角》:“一人劈面来,急走如飞,势甚猛,傅不及避,两胸相撞,竟与己身合二为一。”

美国麻省理工学院和英国格拉斯哥大学的专家,利用大脑对清晰画面和模糊画面的反应差异,创造出神奇的“玛丽莲·爱因斯坦”混合画(图2-1),让玛丽莲·梦露与爱因斯坦合二为一。科学家称,大脑分析清晰图像的速度,要快于分析模糊图像的速度。画中,采用清晰的线条勾勒爱因斯坦的面部特征,采用粗糙的线条勾勒梦露的面部特征。

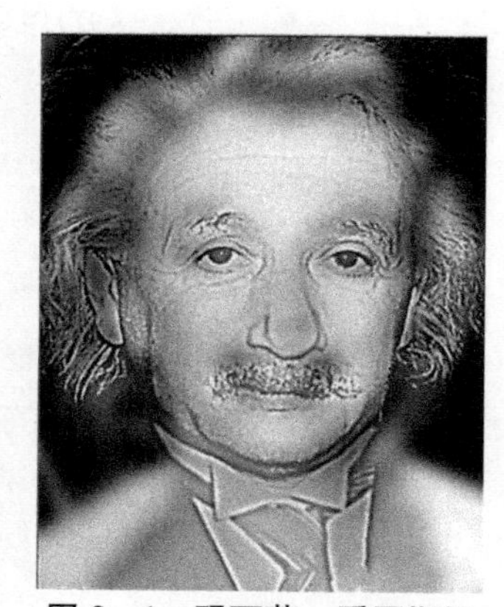

图2-1　玛丽莲·爱因斯坦

因此，这张画在近处看，俨然就是爱因斯坦。但从远处看，爱因斯坦的特征模糊了，梦露的头像却显现出来，爱因斯坦嘴上的胡子，变为梦露微笑的双唇。专家称，通过这项技术，可以创造出一些因距离而发生变化的广告画面，为广告行业带来新的生机。看来，要欺骗人的眼睛并不困难。

以己度人 · 佛和牛粪

以己度人　度：揣测。用自己的想法去猜度别人。汉 · 韩婴《韩诗外传》第三卷："圣人以己度人者也，以心度心，以情度情，以类度类，古今一也。"

感官不但对外界刺激做出反应，也对我们的内心世界做出反应。佛印与苏东坡交往甚密。一天，两人打坐。苏东坡说：我坐在这儿像什么？佛印说：像一尊佛。苏东坡开玩笑说，你坐在那儿像一堆牛粪。回到家，苏小妹说："参禅的人最讲究'见心见性'，你心中有什么，眼中就有什么。佛印说你像佛，因为他心中有佛。你说他像牛粪，你心中会有什么呢？"人们心中都有一种固定模式，由其价值观和经验所构成。人们对一切问题的看法和理解，都由这种模式出发。因此，人们总是以己度人，戴着有色眼镜去看待他人，看待世界。鲁迅先生说，在《红楼梦》中，"单是命意，就因读者的眼光而有种种：经学家看见《易》，道学家看见淫，才子看见缠绵，革命家看见排满，流言家看见宫闱秘事"。

浑然一体 · 格式塔学派

浑然一体　浑然：完整不可分割的样子。融合成一个整体。明 · 李贽《焚书 · 耿楚倥先生传》："两舍则两忘，两忘则浑然一体，无复事矣。"

对感觉器官获得的信息，进行选择、组织并加以解释的过程，被称为知觉。知觉是对事物整体特性的反映，看上去很简单，其实非常复杂。格式塔心理学派强调，知觉不能由感觉元素的集合或各部分的总和来解释，它浑然一体，显示出整体性，其功能大于部分之和。该学派反对当时流行的构造主义的元素学说和行为主义的"刺激-反应"公式，反对对任何心理现象进行元素分析，认为意识经验不等于感觉和情感元素的总和，思维也不是观念的简单联结。他们在知觉领域做了大量实验，发现了一系列感知原理，称作"格式塔心理学定律"。

完好无缺 · 完形律

完好无缺　完整，没有欠缺。清 · 钱泳《履园丛话 · 收藏》："小楷，微带行笔，共一百廿八行，前有十数行破裂者，而后幅完好无阙。"

在视觉方面，格式塔心理学派有着一整套理论，最基本的知觉原理是完形律。面对一个复杂图形，人们存在着将其看成一个"完好"图形的趋向。一个完好无缺的图形应该是匀称的、简单的和稳定的。人们根据这个原则，分辨出哪些信息应该属于一个整体，并把它们组织成一个独立目标。格式塔心理学派强调完形律在知觉过程中的重要性，格式塔的其他原理大都服从于完形律。他们提出的原理，除完形律外，还包括邻近律、相似律、连续律、闭合律、接近律等。

物以类聚·邻近律和相似律

物以类聚　事物因种类相同被归为一类。《荀子·劝学》："草木畴生，禽兽群焉，物各从其类也。"

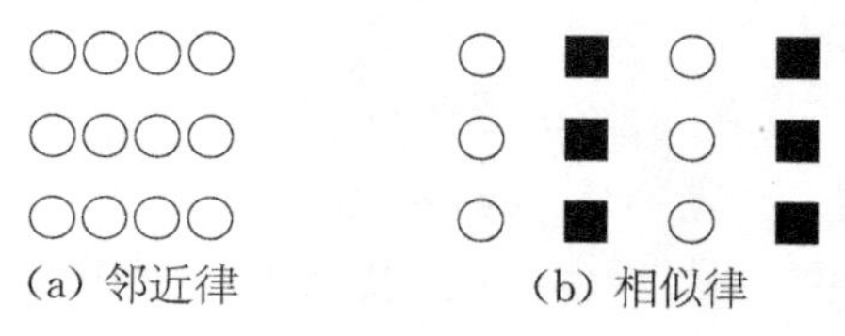

图 2-2

物以类聚，事物因种类相同被归为一类。图 2-2(a)中，人们将这些圆圈看成呈三行水平排列而不是呈四列垂直排列，表明空间上接近的东西更容易被看成一个整体，这就是邻近律。与之类似，时间上接近的事物也常常被看成一个整体。为便于学生理解，一位老师在课堂上一边用手敲击自己的头，一边偷偷地敲击桌子。由于敲击桌子的声音和敲击头的动作同时发生，学生便产生这样的知觉：他的头是用木头制作的。图 2-2(b)中，人们看到的是垂直组合的图形，而不是水平组合的图形，因为外形相似的图形更容易被看作一个整体，这就是相似律。

连绵不断·连续律

连绵不断　连绵：连续不断的样子。形容连续，不中断。清·石玉昆《三侠五义》第一百一十三回："谁知细雨濛濛，连绵不断，刮来金风瑟瑟，遍体清凉。"

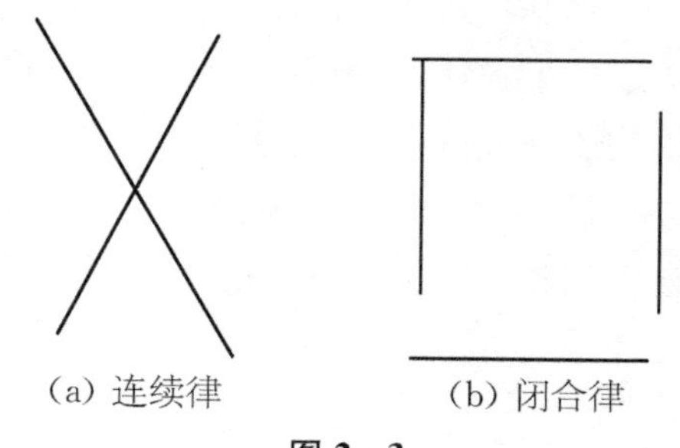

图 2-3

图 2-3(a)中，我们将图形看成两条相交的直线，而不是两个顶部相连的尖角，这就是连续律。根据连续律，人们倾向于把那些平滑的、连绵不断的曲线看成一个整体。图 2-3(b)中，我们看到的是一个有着缺口的矩形，而不是几条线段，这就是闭合律。我们有把不完整的图形补充为一个完整图形的倾向。我们会自动把残缺的部分填补上去，使之表现为最简单、最完善的图形。

半途而废・塞加尼克效应

半途而废　废：停止。指做事中断，不能坚持到底。《礼记・中庸》："君子遵道而行，半涂(途)而废，吾弗能已矣。"

格式塔原理虽然来源于对知觉问题的研究，却有着广泛的适用性，可以推广到学习、记忆等高级心理活动过程中去。例如，邻近律可以解释，为什么人们习惯于根据国家、地区来将人群分类。再以闭合律为例。布鲁玛・塞加尼克做了一个著名的实验。她给志愿者分配了一些简单任务，如做泥人、解算术题等。其中，一半工作让被试完成，另一半工作则中途阻止。几小时以后，被试回忆做过的工作。结果，平均起来，被试对未完成的工作能回忆出 68%，对已完成的工作只能回忆出 43%。这是闭合律在记忆和动机领域的体现。如果半途而废，任务没有完成，记忆就没有闭合，就会引起紧张情绪，使记忆保持下去。一旦任务完成，紧张感消除了，记忆也就随之变淡了。心理学家称之为"塞加尼克效应"。

如醉如痴・初恋之美

如醉如痴　因过于沉迷而神志恍惚，不能自拔。唐・韦庄《倚柴关》诗："杖策无言独倚关，如痴如醉又如闲。"

在实际生活中，塞加尼克效应非常普遍。数学考试中你不会做的那道题，会在脑中留下深刻印象，顺利完成的那些题都被你忘得一干二净。人的一生中，最难忘的是初恋时的感觉。初恋通常是一颗晶莹剔透的露珠、一朵没有果实的花、一项未能完成的事情，出现在生命中最美好的季节，所以它能让人如醉如痴、终生难忘。人们普遍认为，恋爱比婚姻美好得多。这是因为，恋爱是一个过程，是有待完成的事件。昨天的经历已经刻骨铭心，明天的会面又让你浮想联翩。婚姻则是恋爱的结果，是已经完成的事件，既没有多少悬念，也不用费力想象。

各执一词・橄榄球赛

各执一词　各人坚持自己的说法。明・冯梦龙《醒世恒言》第二十九卷："两下各执一词，难以定招。"

知觉具有选择性，很大程度上受到预期的影响，这被称为选择性知觉。感觉器官只能对部分刺激做出反应，有选择地感知人们愿意和期望看到的事物。

美国达特茅斯学院与普林斯顿大学举办了一场橄榄球赛，研究者放映了比赛录像，让两个大学的学生回答：哪个球队犯规更多？双方各执一词，有着明显的倾向性。达特茅斯的学生认为，两个球队的犯规行为几乎一样多。普林斯顿的学生认为，对方的犯规行为是己方的 2 倍多。更有甚者，一个达特茅斯校友看过录像，没有发现达特茅斯队有任何犯规行为。心理学家总结说："对于不同的人来说，每件事情本身就是不同的，不管它是一场橄榄球比赛，还是一个总统候选人选举活动。"选择性知觉会导致"敌意媒体效应"。每个党派的人都认为，媒体是偏向对立党派的。这种知觉偏差还存在于调解、仲裁等场合,双方都认为对方是错的。

信以为真·富克斯博士效应

信以为真　指把假的当作真的。明·冯梦龙《醒世恒言》第二十卷:“只因他平日冒称是宰相房玄龄之后,在人前夸炫家世,同僚中不知他的来历,信以为真,把他十分敬重。”

人们善于在一个毫无意义的图形中看出含义来,也善于从一场毫无意义的讲演中听出智慧来,这被称作“福克斯博士效应”。美国心理学家纳夫图林以数学与人类行为之间的关系为主题,写了一份不知所云的报告,让一位演员背熟了,并告诉他如何应对半个小时的听众提问,如采用模棱两可的描述、最新的专业术语、自相矛盾的手法等。听众是精神科医生、心理学家和社会工作者。纳夫图林介绍说,这是迈伦·福克斯博士,有着辉煌的履历和精深的学术造诣。听众信以为真,被这场看似深奥,其实空洞无物、漏洞百出的讲演彻底征服了。绝大部分听众表示,博士的讲演条理清晰、分析深刻,很有启发性,简直棒极了。

知人论世·情境依赖性

知人论世　指了解一个人,要研究他所处的时代背景。也指鉴别人物的好坏,评论世事的得失。《孟子·万章下》:“颂其诗,读其书,不知其人可乎?是以论其世也。”

知觉除了受到主观因素影响外,还受到情境、刺激物等客观因素的影响。外在刺激发挥的作用很大程度上与情境有关,独立于情境而起作用的刺激物并不存在。决策者根据经验与情境来理解和解释新信息。所谓情境,指影响事物发生或对个体行为产生影响的环境条件。因此,要想对某人某事做出透彻了解和公正评价,必须知人论世,研究他所处的情境。西谚说,一个人早上是天使,晚上可能是野兽。早上在办公桌旁,晚上在酒桌上,背景变换了,个体的行为也随之发生变化。与此类似,一个人在生活中是天使,在网上可能是野兽。情境依赖性是产生很多知觉错觉的原因,如对比效应、初始效应、近因效应、晕轮效应等。

淮橘为枳·模拟监狱

淮橘为枳　淮南的橘移植到淮北就变成枳。比喻人或物因环境不同而改变性质。《周礼·考工记序》:“橘逾淮而北为枳……此地气然也。”

斯坦福大学的菲利普·津巴多设计了一个模拟监狱,两组男大学生分别扮演犯人和看守。第二天犯人暴动,并迅速被镇压。后来,看守的行为越来越残暴,犯人的精神受到严重创伤。6天后实验被迫中止。许多看守扮演者不相信自己做出的事情,其中的一个人说:“我对自己感到吃惊。我居然叫他们互相谩骂,用手清洗厕所。我确实把犯人当牲口一样对待。”人们通常认为,人的好坏是由本性决定的,个体能够控制自己的行为。结果恰好相反,淮橘为枳,对行为影响更大的是情境,个体对此却毫无觉察。在不同情境下,即使面对同一个刺激,个体也可能产生完全不同的知觉。仅仅是走进模拟监狱,校友就变成了敌人！

先来后到·首因效应

先来后到　按照来到的先后确定次序。明·无名氏《南牢记》第二折："也有个先来后到，反教俺无下梢。"

通常，初次接触人或物产生的印象，比后来产生的印象更深刻。这种现象称为"首因效应"，是因时间压力而造成的偏差。它意味着，信息也遵循先来后到的次序，最先出现的信息最重要，最具说服力。美国社会心理学家洛钦斯做了个实验，让一群中学生阅读吉姆的生活片段。第一段资料把吉姆描绘成热情外向的人，第二段资料把吉姆描绘成冷淡内向的人。甲组被试看到的吉姆简介，第一段和第二段依次排列。乙组被试看到的资料，顺序恰好相反。结果，甲组被试中，78%认为吉姆是外向热情的人。乙组被试中，只有18%持有相同看法。

一见钟情·第一印象

一见钟情　钟情：感情专注。指男女之间一见面就产生爱情，也指对某事物一见就有了感情。清·古吴墨浪子《西湖佳话·西泠韵迹》："乃蒙郎君一见钟情，故贱妾有感于心。"

首因效应在人际交往中起着决定性作用。初次见面时，我们常常根据对方的仪表、服装、谈吐等形成第一印象。第一印象产生后是很难改变的。即使后来的印象大不相同，第一印象也多半会主宰着我们对他人的评价和看法。所谓"一见钟情"，很大程度上是由于对方给我们的第一印象实在太好了，太深刻了，让我们深陷其中而不可自拔，以至于根本不理会后来可能出现的相反的信息。首因效应不仅作用于印象形成过程，而且凡是顺序排列的信息，都会产生类似现象。见到有争议、相互对立的信息时，先出现的信息会产生较大影响。

一鼓作气·首因效应的根源

一鼓作气　作：振作。气：勇气。比喻趁锐气盛时一举成事。《左传·庄公十年》："夫战，勇气也。一鼓作气，再而衰，三而竭。"

为什么会有首因效应？首先，我们的注意力难以持久。随着信息量的积累，大脑感到厌倦，对信息的关注程度逐步下降。古代战场上擂响第一通战鼓时，士兵高度紧张、热血沸腾。此后几通鼓，注意力递减，作用大大下降。正如《曹刿论战》中所说："夫战，勇气也。一鼓作气，再而衰，三而竭。"其次，我们评价人或物时，一般赋予第一印象以更大权重。还有，出于时间压力，我们不得不在后出现的信息上分配较少的时间。一天中，我们总是先做最重要、最紧迫的事情，通常不大会把最后处理的事情放在心上。简言之，为了节约心理能量，我们必须重点突出，把最多的注意、最大的权重和最多的观察，付给最先出现的信息。

得新忘旧·近因效应

得新忘旧　得到新的,遗忘旧的。多指爱情不专一。明·胡文焕《前腔八首》之四:“得新忘旧,到前丢后,妄想处一味骄矜,满意时十分驰骤。”

有些时候,后出现的信息比先出现的信息影响更大,称为“近因效应”。亲友久别重逢时,我们首先回忆起来的,其实是上次分别时的情景或近期的思念。一般情况下,首因效应表现得更强烈。连续接触两个信息,人们总是对第一个信息有较深印象。近因效应是由遗忘引起的。如果信息之间相隔时间较长,就会得新忘旧,产生近因效应。究竟是哪种效应发挥作用,与认知对象也有关系。与陌生人打交道,第一印象很突出。与熟人交往,近因效应表现得更明显。我们与熟人接触次数太多,比较久远的记忆已经模糊。因此,即使第一印象不佳,也不必太担心。我们总能通过不懈的努力,最终扭转自己在他人心目中的形象。

情人眼里出西施·晕轮效应

情人眼里出西施　在情人眼里,对方是最美好的,没有缺点。清·吴趼人《二十年目睹之怪现状》第八十七回:“那五姨太太,其实他没有什么大不了的姿色,我看也不过‘情人眼里出西施’罢了。”

晕轮效应也是情境依赖性的一种表现方式,又称作“光环效应”。所谓“晕轮效应”,是指评价他人时,人们喜欢从某一局部特征出发,推断出对此人的整体印象和此人其他方面的特征。晕轮效应在人群中普遍存在。“情人眼里出西施”指的就是这种情况,因为中意于情人的某些方面,便认为其是完美的,无人可以替代。一张表格上列有聪明、灵活、勤奋、坚定和热情等五种品质。被试需对具有这五种品质的人进行想象。他们普遍认为,这样的人应该是友善的。然后,研究者把热情换为冷酷,其余品质不变,再让被试想象,被试脑中却出现完全相反的形象。由此可见,热情、冷酷这对品质起着光环作用,主导着人们对他人的整体印象。晕轮效应很难避免。对方的一两项品质,往往决定了我们的好恶。

以貌取人·漂亮的价值

以貌取人　根据外貌判断、对待他人。《史记·仲尼弟子列传》:“吾以言取人,失之宰予;以貌取人,失之子羽。”

戴恩·伯恩斯坦在实验中,让被试观看一些人物照片。他根据外貌,将照片分为有魅力、无魅力和一般性三种。被试需判断几个与外表无关的特征,如婚姻状况、职业状况、是否幸福等。结果,几乎在所有特征上,有魅力的一类人都得到最高评价。仅仅因为长得漂亮,他们就被认为在各方面都胜人一筹。爱美之心人皆有之,以貌取人是人类的普遍弱点。美国的一项研究发现,最漂亮的人比长相一般的人收入高7%,比长相丑陋的人收入高12%。人们对漂亮的人倾向于做出较为积极的判断,觉得他们性格好、有能力、有智慧,对自己更有帮助。

攻其一点不及其余·图灵的悲剧命运

攻其一点，不及其余　只抓住一点就攻击，其余情况概不过问，指对人或对事看法不全面。多指有偏见的批评。汪浙成等《别了，蒺藜》：“对人要全面考查，不能攻其一点不及其余。”

晕轮效应是放大别人的优点，从而视其为完人，这是一种误解。类似地，放大别人的缺点，攻其一点不及其余，从而视其为恶棍，也是一种误解。艾伦·图灵就是一个受到严重误解、为世人所抛弃的英雄人物。

图灵是英国著名的数学家和逻辑学家，被称为计算机科学之父、人工智能之父。为了纪念这位伟大的科学家，人们把计算机界的最高奖定名为“图灵奖”。他是计算机逻辑的奠基者，许多人工智能的重要方法也源自于他。他提出重要的衡量标准“图灵测试”。能够通过图灵测试的机器，就是一个完全意义上的智能机，和人没有区别了。与此同时，图灵还是一位伟大的二战英雄。

二战时，英国情报部门采取人海战术，对付德国的恩尼格玛密码机，但成效甚微。图灵小组耗费了几年时间，先后研制出三代破译机，发挥了巨大作用，赢得数十场关键战役。盟军诺曼底登陆之前，图灵成功破译了德军高层的密电，知道德军将防守重点放在加莱，盟军于是绕开加莱，成功地在诺曼底登陆。历史学家认为，他起码让二战提前两年结束，至少拯救了 1400 万人的生命。丘吉尔在回忆录中这样写道，“图灵作为破译了恩尼格玛密码机的英雄，为盟军最终成功取得第二次世界大战的胜利做出了最大的贡献”。这位伟大的科学家和二战英雄，却由于同性恋问题受尽屈辱，为世人所抛弃。他的功绩被完全抹杀。最终，他用一个泡过氰化物的苹果结束了自己的生命。半个世纪之后，英国政府三次向图灵表示道歉，英国女王签发了赦免令。2021 年他的肖像登上了 50 英镑钞票。

孤芳自赏·自我评价

孤芳自赏　把自己看作一枝独秀的香花而自我欣赏。宋·张孝祥《念奴娇·过洞庭》：“应念岭海经年，孤光自照，肝肺皆冰雪。”

晕轮效应可以推广到对本人的评价上。例如，某些人恃才自傲、孤芳自赏，仅仅因为自己在某一领域表现出色，就看不起别人，认为自己在各方面都很强。又如，漂亮的女孩常常成为“剩女”，因为她们认为自己很出众，既看不到自己的短处，也看不到对方的长处。再如，老师在学生面前，只不过闻道在先、术业有专攻，却误以为可以指导学生的一言一行，常对学生的行为横加指责和批评。还有，很多家长自诩为过来人，经验丰富，粗暴干涉孩子求学、交友和婚姻。

光阴似箭·时光飞逝效应

光阴似箭　形容时间过得极快。唐·韦庄《关河道中》：“但见时光流似箭，岂知天道曲如弓。”

时间与自我感觉有关。爱因斯坦说："在一个漂亮姑娘身旁坐了一小时，你觉得只坐了一分钟。在一个热火炉上坐了一分钟，你觉得仿佛坐了一小时。这就是相对论。"时间错觉具有积极意义。快乐时，人们常常觉得光阴似箭。反之也一样，人们越是觉得时间过得快，就越是觉得快乐。阿伦·萨基特通过实验得出这个结论，并称之为"时光飞逝效应"。这种效应让有趣的事件变得更有趣，让讨厌的事件变得不那么讨厌。在实验中，研究者让被试挑选自己喜欢的歌曲播放，并用快慢不同的钟表显示时间。误认为时间过得很快的人，比其他人对歌曲的评价更高。研究者还让被试收听难听的噪声，并告诉他们错误的时长。那些感觉时间长的人，非常厌恶这段声音。而那些感觉时间短的人，只是稍微有点不喜欢。

温故而知新·知觉与记忆

温故而知新　温习旧知识，可以得到新的认识和体会。也指重温历史，能更好地认识现在。《论语·为政》："温故而知新，可以为师矣。"

知觉与记忆密切相关。对外界刺激的知觉储存在记忆之中。记忆涉及三个阶段：编码、存储、提取。编码是记忆的第一阶段，包括对外界信息的感知、对问题的思考和对情感的体验。温故而知新，新输入的信息必须与脑中储存的知识进行比较，建立某种联系，才能形成新的知识，并使已有知识得到巩固。存储是记忆的第二阶段。经过编码的信息通过生物化学反应留下记忆痕迹，储存在记忆系统中，既可以呈现为图像，也可以呈现为概念或命题。提取是记忆的第三阶段。在需要的时候，从记忆系统中恢复或抽取存储的信息。上述三个阶段都没有问题，记忆就没有问题。如果某一阶段出现了问题，记忆就是残缺的、不完整的。

没齿难忘·长时记忆

没齿难忘　没齿：终身。一辈子都难以忘记。唐·李商隐《为汝南公华州贺赦表》："司马谈阙陪盛礼，没齿难忘。"

记忆系统由瞬时记忆、短时记忆和长时记忆等三个子记忆系统组成。瞬时记忆又称感觉登记，是外界信息通过感觉器官时，在大脑中暂时保留的过程。瞬时记忆是选择性记忆，大部分外界信息被我们完全忽略。短时记忆又称短时存储，容量非常有限，保存时间很短。长时记忆又称长时存储，容量很大，保存时间很长，甚至没齿难忘。外界的刺激信息首先进入感觉登记。受到注意的感觉信息经过编码进入短时存储，进一步编码后进入长时存储。个体接收到新的刺激信息时，将之与长时存储中提取的信息进行比较，加工处理后再输入长时存储之中。

稍纵即逝·短时记忆

稍纵即逝　纵：放。逝：消失。稍微一放松就消失了。形容时间或机会很容易失去。宋·苏轼《文与可画筼筜谷偃竹记》："振笔直遂，以追其所见，如兔起鹘落，少纵则逝矣。"

在感觉登记中，信息保留的时间非常短暂，受到注意的信息转移到短时存储。短时记忆稍纵即逝，只能维持 15 秒到 30 秒。在短时存储中，以听觉和语言复述的形式，加工和处理信息。只有这种信息才会转移到长时存储。没有复述的信息，很快就变得无影无踪。郑板桥在《自叙》中说："人咸谓板桥读书善记，不知非善记，乃善诵耳。板桥每读一书，必千百遍。舟中、马上、被底，或当食忘匕箸，或对客不听其语，并自忘其所语，皆记书默诵也。书有弗记者乎？"

不翼而飞・遗忘曲线

不翼而飞　翼：翅膀。没有翅膀却飞走了。比喻东西突然不见了，也比喻信息传播得很迅速。《管子・戒》："无翼而飞者声也。"

德国心理学家哈曼・艾宾浩斯以自己为被试，做了大量有关遗忘问题的实验，并据此绘制了一条遗忘曲线。他发现，遗忘呈现出"先快后慢"的规律，头一天遗忘很快，一天后遗忘进程趋缓。渐渐地，几乎不再遗忘了。如果不及时复习，学到的一大半东西很快就会不翼而飞。这表明，把短时记忆转变为长时记忆，复述起着极其重要的作用。遗忘有一个最普遍、最容易被忽视的原因，就是编码失败，开始时信息就没有储存在记忆库里。实验中，让大学生被试画硬币，没有一个人能完成。他们熟视无睹，不清楚硬币上具体的图案和文字。另一个实验中，让被试看一只猫头鹰，过一段时间画出记忆中的猫头鹰。下一位被试看了这幅画，过一段时间再作一幅画。第 18 位被试画中的猫头鹰，已经变成一只小猫。

死记硬背・机械式复述

死记硬背　不求理解，一味死板地背诵书本。路遥《平凡的世界》第二卷第三十七章："中国这种考试方式鼓励了死记硬背，但往往排斥了真正的才学。"

复述有两种：机械式复述和精致式复述。机械式复述又称维持性复述，即不管是否理解，只是简单地重复着刺激信息。古代私塾中反复吟诵诗文，现代中小学流行的死记硬背，都属机械式复述。这种方式效率低，若需要复述的项目很多，来不及复述的大量信息就会很快丢失，出现遗忘现象。更重要的是，一味死记硬背，忽视思考和质疑，培养不出世界一流人才。当然，有时机械式复述还是必需的，如小学生背诵乘法表，中国人学习英语。广告商擅长机械式复述。广告反复播出，即使你不感兴趣，它也会进入你的潜意识。专家建议，一则广告涉及的单词限制在三到四个。广告词越多，要想让人记住，需要重复的次数就越多。

融会贯通・精致式复述

融会贯通　融会：融合领会。贯通：贯穿前后。融合贯穿各方面的知识，得到全面、系统、透彻的理解。《朱子全书・学三》："举一而三反，闻一而知十，乃学者用功之深，穷理之熟，然后能融会贯通，以至于此。"

精致式复述又称整合性复述，指在理解的基础上复述，对刺激信息进行分析，并与现有知识和经验建立内在联系，做到融会贯通。有意义的信息容易被记住。短时记忆中的信息获得了意义，才能被整合起来，进入长时存储之中。在不同文化中，事物被赋予不同的意义。因而，文化影响着记忆。比如，美国文化强调个体，中国文化强调集体。在一项研究中，要求被试回想生活中的 20 件大事。美国人回忆起的事件大多以自我为中心，并包括本人的所作所为。相反，中国人则回忆起重要的社会事件和历史事件，以及与家人和朋友的互动。简言之，美国人的记忆多与“我”有关，中国人的记忆多与“我们”有关。

枯燥无味 · 圆周率

枯燥无味　枯燥：单调。形容单调，没有趣味。老舍《四世同堂》九十：“批改作文原是件枯燥无味的事，现在倒成了他的欢乐。”

圆周率是无限不循环小数，是考验记忆力的试金石。在圆周率记忆上的任何突破，都源于看似枯燥的数字，被人们巧妙地赋予了某种意义和趣味。2005 年，中国大学生吕超打破背诵圆周率的世界纪录，经过将近 30 个小时的连续奋斗，背诵到小数点后 67890 位，远远超出日本人保持的小数点后 42195 位的记录。吕超说，在他心目中，圆周率不是一些枯燥无味的数字。把这些数字编成故事，就能很快记住它们。尤其是记忆几万个没有规律的数字时，这样的方法显得非常有效。比如数字 381199 的含义：38 表示一个妇女，11 表示两根木棍，99 表示两个气球。一个妇女手拿两根木棍，捅破了两个气球。吕超的高明之处在于，能将无意义、无规律排列的数字，转化成有意义、有规律、便于记忆的内容。

熟能生巧 · 刻意练习

熟能生巧　熟练了，就能掌握技巧，运用自如。《朱子语类》卷一〇四：“熟则精，精则巧。”

绝大多数人进入新领域时，开始学习进展很快，然后速度减慢，最后完全停滞。只有那些花费大量时间“刻意练习”的人，才有可能成为本领域的佼佼者。刻意练习指重复练习，并对结果及时做出反馈，以改善自己的成绩。这样形成的记忆称为内隐记忆。在你没有意识到的情况下，过去的经验自动产生影响。你虽然在做熟悉的事情，但应不断改进工作方法，设法将任务完成得更好。在这种心态下，你才会熟能生巧，掌握某领域的规律性，在事业发展上突飞猛进。埃里克森及其同事研究了一群 20 岁的小提琴演奏者，最好的一组平均每人刻意练习达到 1 万个小时，较好的一组达到 7500 个小时，较差的一组只有 5000 个小时。

妙手回春 · 名医的成长之路

妙手回春　妙手：指技能高超的人。形容医术高明，能使病危者痊愈。清 · 俞万春《荡寇志》第一百一十四回：“天彪、希真齐声道：‘全仗先生妙手回春。’”

很多领域都存在着类似现象，刻意练习越多，成就越大。知识分为显性知识和隐性知识两种。显性知识可以传授，通过阅读和虚心学习，比较容易掌握。隐性知识不可传授，需要刻意练习，用心领悟。任何专业都包括这样两种知识。在医学院里，学生学到了显性知识，如医学原理、规则和技能。他们毕业了，只能诊治常见病。名医是经过多年实践打磨出来的美玉。曾经的千百个案例，曾经的反复揣摩和思考，使他们掌握了很多隐性知识，能够于瞬间对病人做出准确诊断，进行最有效的个性化治疗。更可贵的是，遇到疑难杂症，他们能够从一团迷雾中找到方向，于山重水复中看到希望，从而妙手回春，救人于水火。

历历在目 · 具体的词汇

历历在目　历历：清楚。形象景象或事物的面貌清楚地展现在眼前。唐 · 杜甫《历历》："历历开元事，分明在眼前。"

在长时记忆中，存在着两种独立的编码系统：语义编码系统和表象编码系统。前者主要处理语言类信息，根据事物内在意义上的联系，对信息进行重新编码和组织。后者主要处理图像等非语言类信息，根据事物在大脑中留下的短暂形象，对信息进行重新编码和组织。图像信息比语言类信息更容易被记住。因为对图像信息，不仅可进行表象编码，还可进行某种程度上的语义编码。同理，具体的词汇比抽象的词汇更容易被记住。老虎、太阳、电视机等具体的词汇，在脑中唤起一幅幅图像，历历在目，非常清晰，而勇敢、忠诚等抽象的词汇，却难以唤起对应的形象。

挂一漏万 · 记忆的选择性

挂一漏万　挂：钩住，这里指说到，提到。形容列举不全，遗漏很多。宋 · 吴泳《答严子韶书》："对客之暇，随笔疏去，未免挂一漏万，有疑不妨再指教。"

柏拉图认为，过往的经历都能完整地保存在记忆中。弗洛伊德认为，记忆如同重播的影片，通过自由联想，可以还原出当时的情境。这些说法可靠吗？实际上，记忆具有选择性。心理学家秘密记录了剑桥心理学会的一次讨论。两周后，请参加者回想会议内容，并与原始记录比较。他们发现，这些学者遗漏了讨论会上 90%的细节。在能够想起的观点中，半数与记录不符，部分观点在记录上根本不存在。大量研究表明，我们的记忆常常是错误的。由于记忆的选择性，我们挂一漏万，只记住那些最感兴趣、自认为最重要的信息。由于各人关注的焦点不同，对同一件事的记忆就大有出入，于是就有了误会，有了不必要的争吵。

凭空捏造 · 虚构记忆

凭空捏造　指毫无根据地虚构、假造。明 · 沈德符《万历野获编补遗 · 土司 · 土官承袭》："近世作伪者多凭空捏造，苟得金钱。"

心理学研究得出结论：记忆是以自我为中心建立起来的。我们将信息存储在大脑的同时，也就构建了记忆，引入许多事后的推理。英国心理学家巴特利特指出，我们依据此时此刻的感觉和情绪，综合许多不连贯的信息，重构起自己的经历，使之与现在的观念相吻合。记忆常常是模糊的，现在的感觉就起了主导作用。例如，痛苦的经历不堪回首，新信息出现时，我们就修改记忆，让它更容易被接受。更有甚者，相当多的人会凭空捏造自己的记忆。实验者要求被试想象：他们小时候在宴会上打碎了酒杯，或者在奔跑中摔倒，被玻璃划破了手。之后让他们回忆，大约四分之一的人认为，这些虚构的事件真的发生在他们身上。

误入歧途 · 暗示的诱导

误入歧途　因受迷惑而走上错误的道路。清 · 王韬《淞滨琐话 · 反黄粱》："独行数十里，误入歧途，曲径深林，迷于所往。"

爱丽娜宾 · 洛夫特斯做了实验，来测试记忆内容是否可靠，结果出人意料。她让被试看电影。一名男子身受枪伤，倒在血泊中。她问："那人有没有胡须？"被试答："有胡须。"但是，该男子头戴面具，脸部被遮住。这表明，即使略作暗示，也会对记忆产生影响，使之误入歧途。金伯利 · 韦德说，类似现象在司法界非常普遍，警察常利用具有暗示性的技术手段，从目击证人和被告那里获得与自己推断相符的记忆。有些人在某种诱导下，相信自己犯下根本不存在的罪行，甚至主动向警方坦白。记忆库中存储的大量信息，可能是零乱的，处于沉睡状态，需要某种线索来激活它们，使之产生逻辑联系。暗示就是这样的线索。

子虚乌有 · 不明飞行物

子虚乌有　指虚构的、不真实的事情。汉 · 司马相如《子虚赋》："楚使子虚使于齐，王悉发车骑，与使者出畋。畋罢，子虚过姹乌有先生，亡是公存焉。"

记忆还受到想象、情绪、近因效应、自尊情结等的影响。当我们忘记某些事件的细节时，就会用想象和逻辑来填补它。詹姆斯 · 兰迪是一名魔术师，因揭露通灵术等伪科学而闻名。他宣称，任何荒谬的、子虚乌有的事件或观点，都很容易搜集到证据来证实。他在电视节目中说，早上驾车经过新泽西州时，看到一个橙色的 V 形物从北面飞过。节目播出后，不断有人打来电话，声称他们也看到了不明飞行物，并补充了许多兰迪在节目中"忽略"的细节。他们说，飞碟很多，不止一个。其实，所谓 V 形物，不过是兰迪的主观臆造。

舍本逐末 · 武器焦点

舍本逐末　本：树根。末：树梢。抛弃根本的、主要的，而去追求枝节的、次要的。《吕氏春秋 · 上农》："民舍本而事末，则不令。"

人们受到情绪影响，尤其是强烈情绪影响时，只注意某些事物，只记得那些最感兴趣的细节，而忽略了大量重要信息。20 世纪末，德国犯罪学家冯 · 李斯特教授做过几项研究。在一项实验中，李斯特教授评论关于犯罪学的书，第一个学生提出异议，第二个学生捍卫李斯特的观点。他们唇枪舌剑、互不相让，且愈演愈烈。最后，一个学生掏出手枪。枪响了，另一个学生应声倒地。这时，李斯特教授说，一切都是事先安排好的，并请同学们描述一下刚刚发生的事件。令人惊讶的是，许多学生舍本逐末，热衷于谈论枪支，他们忘记了争论是怎样发生的、两个学生各穿什么衣服等细节。心理学家将这种现象称作“武器焦点”。

尘埃落定・电影的结局

尘埃落定　形容事情几经曲折，终于有了结局。柏杨《到底是什么邦》：“等到首席坐稳，次席三席四席每一席次都要杀声震天，闹上十数分钟或数十分钟，才能尘埃落定。”

我们喜欢结局精彩的平庸电影，不太喜欢结尾平平的杰出电影。大脑不可能完整地储存一部电影，只能储存那些概括式信息和特殊的片段。在近因效应作用下，记忆特别重视电影的结局，关注着尘埃落定后的景象。推而广之，我们在倾听、阅读、会客时，都表现出明显的倾向：对最后出现的信息留下最清晰的记忆。因为信息量大，记忆模糊了最初的印象。同理，时间间隔长也会产生类似情景。先痛苦后快乐的事件，我们记住了快乐；先快乐后痛苦的事件，我们记住了痛苦。莎士比亚写道：“一个人的结局总是比他生前的一切格外引人注目。”

自我陶醉・自尊情结

自我陶醉　陶醉：沉醉于某事物或境界。指盲目地自我欣赏。郭沫若《文艺论集・批评与梦》：“稿初成时，一时高兴陷入自我陶醉的境地。”

研究人员发现，在自尊情结影响下，人们的记忆天生具有理想化色彩。而且，记忆的细节越具体，准确性可能越差。一位女士回忆起小学生活，觉得充满了乐趣，有带喷泉的小花园，还有亲密的小伙伴。母亲说，那时候她常说上学太痛苦，总有几个女孩捉弄她。根本就没有什么小花园，更别提喷泉了。伊丽莎白・罗夫特斯指出，记忆总有种“自尊情结”。这表明，记忆总会被美化，很少有人能逃脱。比如说，你记得曾经给慈善事业捐了很多钱，实际上数目并不多。在这种美好的幻觉中，人们自我陶醉，肯定了自己，找到了快乐。

触目成诵・超强记忆

触目成诵　看一眼就能背下来。形容记忆力强。唐・姚思廉《陈书・陆瑜传》：“论其博综子史，谙究儒墨，经耳无遗，触目成诵。”

我们都希望过目不忘，能记住经历过的每一件事、每一个人。殊不知，遗忘自有其意义，记忆力超群未必是件好事。俄国医生 A. L. 卢里亚治疗过一位年仅 20 岁的病人，他能够触目成诵。荷马的《奥德赛》长达 1000 页，他只需 6 分钟便能看完，复述时居然一字不差。然而，由于记忆库中储存的东西太多，他分不清孰轻孰重，无法在信息之间建立起内在的联系。他能回忆起文章中的每一个单词、图片和阅读时的所有感觉。但要解释某个简单句子，回答某个具体问题，他就无能为力了。看来，遗忘是必须的。倘若没有遗忘机制，对信息照单全收，人类就会失去最基本的思维能力，不会判断，不会推理，不会选择。

以假乱真·种植虚假记忆

以假乱真　把假的当作真的，混乱视听。清·李百川《绿野仙踪》第四回："如此办法，势必以假乱真，以少报多。"

我们每天都接收到大量信息，如果完全保留，就会被记忆所淹没。因此，我们的记忆有所选择，有所取舍。我们通常只保留过去经历的概要，以及重要的、对于我们来说生死攸关的信息。与遗忘相对应，记忆错觉也可能对人有益。金伯利·韦德认为，在某种情况下，种植"虚假记忆"也能产生正面效果。假如通过引导语让人们相信，他们小时候很喜欢健康食品，如第一次吃芦笋感觉非常美好，就可以以假乱真。他们将幸福地回想：我原来是很喜欢吃芦笋的，我很迷恋那种味道。于是，面对一长串菜单时，他们会选用健康食品，拒绝垃圾食品。

不堪回首·痛苦的经历

不堪回首　堪：忍受。回忆起来就感伤痛苦，难以忍受。南唐·李煜《虞美人》："小楼昨夜又东风，故国不堪回首月明中。"

美国心理学家罗森斯拜克说："人们对于使自己不愉快不方便的事情，都有一种潜在的欲望，希望此事能早一点从记忆中消失。"他做了一项实验，来研究遗忘的真实原因。被试先回答一系列问题，然后进行回忆。结果很有趣，被试记住了能够解答的问题，忘记了无法解答的问题。这表明，遗忘是一种选择性行为。最模糊、最容易遗忘的事情，可能伴随着不愉快的经历，使人们不堪回首。例如，你忘记了小时候常被人欺侮，只记得曾经见义勇为，救过一个落水同学。

专心致志·注意力

专心致志　致：极。志：志趣。形容一心一意，精神集中。《孟子·告子上》："今夫弈之为数，小数也；不专心致志，则不得也。"

注意是一个人的心理活动对一定对象的指向与集中，具有注意的能力称为注意力。注意的核心是精神集中、专心致志。诺贝尔物理学奖获得者丁肇中说："我不觉得自己聪明，但是很专注。"学习牛顿第二定律 $F=ma$ 时，为了弄清楚 m 是怎么得来的，他足足想了一个月。与人交流中，凡是物理学问题，丁肇中总是详尽述说。面对其他问题时，他最爱说的词是"不知道"。他每天早上七八点到实验室，晚上八九点才回家。除了工作，他没有任何事情可做。

坐井观天·关注自己

坐井观天　坐在井底看天。比喻眼界狭小，见识有限。唐·韩愈《原道》："坐井而观天，曰天小者，非天小也。”

我们喜欢坐井观天，这个井就是自我：自我利益、自我经验、自我形象。我们注意到的只是与自己有关的那片蓝天，对其他信息则漠不关心。在一项实验中，研究者告诉被试，他们在智商测试中得分很低，让他们浏览有关智商测试的文章。被试阅读质疑智商测试的文章，比阅读认可智商测试的文章花费了更多时间。在另一项实验中告诉被试，一位教授对他们评价很高。他们阅读这位教授的资料时，对赞扬他的学术水平和聪明才智的信息很感兴趣，对负面信息却置若罔闻。我们注意到某些信息，是因为它们肯定了自己的形象，肯定了自己的决策。

不同凡响·肯定自己

不同凡响　凡响：平庸的音乐。形容人或事物很出色，与众不同。唐·程太虚《漱玉泉》：“天然一曲非凡响，万颗明珠落玉盘。”

我们很重视来自他人的信息，通过比较，来证实自己不同凡响。一项实验中，研究者公布了被试的测试成绩，并让他们观看别人的试卷。被试关心的，是那些比自己成绩差的人的试卷。涉及切身利益时，注意比自己差的人的倾向，表现得尤其明显，如果找不到这样的人就创造一个。在一次心理学测试中，被试必须在帮助或误导朋友中进行选择。当研究者说，这次测试只是一场游戏，大部分被试都选择帮助朋友。当研究者说，这次测试能够衡量一个人的智力水平，所有被试都对朋友做出错误暗示。人们肯定自己的动机太强烈了，根本无法压抑。

人声鼎沸·鸡尾酒会效应

人声鼎沸　鼎：古代煮食器。形容人声嘈杂，就像鼎中的水沸腾起来一样。明·冯梦龙《醒世恒言》第十卷：“一日午后，刘方在店中收拾，只听得人声鼎沸。”

注意是重要的心理机制。人们借助于注意，对外界信息做出选择、控制与调节，以便最有效地加工和处理最重要的刺激信息。注意具有三个基本特征：选择性、持续性与转移性。其中，最重要的是注意的选择性，即人们在众多刺激中，只选择部分信息进行加工。外界刺激太多，需要花费大量认知能量，遵循节约原则，大脑会选择一条捷径，只加工其中的部分信息，鸡尾酒会效应就是一个例证。酒会上人声鼎沸，你与朋友促膝谈心。然而，即使谈话非常有趣，即使周围人的对话都无法听清，一旦有人提到你的名字，你的注意力还是会被吸引过去。

心无旁骛·注意的选择性

心无旁骛　骛：追求。心里没有别的追求，形容心思集中。冰心《谈信纸信封》：“有不少人像我一样，在写信的时候，喜欢在一张白纸，或者只带着道道的纸上，不受拘束地，心无旁骛地抒写下去的。”

人类的感觉器官，1秒钟可以接收到一千多万条信息。我们打开网页时，桌上放着手机、日历和打印机,窗外充斥着汽车声与喧哗声,还有远处飘来的花香。受到如此多信息的干扰,我们仍然能阅读和理解眼前出现的文字和图形。之所以如此,是由于大脑具有"选择性注意"的功能。它审查和过滤外界信息,决定哪些能进入意识,哪些不能。对于这一过程,意识是无法觉察到的。正因为如此,我们才能心无旁骛,将主要精力倾注于手边的工作。如果没有潜意识的过滤、监视作用,我们面对的世界将是一片混乱,如同进入到迷宫之中。

视而不见·不注意盲视

视而不见　睁着眼睛看,却没有看见。指不注意、不重视或假装没看见。《礼记·大学》:"心不在焉,视而不见,听而不闻,食而不知其味。"

没有注意就没有知觉。我们将注意力集中于某物体时,对其他刺激可能毫无察觉。这种效应被称为"不注意盲视",是由注意的选择性所产生的重要错觉。实验中,被试观看一部播放球赛的影片。一队球员身着黑色运动服,另一队球员身着白色运动服。被试需要数出,在某个球队的球员间,究竟传球多少次。比赛时,有人扮演大猩猩走到球员中,面对镜头使劲捶打胸膛,然后消失。结果,一半人都视而不见,没有看到大猩猩。同样,开汽车时打电话,也会产生不注意盲视。不过,无论你盲视的是行人、汽车还是自行车,后果都非常严重。

暗度陈仓·魔术师的秘密

暗度陈仓　陈仓:在今陕西省宝鸡市东。指正面迷惑敌人,从侧面进行突然袭击。也比喻暗中进行的活动。元·无名氏《气英布》第一折:"孤家用韩信之计,明修栈道,暗渡陈仓,攻定三秦,劫取五国。"

不注意盲视非常普遍,多数决策者容易忽视周围环境中的大量信息。魔术常常让人着迷。魔术师可以凭空拿来一条鱼,又让它凭空消失,或者把人锯成一半,又还原回去。那些根本不可能的事情,在他们手里似乎成了可能。人们通常认为,魔术师靠的是手快。实际上,魔术的无穷魅力,更多地依赖于心理武器。他们常常利用不注意盲视,对人们进行误导。魔术师说一些煽动性的话,或做一些眼花缭乱的大动作,就如同实验中研究人员让被试数出球员传球的次数一样,是在转移观众的注意力。注意力资源有限。当你被魔术师夸张的言行所吸引时,魔术师正在暗度陈仓,将他们不希望观众注意到的动作悄悄地迅速完成。

与时俱进·恋人的眼光

与时俱进　与时间一起前进。指不断进取,永不停滞。清·姚鼐《谢蕴山诗集序》:"然先生殊不以所能自足。十余年来先生之所造,与时俱进。"

恋人的眼光是与时俱进的,在婚姻的不同时期,关注的重点大相径庭。在蜜月期,双方充满了激情,眼中看到的都是对方的优点。在磨合期,双方少了点缠绵,眼中看到的多是对方的缺点，都想改造对方，尤其是女性。于是有了争吵，有了裂痕。挺不过去的，爱情到此结束。挺过去的，开始容忍对方。其中的一种人，爱情名存实亡，只保持婚姻外壳，寻找第三者以弥补心中的缺憾。出轨包括行为上的，也包括意念上的。另一种人则心心相印。他们欣赏对方的优点，也接纳了对方的缺点。他们觉得，相互间最好的称呼不是我和你，而是我们。这就是婚姻的和谐期，此时爱情沉淀为亲情，双方血肉相连，已经分不出彼此。

心有灵犀一点通·心灵感应

心有灵犀一点通　灵犀：犀牛角。旧说犀牛是种灵兽，角中有白纹如线贯通首尾。比喻双方心意相通，彼此可以心领神会。唐·李商隐《无题》："身无彩凤双飞翼，心有灵犀一点通。"

有时候，你没有注意到的人或事，通过潜意识发挥影响。布列尔是弗洛伊德的朋友，亲身经历过"心灵感应"。一天，布列尔夫妇在一家餐厅吃饭。突然间，他插上一句与刚才话题无关的话："不知道饶医生在匹兹堡干得如何?"他的太太非常惊讶，说："几秒钟前我也在想这件事!"看来，心有灵犀一点通！事实却是，当他们偶然把眼光扫向门口时，看到一个与饶医生长得非常像的人。这个人可能从他们的餐桌前走过，只是两人谈话时过于专注，没有意识到罢了。然而，潜意识并没有放松警惕，以至于此人的出现，唤起了对朋友的共同思念。

全神贯注·注意的持续性

全神贯注　贯注：集中心思。全部精神集中在某件事上。形容注意力高度集中。顾笑言等《李宗仁归来》第四章："周恩来总理时而透彻地分析一些问题，时而全神贯注地听取程思远先生对于海外情况的介绍。"

所谓注意的持续性，指在一段时间内连续关注某个刺激信息，不为其他信息所分心。注意力集中的程度决定着人们思维的深度和广度。在这方面，伟大的科学家和思想家都有特殊的禀赋。华罗庚说："天才比常人能更高度地集中注意力，能长时间集中注意力并勤奋工作。"爱迪生太太说，爱迪生最突出的品质就是专心。25 岁时发生的一次事故，使爱迪生几乎丧失了全部听力。有人劝他去做手术，爱迪生说："听力不好，反而可以使我集中精力做喜欢的事。"阿基米德的专注更让人望尘莫及。罗马军队闯进来时，他全神贯注，用棍子在沙子上画着圆圈。他高叫："不要弄乱我的图形!"士兵怒不可遏，拔剑刺死了他。

全力以赴·把鸡蛋放在一个篮子里

全力以赴　赴：前往。把全部力量或精力都投进去。清·赵翼《廿二史札记》五："凡可以得名者，必全力赴之。"

与经济学家的建议相反，诺贝尔生理学或医学奖得主布鲁斯·博伊特勒说，应当把

"所有鸡蛋都放在一个篮子里",全力以赴地从事某项研究工作。如果四处出击、目标分散,是很难做出原创性的尖端成果。丁肇中到中山大学访问时,面对记者的一系列问题,他最多的回答就是"不知道"。"这15年来我只做一件事,那就是在宇宙间寻找反物质。"六小龄童扮演的孙悟空生动活泼、出神入化,至今无人可以企及。他说,多年来我只做一件事,那就是扮演孙悟空。

水滴石穿·刺猬型人

水滴石穿　时间长了,水滴也能把石头穿透。比喻坚持不懈,事情总会成功。宋·罗大经《鹤林玉露·一钱斩吏》:"吏曰:'一钱何足道?乃杖我也!'乖崖援笔判曰:'一日一钱,千日千钱,绳锯木断,水滴石穿。'"

那些真正能改变世界,其影响超越时代的人,不但是思想家,而且是实干家。他们身体力行,推动文明进步,引领人类迈进全新的纪元。这些人就是所谓的"刺猬型人",而不是"狐狸型人"。刺猬型人只知道一件大事并且只做这件事,直到完成为止。狐狸型人则追求多个目标,但都浅尝辄止。第一次世界大战期间,目睹死亡的阴影在各国盘旋,年仅20多岁的法国政治经济学家让·莫内为彻底消灭战争、化解欧洲国家矛盾而寻找对策。他以欧洲煤钢共同体为起点,跨越了一个个几乎难以逾越的障碍,终于水滴石穿,让欧洲统一渐渐成为现实。

刮骨去毒·注意的转移性

刮骨去毒　刮去深入骨头的毒物,彻底医治。比喻从根本上解决问题。也用来形容意志坚强的人。《三国志·蜀书·关羽传》:"矢镞有毒,毒入于骨,当破肩作创,刮骨去毒,然后此患乃除耳。"

所谓注意的转移性,指把对某个刺激信息的关注,转移到另一个刺激信息上。关羽刮骨去毒,千古传为美谈。除了有着超乎常人的勇气和意志力外,饮酒聊天,与马良下棋,借以转移注意,也是其中的一个重要因素。刘伯承年轻时,在一次战斗中被打伤了一只眼,需要做手术取出子弹。因为手术难度很大,时间很长,医生建议采用麻醉药,刘伯承拒绝了,"麻醉药会损伤大脑,我不用,能挺得住。"手术后,医生问他感觉怎样。他说:"没有什么,我一直在数你割的刀数呢。"然后,刘伯承准确地报出了刀数,令在场的人惊叹不已。

转移视线·子贡游说列国

转移视线　即转移注意力。向春《煤城激浪》:"大字报跟这次小绞车事件配合得很紧密,妄图把水搅浑,转移人们的视线。"

说服别人的诀窍,就是设法让对方把自己的注意力,转移到你所希望的地方。只有注意到的东西,才能进入我们的大脑。而那些焦点所在、留下深刻印象的信息,将会构成决策的基调和基本框架。子贡游说列国,掀起一连串战争风云,使战国局势发生巨变,就是转移视线的最佳例证。当时，齐国宰相田常想独揽大权，欲借攻打鲁国之机夺取大夫们的兵权。为使家乡免受战乱，子贡面见田常，阐述攻打鲁国之弊，而攻打比鲁国强大得多的吴国，将使他成为齐国唯一的主宰。田常闻之喜形于色，但虑师出无名。子贡又出使吴国、越国，说服他们攻齐，再出使晋国，让晋王做好应对吴国的准备。齐吴大战，吴大胜。吴趁胜攻晋，损失惨重，越趁机袭吴。吴与越大战，三战三败，吴国灭亡，越称霸于东方。子贡出使的五国，面临着错综复杂的态势，受到众多因素的影响。子贡让五国国君把注意力聚焦于某些因素，而忽略掉其他因素，从而做出有利于鲁国的决策。

仁者见仁，智者见智·看问题的角度

仁者见仁，智者见智　指对同一个事物，各人从不同角度持有不同的看法。《周易·系辞上》："仁者见之谓之仁，知者见之谓之知。"

注意力受很多因素的影响，既包括客观因素，也包括主观因素。前者指观察对象的物理特征，如是否奇、特、怪。后者指观察者的自身特征，如观念、偏好和文化等。注意的不同，让人们面对同一件事物时，"看到了"不同的东西。古人云，仁者见仁，智者见智。仁者从道德层面看问题，智者从智力角度看问题。见人落水，有人忘记自己不会游泳，奋不顾身地跳到水中。结果，人没有救上来，自己还要别人去救。仁者认为，他道德高尚，值得赞扬。智者认为，他考虑不周，既不能救人，又可能白白牺牲了自己，分明是添乱，不应该提倡。

名士风流·谢安和蒲扇

名士风流　名士：有名望的人。风流：风度与习气。后指有才学而不拘礼法的名士的风度和习气。《后汉书·方术传论》："汉世之所谓名士者，其风流可知矣。"

人们对名人着迷，有的甚至奉若神明。为什么？因为人们都渴望成为注意的焦点。暂时做不到这一点，便把满腔热情倾注到名人身上，在他们身上寄托自己的梦想。在中国，借助名人引起注意，从而改变别人决策的事例并不少见。谢安是东晋名士。当时的人非常推崇名士风流。谢安常常成为社会上普遍效仿的对象。一次，谢安的一位同乡被罢了官，前来辞别。谢安得知，此人路费尚无着落，5万把蒲扇便是他的全部财产。当时，蒲扇价格低廉，销路不大，即使全部卖掉，也难以凑足川资。谢安沉思片刻之后，摇着一把蒲扇招摇过市，四处串门。众人一见，认为名士配蒲扇，恰为绝世风流。于是，蒲扇立即成了畅销货，而且价格猛增，让这位同乡赚了不少钱。名人的影响力，由此可见一斑。

亦步亦趋·维特效应

亦步亦趋　步：慢走。趋：快走。他慢你也慢，他快你也快。指盲目地模仿别人。《庄子·田子方》："夫子步亦步，夫子趋亦趋，夫子驰亦驰。"

对于名人的崇拜，有时会达到无以复加的地步。粉丝不但注意名人的举止言行，而且对他们亦步亦趋，模仿他们的穿着、神情和走路的姿势，以及他们解决问题的方法。如果名人因不堪压力和痛苦走上自杀的道路,部分超级粉丝有可能进行效仿,将自杀看成脱离困境的最佳方式。维特效应反映的就是这种现象。它得名于伟大的德国诗人、思想家约翰·歌德的一篇小说《少年维特之烦恼》。主人公维特在社会上屡受挫折,最终以身殉情、饮弹自杀。小说问世后,掀起了席卷欧洲的"自杀浪潮"。该小说一度被很多国家列为禁书。

潜移默化·近肥者胖

潜移默化　指人的思想或性格受外界影响,不知不觉发生变化。北齐·颜之推《颜氏家训·慕贤》:"人在少年,神情未定,所与款狎,熏渍陶染,言笑举动,无心于学,潜移暗化,自然似之。"

决策的第一阶段是感知,第二阶段是推理,第三阶段是选择。在推理阶段,决策者形成对事物的基本判断和备选方案,以供选择和决策。所谓判断,是指对事物做出肯定或否定,指明它是否具有某种属性的思维过程。对外界刺激的绝对量,大脑反应比较迟钝。对外界刺激的变化及其差别,大脑却非常敏感。因此,做出判断时,衡量相对变化的参照点发挥着很大作用。当今,肥胖成为令人烦恼的重大问题。帮助减肥的医生,将重点放在调整饮食或改变生活习惯上。然而,英国的一份调研报告称"近肥者胖"。专家调查了12000多人,发现某人变得肥胖后,亲朋好友的体重很可能增加。朋友存在57%的可能性,兄弟姐妹存在40%的可能性,配偶存在37%的可能性。经常与肥胖者交往,以他们为参照点,于潜移默化中,渐渐影响了对肥胖的感知,提高了人们心目中正常体重的标准。

蒙头转向·比塞尔之谜

蒙头转向　蒙:昏迷。头脑昏迷,搞不清方向。老舍《神拳》第三章:"刚一动手的时候,我有点蒙头转向的。"

决策时,人们需要一个参照点,以便做出判断:我们在接近还是远离自己的目标?我们在改善还是恶化自己的处境?改善或恶化又达到什么程度?否则,决策便无法进行。换言之,判断来自比较,比较的基础就是参照点。撒哈拉腹地有一个村庄叫比塞尔。以前,这儿没有一个人走出大漠。他们说,无论向哪个方向走,最后都要回到原地。1926年,英国科学家肯·莱文来到比塞尔。不可思议的是,他紧跟着一个村民走了800英里(1英里约等于1.6千米)路,第11天早晨果真又回到比塞尔。莱文反复思索后才恍然大悟,比塞尔村位于大沙漠中间,方圆上千公里找不到一个参照物,当地居民蒙头转向,无法判断自己的准确位置,只能凭着感觉走。后来,村民根据莱文的提示,朝着北斗星指引的方向,3天后就来到大漠的边缘。

自愧不如·与周围人攀比

自愧不如　因比不上别人而感到羞愧。《战国策·齐策一》:"明日徐公来,熟视之,自以为不如。"

美国芝加哥大学展开了一项调查，名为“太富裕的朋友会让你患病吗?”被试填写健康状况，并以朋友、邻居为参照点，评价自己的收入水平。人类是群居性动物，相对收入的高低，反映了个人在群体中的地位。结果表明，相对收入较低的人，患心脏病、高血压等疾病的可能性，比相对收入较高的人高出 22%。专家认为，挫败感和自愧不如，可能是健康受损的主要诱因。“从生理学角度解释，每日与周围人进行攀比，如果总是发现自己不如别人，就会产生压力。”“长期压力使压力荷尔蒙的水平升高，影响免疫系统，为疾病侵袭埋下伏笔。”

先下手为强·控制参照点

先下手为强　在对手没有准备好的时候抢先动手，可以占取优势。明·冯梦龙《醒世恒言》第三十卷：“自古道：先下手为强。今若不依我言，事到其间，悔之晚矣！”

参照点是判断的标准和决策的依据。改变参照点，判断和决策就会发生变化。消费者购买商品时都有一个参照点，或来自本人、亲友的经历，或来自对商品的价值判断。控制参照点是厂商广泛采用的策略。自古道：先下手为强。商店为掌握定价主动权，常率先提出“建议零售价”，其中包含很多水分。讨价还价后，成交价仍然较高，但消费者比较满意。他们觉得，相对于“建议零售价”来说，自己获益不少。媒体披露，降价销售有时就是一场骗局，作为参照点的“原价”，其实并不存在。消费者自以为占了便宜，购买了很多没有列入预算的商品。

醉翁之意不在酒·复印机的价格

醉翁之意不在酒　比喻本意不在此，而在别的方面，或别有用心。宋·欧阳修《醉翁亭记》：“醉翁之意不在酒，在乎山水之间也。”

1945 年，威尔逊研制了一种新型复印机，并获得专利。复印机成本只有 2400 美元，却被定价为 29500 美元。朋友们提出疑问，这样高的价格，复印机能卖出去吗？威尔逊说：我不卖复印机，只开展复印业务。原来，醉翁之意不在酒。结果，业务发展顺利，顾客盈门，应接不暇。威尔逊用高昂的复印机价格建立了一个参照点，使顾客觉得，相对于复印机，他的高价复印服务显得并不太贵。此外，高价给人们一种暗示：这种复印机性能特别好，复印效果一定非同寻常。

讨价还价·定价的精确度

讨价还价　指买卖要价还价，也比喻谈判或接受任务时来回地讲条件。明·冯梦龙《喻世明言》第一卷：“三巧儿问了他讨价还价，便道：‘真个亏你些儿。’”

美国教授克里斯·雅尼谢夫斯基和丹·威做了一系列实验，探索拍卖价格的精确程度会对大脑造成什么影响。他们得出结论：竞标时人们有一个心理砝码，用来测量偏离竞标底价的变量，变量的大小是以底价为参照点的。例如，商品标价为 20 美元，我们的心理砝码也是整数，以 1 美元为单位：它值 19 美元、18 美元还是 21 美元？商品标价为

19.95 美元,心理砝码就变成小数,以 0.05 美元为单位:它值 19.90 美元、19.85 美元还是 20.00 美元?心理学家对房地产市场的考察,完全验证了这个结论。他们查阅了某处近 5 年房屋的标价和最终售价,发现开发商将房价标得越精确,房屋成交价越接近他们的要价。也就是说,精确的要价使心理砝码的单位变小,从而导致客户讨价还价的范围变小。

不可同日而语·不同行业的收入

不可同日而语　不能同时谈论。形容两者差距很大,不能相提并论。《战国策·赵策二》:“夫破人之与破于人也,臣人之与臣于人也,岂可同日而言之哉?”

在社会比较中,人们产生了强烈的公平意识。对于公平的判断,影响到我们的情绪和行为,而公平问题的关键,就是对参照点的选择。2017 年,收入最高的行业,年平均工资为 133150 元,收入最低的行业,年平均工资仅为 36504 元,二者相差近 10 万元。为什么不同行业的收入相比,不可同日而语?原因在于,人们普遍认为,工资收入与公司利润相关,与从事类似工作的其他人相关。也就是说,他们以公司利润和周围人的收入为参照点,以此判断是否公平。所以,社会比较主要是在公司内部以及同一行业的公司之间进行。其结果是,行业之间的收入差距比行业内部的收入差距大。而且,这种差距往往得到人们的默许。

水涨船高·冰啤酒

水涨船高　船随水位升高而浮起。比喻事物随着它所凭借的基础提高而提高。清·李绿园《歧路灯》第八十九回:“这水涨船高,下边水涨一尺,上边船高九寸。”

由商品实际价格与参考价格之间的差异所带来的满足程度,称作“交易效用”。价格差异越大,带来的满足程度就越高,这就是交易效用偏见。萨勒教授做了个实验。夏季,你躺在海滩上,对冰啤酒充满渴望。如果去小卖店购买,你最多愿意出价多少?被试给出的平均价格为 1.50 美元。如果去高级酒店购买呢?他让另一组被试回答,给出的平均价格是 2.65 美元。水涨船高,比起小卖店,通常高级酒店的商品价格更高,即参考价格更高。因此,朋友花费 2 美元买来一杯冰啤酒,若说是从高级酒店买的,交易效用为正值,你肯定高兴。若说是从小卖店买的,交易效用为负值,你肯定不开心。在交易效用作用下,同样的冰啤酒带来不同的消费感受。同理,出于交易效用偏见,人们很难抵御大减价的诱惑。

九牛一毛·比例偏见

九牛一毛　九条牛身上的一根毛,比喻数量相对而言很少。汉·司马迁《报任安书》:“假令仆伏法受诛,若九牛亡一毛,与蝼蚁何以异?”

有一种交易效用偏见称作“比例偏见”,指商品实际价格与参考价格之间的相对差额所带来的影响。相对差额越大,给人们带来的满足程度就越高。你在 A 商店看中一个售价 600 元的微波炉。你听说，这款微波炉在 B 商店售价 500 元。两个商店的距离只有 10 分钟路程。你在 C 商店看中一款汽车，价格 88100 元。你也知道，买这款汽车，在 D 商店可以少花 100 元。两个商店的距离只有 10 分钟路程。一般情况下，人们会去 B 商店购买微波炉，而不会去 D 商店购买汽车。虽然两种情形下都会节省 100 元、多花费 10 分钟，但是人们感觉到的交易效用却大有区别。因为购买汽车时，节省的 100 元不过是九牛一毛。购买微波炉时，节省的 100 元就不可小觑了。一般而言，人类对相对量比对绝对量更敏感。

信口开河・非洲国家的总数

信口开河　信：任凭。随口乱说。明・无名氏《渔樵闲话》第一折："似我山间林下的野人，无荣无辱，任乐任喜，端的是信口开河，随心放荡，不受拘束。"

1974 年，特沃斯基和卡尼曼做了一个实验。第一组被试需回答下列问题：非洲国家在联合国国家总数中所占比重大于 65%还是小于 65%？所有人都回答小于 65%。接着的问题是：非洲国家所占实际百分比是多少？被试给出的平均估计数为 45%。第二组被试需回答这样的问题：非洲国家在联合国国家总数中所占比重大于 10%还是小于 10%？所有人都回答大于 10%。然后再问：非洲国家所占实际比例是多少？被试给出的平均估计是 25%。显然，两组人都在信口开河。有趣的是，对每一组被试来说，后一个问题的答案明显受到前一个问题的影响。特沃斯基和卡尼曼解释道，个体的判断是以一个初始值，或者说"锚"为依据的，然后再进行不充分的调整，这就是所谓的"锚定效应"。

情非得已・对锚的依赖

情非得已　指不得已而为之。清・李汝珍《镜花缘》第六十二回："适才躲避桌下，自知失仪露丑，实系情非得已，诸位姐姐莫要发笑。"

在不确定性环境中，参照点是决策的依据。参照点不同，判断和决策也有所不同。那么，参照点又是如何选择的呢？此时，锚定效应起着关键作用。情况越是模糊不清，影响因素越是复杂多变，参照点就越是重要。于是"锚"就凸显出来，成为判断和决策的重要依据。判断非洲国家在联合国国家总数中所占比重时，我们的大脑一片混沌。我们情非得已，不得不抓住"锚"这个唯一确定的东西做出推测。通过设想一个具体的定位点，我们降低了对不确定性的不安。在这儿，提示语"65%"和"10%"就是锚。你围绕着它来调整。但是，这种调整总是不充分的。这一切都是在无意识之中进行的，不受我们主观意识的控制。

少成若性・垃圾食品

少成若性　指自幼形成的习惯就好像天性一样。汉・戴德《大戴礼记・保傅》："少成若性，习惯之为常。"

锚定效应表明，人们对事物的估计接近事先给予的"锚"。第一印象就是一种定位的

“锚”。即使你根据新信息调整了判断，这种调整并不充分。在最终判断中，第一印象仍然打下深深的烙印。锚定效应不但使人们对事物的估计接近事先给予的锚，还会影响人们的偏好。科学家发现，儿童喜欢某些垃圾食品是因为存在视觉原型。孩子断奶时通常吃牛奶、饼干、面包等米色食品，生理上产生对米色食品的依赖，长大后便偏好炸薯片、牛奶、面包等，对绿色蔬菜失去兴趣。少成若性，小时候吃惯的东西，把你锚定在那里了，你对此却毫无觉察。

先入之见·价格顺序

先入之见　最先接受或形成的看法，即成见。《汉书·息夫躬传》：“无以先入之语为主。”

推销员对锚定效应运用自如。他们先卖给顾客一套2000元的西装，然后推荐一件300元的衬衫。仅仅买一件衬衫，可能觉得300元太贵。买了2000元的西装，衬衫的价格就是可以接受的。他们还以不同的价格顺序展示两种商品，利用先入之见，对消费者施加无形的影响。例如，两种台球桌价格分别为329美元和3000美元。第一周，推销员先展示价格低的产品，然后是价格高的产品，其售出产品的平均价格为550美元左右。第二周，推销员先让人看3000美元的台球桌，后让人看329美元的台球桌，其售出产品的平均价格为1000美元左右。

漫天要价·极端的锚定值

漫天要价　没有限度地索要高价。常指所提条件或要求过高。清·李汝珍《镜花缘》第一回：“‘漫天要价，就地还钱。’今老兄不但不减，反要加增，如此克己，只好请到别家交易，小弟实难遵命。”

确定反向锚定值，是应对锚定效应的一个有效策略。我们很难摆脱锚定效应的限制，部分原因是设立锚定值，常常出于潜意识。对此，我们必须警惕，尤其要警惕相关数据中，是否有明显偏高或偏低的。如果让它们成为锚定值，将使决策产生较大偏差。行之有效的办法，是针对可能成为“锚”的极端值，确定一个反向的相等的锚定值。购买商品时，如果卖方漫天要价，不妨拦腰砍去一半，然后讨价还价。卖方定价过高，是想让你围绕着这个“锚”砍价。即使最终的成交价高于商品的合理价格，你也会满意而归。这样，双方皆大欢喜。

胸有成竹·心理模型

胸有成竹　画竹前心中已有竹子形象。比喻做事有充分准备。宋·苏轼《文与可画筼筜谷偃竹记》：“故画竹，必先得成竹于胸中。”

推理是从一个或几个已知的判断出发，推导出另一个新判断的思维形式，包括演绎推理和归纳推理两种。因此，可以将推理看成判断的延伸。所谓“演绎推理”，是指从一般知识前提到特殊知识结论的思维活动。演绎推理时，我们根据前提条件建立一个心理模型，以概括事物之间的相互关系，并据此推导出结论。心理模型概念是由苏格兰心理学家肯尼斯·克雷克首先提出的。他认为，大脑根据经验构建模拟现实的小型模型，以预测事件，进行推理或解释各种现象。我们对外界事物的认识，小部分基于新获取的信息，大部分基于头脑中的心理模型。面对多变的环境，我们通常胸有成竹。这个"成竹"，就是相对稳定的心理模型。

意料之外·孩子与花瓶

意料之外　指事先没有想到。宋·陈亮《与吕伯恭正字书之二》："天下事常出于人意料之外。"

孩子的手让花瓶卡住了。花瓶是古董，价值不菲。母亲想尽了办法，只要稍稍用力，孩子就会哇哇大哭。无奈之下，母亲只得把花瓶砸碎。孩子的手完好无损，紧紧握着拳头。在他的手掌中，有一枚 1 元的硬币。原来，孩子的手抽不出来，是因为不肯放弃那枚硬币。母亲脑中的心理模型告诉她，唯一的可能性是花瓶口太窄。小孩的手，伸进去容易抽出来难，那枚硬币完全在意料之外。我们根据日常经验构建的心理模型，遗漏了不太熟悉或未曾经历的其他可能性。

旁征博引·证实倾向

旁征博引　旁：广泛。征：寻求。博：广博。引：引证。指说话、写文章，广泛地引用材料作为依据或例证。清·王韬《淞隐漫录·红芸别墅》："生数典已穷，而女旁征博引，滔滔不竭，计女多于生凡四十四则。"

在推理过程中有一种证实倾向，即根据假设或规则，从正面判断结论是否正确。通常人们很少证伪。所谓"证伪"，是指从否定其结论出发，从反面判断结论是否正确。有这样一个假设："所有天鹅都是白色的。"我们找遍天下的天鹅，如果都是白色的，这个假设就是正确的，这是证实。如果找到一个反例，即某一只天鹅并非白色，而是黑色或其他颜色，这个假设就是错误的，这是证伪。证实倾向非常普遍。人们热衷于旁征博引，寻找与自己信念相吻合的证据，来证实某种结论。人们喜欢与认同自己观点的人交往，即使这些人对自己评价很低。

真伪莫辨·精神病人

真伪莫辨　莫：不。真假分辨不清。《隋书·经籍志一》："战国纵横，真伪莫辨，诸子之言，纷然淆乱。"

人们存在着证实倾向。相反，人们对于证伪却缺少兴趣。知道事件的结果后，那些与结果相一致的信息显得更加突出，更容易被我们从记忆中提取出来。罗森汉与 7 位同事来到某精神病院，抱怨说自己"听见说话声"，结果他们大多数被诊断为精神分裂症，在医院住了半个多月。住院期间，医生真伪莫辨，找到很多"确认"和"解释"诊断结果的证据。后来，罗森汉告诉另一家精神病院，此后三个月内，会有假病人进去。三个月后，罗森汉得知，在新入院的193名病人中，有41名至少被一位医生诊断为假病人。事实上，没有一个病人是假扮的。

偏信则暗·证实陷阱

偏信则暗　偏信：只听信一方面的话。暗：糊涂。只听信一方面的话，就不能明辨是非。汉·王符《潜夫论·明暗》："君之所以明者，兼听也；其所以暗者，偏信也。"

证实倾向容易使人们陷入证实陷阱，即决策前后，热衷于搜索支持性证据，而不理睬或重新阐释反面证据。马克·施耐德请被试评估某人的性格。他对一组被试说，此人羞怯、胆小、内向。他对另一组被试说，此人善谈、友好、外向。结果，与某人见面时，第一组被试提出的问题，可以推导出性格内向的结论。第二组被试提出的问题恰好相反。日常生活中，这种现象屡见不鲜。你买了一辆新车，报纸上刊登了两种关于汽车性能的排序，一种按燃料效率排序，另一种按撞击测验的结果排序。大多数人重视的，是证明自己能选择正确的排序。偏信则暗，我们应该警惕证实陷阱。寻求对立的、证伪的证据，可以增强我们的洞察力，使我们在决策上少犯错误，即使犯了错误，也能及时认识和纠正。

人才出众·为何有证实倾向

人才出众　人品才能超出众人。明·冯梦龙《喻世明言》第十二卷："（柳永）年二十五岁，丰姿洒落，人才出众，琴棋书画，无所不通。至于吟诗作赋，尤其本等。"

人的一生都是为了证明自己。小时候的标准是父母给的，证明自己是个好孩子。上学时的标准是老师给的，证明自己是个好学生。成年了，要证明自己是个好公民，或普遍意义上的好人。在不同的群体，还要遵循不同的标准。在单位，要证明自己是个好员工、好同事。在家里，要证明自己是个好子女、好丈夫（好妻子）、好爸爸（好妈妈）。有人不满足于这些一般性的标准，付出比一般人多出几倍几十倍的努力，朝思暮想着更多的财富、更高的官位和更大的名声，只为了证明自己人才出众，是个成功者。人类为何有证实倾向？人们都希望受人尊重，享受优越感。如果先假设"我愚蠢，我是坏人"，然后证明命题为错，岂非太伤自尊？只有先假设"我很卓越"，然后根据社会的标准，用言行来证明。

巨细无遗·完全归纳推理

巨细无遗　大小都没有遗漏。冯骥才、李定兴《义和拳》："然后急不可待地像倒水一般，把所知道的一切，巨细无遗地告诉给刘黑塔他们。"

归纳推理是指从特殊知识前提到一般知识结论的推断。与演绎推理相比较，归纳推理不太严密。归纳推理对有限情形进行总体概括，如果牵涉到的可能性难以穷尽，失误就在所难免。归纳推理的另一个局限是，存在着不确定性。我们见到的乌鸦都是黑色的，便得出结论：所有乌鸦都是黑色的。但是，即使你见过1万只乌鸦都是黑色的，也无法排除这种可能性：世界上有一些乌鸦是白色的。

归纳推理可分为完全归纳推理和不完全归纳推理。不完全归纳推理又分为简单枚举归纳推理、科学归纳推理等。所谓“完全归纳推理”，是指考察某类事物中的每一个对象，从中概括出有关该类事物的一般性结论。德国数学家高斯 10 岁时，迅速给出一道数学题的准确答案，这道数学题为：1＋2＋3＋……＋98＋99＋100＝？一般同学逐一相加，花费很长时间，而且容易出错。高斯发现，从 1 到 100，两端对称的数加起来都等于 101，而这些对称的数共有 50 对。简便算法应为：101×50＝5050。在这里，高斯采用了完全归纳推理。完全归纳推理看似容易，其实不然。它必须巨细无遗，考察所有成员。这个条件在很多情况下无法满足。

管窥蠡测・简单枚举归纳推理

管窥蠡测　管：竹管。蠡：贝壳做的瓢。从竹管中看天，用瓢量海水。比喻了解片面，看不到事物的整体。《汉书・东方朔传》：“语曰‘以管窥天，以蠡测海，以莛撞钟’，岂能通其条贯，考其文理，发其音声哉。”

简单枚举归纳推理是不完全归纳推理的一种，当某些现象重复出现且没有反例时，从中推导出一般性结论。简单枚举法仅仅考察部分对象，无异于管窥蠡测，得出的结论很可能出错。简单枚举法并非不可使用，但是要注意寻找反例，只要存在一个反例，就应推翻原有结论。长期以来，我们只看到白色的天鹅、用鳃呼吸的鱼、在水中下沉的金属。我们由此得出结论：天鹅都是白色的，鱼都用鳃呼吸，金属都在水中下沉。后来，人们在澳大利亚发现了黑天鹅，在南美发现了肺鱼，在实验室发现了不会在水中下沉的钠和锂。于是，上述结论都被推翻了。

追根求源・科学推理

追根求源　追：追究。指追究事情发生的根源。张周《步履艰难的中国》第四章：“追根求源，倒溯黑幕，岑长进现出了面目。”

科学归纳推理也属于不完全归纳推理，指考察某类事物中的部分对象，研究它们的属性，尤其是事物间的因果联系，从中推导出一般性结论。过去，厄瓜多尔印第安人中流行疟疾，而且无药可治。一天，某人疟疾发作，口渴难忍，喝了路旁水坑里的水，居然痊愈了。患者纷纷涌向那个水坑，治好了自己的疾病。如果事情到此为止，只能算作简单枚举归纳推理。科学家经过实地考察，发现有几棵金鸡纳树倒覆在水坑里，这种树的树皮含有奎宁。搞清了水坑、金鸡纳树与疟疾之间的联系后，科学家发明了治疗疟疾的特效药奎宁。这就是科学归纳推理的力量。简单枚举归纳推理知其然不知其所以然。科学归纳推理则追根求源，以客观事物间的必然联系为依据，知其然又知其所以然，故而可靠性大得多。

绝无仅有・知识的形成

绝无仅有　只有这一个，再没有别的。形容极其少有。宋・苏轼《上皇帝书》：“改过不吝，从善如流，此尧舜禹汤之所勉强而力行，秦汉以来之所绝无而仅有。”

既然归纳推理存在着明显缺陷，为什么我们还要使用它？原因在于，归纳推理是人类认识客观世界及其规律性的绝无仅有的方法。如果没有归纳推理，数以亿计的个别经验就没有联系、毫无意义，就不会增进我们对于这个世界的认识。换言之，归纳推理对知识形成起着巨大作用。所有的重要概念、重要范畴都来自归纳推理。人类拥有的全部知识，其实都是对大量具体事例的高度概括。我们从无数次市场交易中概括出“等价交换”原则、“供求关系”规律。我们从频繁观察和多次实验中，发现人是“趋利避害的”、人们有着“证实倾向”等心理规律。牛顿在划时代的著作《自然哲学的数学原理》中，提出四条科学的推理法则，它们是简单性原理、因果关系原理、普遍性原理和归纳法原理。归纳法原理为其中之一。

别无选择 · 福布斯的选择

别无选择　只能如此，没有别的路可走。陈劲松《女囚》：“为了爱情，我别无选择。”

经过推理，决策者形成对事物的基本判断和备选方案，以供选择和决策。中世纪时，英国有一位马场老板叫福布斯。无论谁来买马，他只卖最靠近门口的那匹，买马者别无选择。在经济学上，将之称为“福布斯的选择”，用作“没有选择”的代名词。心理学家布莱姆以 7～11 岁的儿童为被试，让他们在桌上的两种糖果中任选其一。然后，布莱姆离开房间。助手没有让孩子们挑选，而是任意将某种糖果发给孩子。布莱姆在询问中了解到，孩子们原来说自己喜欢某种糖果，但在被迫接受这种糖果后，他们改变了看法，认为这种糖果不好看或不好吃了。将糖果改成玩具，并对年龄稍大一点的孩子重复这一实验，得到了完全相同的结果。人们普遍不喜欢“福布斯的选择”，因为它忽略了人们的控制需要。

举棋不定 · 布尼丹效应

举棋不定　拿着棋子，不知如何放下是好。比喻犹豫不决，拿不定主意。《左传 · 襄公二十五年》：“弈者举棋不定，不胜其耦。”

一头小驴在荒原上迷路了，饥饿使它四肢无力。突然，小驴发现了两堆青草，不由大喜。但是，这一堆草更多，那一堆草更嫩，小驴难以决策。长时间的犹豫和徘徊之后，小驴最终饿死在草堆旁。这个寓言是由法国哲学家布利丹讲述的。因此，人们常把决策中举棋不定、难以取舍的现象称作“布利丹效应”。没有选择令人痛苦，生活变得乏味、暗淡无光。因为你失去了自我，无法满足控制欲，无法掌控自己的命运。但是，机会太多、可能性太多，也会令人烦恼。我们常常会经历小驴的困境。在吸引力大致相同的两种选择中做出取舍，是一件非常困难的事情，我们会为自己的优柔寡断付出代价，包括时间、机会甚至生命。

无所适从 · 选择的数量

无所适从　适：去。从：依从。形容不知依从谁，不知怎么办才好。《左传 · 僖公五年》："一国三公，吾谁适从。"

选择的数量对决策产生很大影响，太多的选择可能使人无所适从。随着选择数量的增加，决策失误的可能性也随之增加。巴里·施瓦兹教授发现，与毫无选择相比较，我们还是偏爱有所选择，但由于怀疑选择失误，当选择的数量不断增加时，我们的快乐反而随之减少。在果酱实验中，心理学家让顾客免费品尝各种果酱。一种情况是有 6 种口味的果酱，另一种情况是有 24 种口味的果酱。第一种情况下 30%的顾客购买了果酱。第二种情况下 3%的顾客购买了果酱。实际上，前一种情况只吸引了 40%的顾客，后一种情况吸引了 60%的顾客。虽然吸引力增加了，但是选择的余地越大，顾客购买得越少，购买后的满意度也越低。

井井有条·有序的信息

井井有条　井井：整齐不乱的样子。形容有条理。清·吴敬梓《儒林外史》第十三回："鲁小姐上侍孀姑，下理家政，井井有条，亲戚无不称羡。"

哥伦比亚大学的心理学家发现，选择多并非坏事，重要的是整理并组织这些信息，为消费者提供方便。网商运用大量技术手段，挖掘市场上的潜在信息。他们采用产品畅销榜、价格比较、用户评论、个性化的产品推荐等方法，让信息变得井井有条。此时，消费者既拥有进行多种选择的权利，又能根据个人意志和偏好轻松地做出决定，获得较大满足。果酱实验的问题在于无序性。桌面上同时陈列着很多果酱，消费者只能依赖三种信息：果酱知识；经验或广告留下的品牌印象；包装袋上的说明。这些信息不全面，没有内在联系，甚至相互冲突，自然让消费者无所适从。因此，选择悖论只是信息无序性带来的后果，并非否定了多样性的意义。信息无序时，选择是一种折磨。信息有序时，选择是一种享受。

走马观花·闪约的策略

走马观花　骑在奔跑的马上看花。比喻观察事物粗略，浮于表面。唐·孟郊《登科后》："春风得意马蹄疾，一日看尽长安花。"

从实践中，人们发展出一系列选择策略，使得面对众多选择时，决策变得更加容易。但是，我们也会为此而付出代价，陷入决策误区。闪约是流行于西方大城市的一种约会方式，深得单身白领的喜爱。参加者通过一系列 5 分钟的小约会，与异性进行一对一的接触，然后对感兴趣的同伴发出邀请。在最短的时间里，他们可以接触到更多的异性，拥有更大的选择空间。科学家发现，规模越小的群体，选择的数量越少，人们越会权衡异性各种内在的品质。规模越大的群体，选择的数量越多，人们越难以抉择，只能走马观花，仅看对方的相貌或衣着，忽略了个性等更重要的因素。这表明，当选择太多、难以应对时，我们会不自觉地把注意力放到表面的、容易观察的线索上，而不去探求事物的内在特征。

囊中物·确定性事件

囊中物　囊:口袋。形容已经在自己掌握中的事物。《新五代史·南唐世家》:“中国用吾为相,取江南如探囊中物尔。”

有人以学生为对象做了一个实验。第一种情况是,你愿意今天得到100美元还是4周后得到110美元? 82%的人愿意马上获得100美元,剩下的愿意等待。这种现象称作确定性效应,即人们偏好确定性事件。立即得到100美元如取囊中物,是确定性事件,4周后得到110美元是不确定性事件。第二种情况是,你愿意26周后得到100美元还是30周后得到110美元? 和第一种情况相比,时间间隔也是4周,得到的金额完全一样。37%的人愿意26周后得到100美元,63%的人愿意再等4周。在被试眼中,26周与30周的不确定性程度几乎一样。因此,只需直接比较金额大小。这表明,时间有敏感性递减的特征。以现在为参照点,离现在越远,时间的敏感性越低,远到一定程度,时间的差异不复存在。

迁延岁月·拖延行为

迁延岁月　指拖延时间。明·罗贯中《三国演义》第一百零七回:维曰:“不然。人生如白驹过隙,似此迁延岁月,何日恢复中原乎?”

面对获得时,人们不愿等待。面对付出时,人们却宁肯拖延,即使立即行动比延期行动效用更大。从心理学角度看,迁延岁月的原因如下:一是自我欺骗效应。不情愿做的事,拖延可暂时摆脱烦恼,感觉轻松和愉快。二是侥幸心理。期待事情出现转机。三是认知失衡。某些情境下,拖延行为是为失败寻找的理由。有些学生采取拖延行为,将成绩差归因于动手晚、没有努力学习等无关个人尊严的因素,而不是能力差等更加本质的个体特征。四是追求完美。有些人期望过高,很难按期完成计划。有些人对自己要求太苛刻,不惜一次次推倒重来。

人非圣贤,孰能无过·有限的理性

人非圣贤,孰能无过　圣贤:旧指才智或道德超群的人。一般人不是圣人贤人,难免会犯错误。《左传·宣公二年》:“人非圣贤,孰能无过,过而能改,善莫大焉。”

我们都是社会人,而非经济人。社会人具有三个特性,那就是有限的理性、缺乏自控力和受到社会影响。这是选择时常常陷入误区的根本原因。有些选择需要较长时间才能看到效用,如酗酒对身体的危害;有些选择出现的概率很低,很难对其效用进行合理估计,如选择大学、举办婚礼、购买房产;有些选择超出了人们的知识和经验,如跨国旅游、接触一种新技术或新产品等。这时,选择很可能出现盲目性。更加重要的是,大脑处理信息的能力有限。因此,我们不可能是完全理性的。人非圣贤,孰能无过。当我们面对复杂的、非常规的或数量众多的选择时,常常表现得手足无措,身不由己地做出一些错误决策。

不能自已·海妖的歌声

不能自已　已：止。指无法抑制自己的感情。唐·卢照邻《寄裴舍人书》："慨然而咏'富贵他人合，贫贱亲戚离'，因泣下交颐，不能自已。"

我们缺乏自我控制能力。更要命的是，我们不知道如何应对这个难题。遥远的海岛上住着一群海妖，歌声美妙动听。水手们无法抗拒海妖的魔力，竭力想靠近海岛，总是落得船毁人亡。奥德修斯嘱咐朋友用蜡封住耳朵，只有他除外。他让朋友把自己绑在桅杆上。船行中途，海妖翩翩而来，歌声动人心弦。奥德修斯不能自已，急于奔向海妖，大声呼喊着让同伴松绑。但是，朋友听不到他的呼唤，仍然奋力划船。他们就这样顺利通过了海岛。奥德修斯对人类的自控力和海妖的杀伤力有着清醒认识，采取了周密的防范措施，既享受到天籁之音，又不至于遭受沉船的厄运。然而，大多数人都高估了自控力，低估了冲动带来的危害。人类存在着自控力的双重系统。一个是理性思维系统，是高瞻远瞩的"计划者"；另一个是直觉思维系统，是急功近利的"行动者"。它们常发生严重冲突。

振臂一呼·公众人物

振臂一呼　振：挥动。挥动手臂，高声号召。宋·何去非《秦论》："振臂一呼，而带甲者百万。"

我们生活在社会中，我们的选择常常受到社会的强大影响。具有影响力的公众人物振臂一呼，会对人们的选择产生导向作用。美国得克萨斯州政府曾为高速公路上垃圾成堆的现象伤透了脑筋，耗费巨资做了很多广告，均以失败而告终。倾倒垃圾者多为18～24岁的男青年，他们不愿政府干预自己的行为。后来，州政府请著名的达拉斯牛仔橄榄球队拍摄了一则广告，队员们拾起垃圾并大声责备道："不要给得克萨斯抹黑！"与此同时，当地还出现很多印有"不要给得克萨斯抹黑"字样的产品。2006年，这个标语当选为美国人最喜欢的标语。广告播出后，高速公路上乱倒垃圾的行为下降了29%，6年间再下降72%。

见贤思齐·纳税宣传

见贤思齐　齐：相等。见到品德高尚，有才学的人，就想向他看齐，向他学习。《论语·里仁》："见贤思齐焉，见不贤而内自省也。"

大多数人的选择常常就是我们自己的选择。美国明尼苏达州做过一项实验。实验者把纳税人分成四组，分别给出四种信息。他们告诉第一组人，所交税款流向很多公益事业。他们警告第二组人，不照章纳税会受到惩罚。他们提醒第三组人，如果不会填写纳税申请单，会有人上门帮忙。他们通知第四组人，90%以上的明尼苏达人已经纳税。结果，只有第四种方法收到良好效果。知道大多数人都依法纳税时，人们很难再做出逃税的选择了。反之亦然。

近在咫尺·目标的选择

近在咫尺　咫：古代八寸为咫。形容离得很近。宋·苏轼《杭州谢上表》："而臣猥以末技，日奉讲帷，凛然威光，近在咫尺。"

法国一家报纸举办了智力竞赛，题目为"卢浮宫失火，火势迅速蔓延"。倘若只允许抢救出一幅画，你抢救哪一幅？著名作家贝尔纳获得金奖。他的回答很简单：离出口最近的那幅，显然，这是最容易实现的目标。其余的作品可能价值更高，但抢救出来的可能性较小。而且，时间紧迫，不允许比较和选择，只能根据直觉，拿起门口那幅画就跑。现实社会里，大多数人看中的是最有价值的目标，而不是近在咫尺、最可能实现的目标，结果必然是壮志难酬。因此，决策中的选择，首先是目标的选择。倘若目标选择不当，事情刚开始，就注定要失败了。不要追求虚幻的完美，立足于现实和个人能力进行选择，才是最明智的。

报喜不报忧·概率估计

报喜不报忧　只报告好的，不报告坏的。韦君宜《参考资料》："我认为对下一代采取报喜不报忧的教育方针，已经证明是失败了。"

我们遇到的选项，有时不确定性很强，存在着多种可能性。此时，需要根据概率估计来进行选择。概率估计会受到事件结果的影响。研究表明，我们习惯于报喜不报忧。其他条件相同时，个体认为正性结果发生的概率要高于负性结果。心理学家展示了 150 张面孔图片，既有微笑的，也有皱眉的。第一种情况下，有 70%的面孔微笑，第二种情况下，有 70%的面孔皱眉。结果，第一种情况下被试的反应比较准确，估计笑脸概率为 68.2%。第二种情况下被试的准确度明显下降，估计皱眉概率为 57.5%。结果是正性还是负性，对概率估计产生了影响。

福星高照·我比别人幸运

福星高照　形容人很幸运，有福气。清·文康《儿女英雄传》第三十九回："保管你这一瞧，就抵得个福星高照。"

日常生活中也存在着类似现象，尤其是与本人有关时，此种倾向表现得更明显。通常，个体总认为自己是福星高照，比其他人更幸运。尼尔·温斯坦列出 18 件正性事件和 24 件负性事件，让大学生被试回答：与自己的同学相比，你认为这些事件有多大可能性发生在自己身上？统计表明，被试认为自己经历正性事件的概率平均高于他人 15%，经历负性事件的概率平均低于他人 20%。其中，认为自己获得高薪工作的概率高于同学 42%，拥有家庭的概率高于同学 44%。相反，认为自己酗酒的概率低于他人 58%，40 岁前得心脏病的概率低于他人 38%。

微乎其微·小概率事件

微乎其微　形容非常小或非常少。《尔雅·释训》："式微式微者，微乎微者也。"

概率估计有一个常见的误区，就是人们对于自己非常看重的事件，即使发生的概率很小，也会做出过高的估计。实验一：选项 A，你有 1/1000 的机会获得 5000 美元。选项 B：你肯定能获得 5 美元。72%的被试选择 A，28%的被试选择 B。因为与 5 美元比较，5000 美元堪称巨款，人们会高估自己获奖的概率，认为值得一搏。人们购买彩票时，就是基于这种心理，尽管中奖的机会微乎其微。实验二：选项 A，你有 1/1000 的机会损失 5000 美元。选项 B，你肯定会损失 5 美元。实验中，83%的人选择 B，17%的人选择 A。有可能产生的巨大损失，让被试心存忌惮，不由得高估了它发生的概率。保险公司正是利用这种心理倾向获益。

守株待兔 · 高估偶然性事件

守株待兔　株：露出地面的树根或树干。比喻心存侥幸，希图不劳而获。也比喻死守狭隘经验，不知变通。《韩非子 · 五蠹》："宋人有耕者，田中有株，兔走触株，折颈而死。因释其耒而守株，冀复得兔。"

我们常常高估偶然性事件出现的概率，从而做出错误的选择。守株待兔的故事固然可笑。但是，我们能保证自己不犯类似的错误吗？彩票中大奖的概率很小，不比兔子撞到树上高多少。然而，有人一次中奖，就终生做着彩票中大奖的美梦。据报道，某人 2003 年用 3000 元买彩票，中了 500 万元大奖。他觉得自己运气很好，还会中大奖，将奖金全部用来再买彩票。后来为了筹集资金，他借高利贷，又迷上赌博，最后发展到挪用公款。结果当然很惨，妻子与其离婚，房子被迫卖掉。即使这样，他仍不忘购买彩票，可悲的是再也没有中奖，哪怕是小奖。

非同寻常 · 易于提取的事件

非同寻常　形容人和事物很突出，不同于一般。清 · 李宝嘉《官场现形记》第五十二回："况且他也是王爷之分，非同寻常可比。"

高估小概率事件，还与记忆有关。不易忘却、容易提取的事件，不但是那些经常发生的事件，而且包括那些发生频率虽然很低，却非同寻常的经验。我们最容易记住的，往往是最好的和最坏的事件，而非发生频率最高的事件。这些记忆更容易被唤起，不是因为其经常发生，而是因为我们的心灵曾经为之而震撼。天上掉馅饼，可能有，但极其罕见；彩票中大奖，可能有，也极其罕见。但是，经过媒体的大肆宣传，这些事件让人印象深刻、难以忘怀，误以为并非偶然。更重要的是，人们在潜意识中，相信自己比别人更幸运。于是，在骗子信誓旦旦，保证你稳赚大钱或讨了大便宜时，你会信以为真，不由自主地上当受骗。

事后诸葛亮 · 珍珠港事件

事后诸葛亮　讽刺那些事后表现自己聪明的人。刘嘉陵《反面人物》："这些'事后诸葛亮'都没有那老妪勇敢坦率，不过大家在以相貌判别善恶这一点上都是志同道合的。"

对于已经知道结果的事件，人们会高估其发生的概率，这就是事后聪明式偏差或事后诸葛亮。事件未发生时,存在多种可能性,向哪个方向发展难以逆料。事件发生后,不确定性消失,我们错误地认为,其结果显而易见、不可避免。许多实验表明,事后聪明式偏差广泛存在。有人指出,美国情报机构曾破译过 8 条将珍珠港视为潜在的攻击目标的电报。当局不重视这个信息,才导致惨案发生。其实,当时情况复杂,相互冲突的情报多如牛毛。同一时期,美军截获了 58 条有关菲律宾沿海的密电,21 条有关巴拿马的密电,都透露出日本军事部署的蛛丝马迹。很难从中找到日本人的主要攻击目标到底是哪儿的答案,并做出准确判断。

一相(厢)情愿·误会的根源

一相(厢)情愿　一相(厢):一边。只凭单方面的愿望,不考虑对方是否愿意或客观条件是否允许。金·王若虚《滹南遗老集》:"晏殊以为柳胜韩,李淑又谓刘胜柳,所谓'一相情愿'。"

事后聪明式偏差意味着,增加信息后,反而容易陷入概率估计的误区。与此相关的是"知识祸因",即人们忽视了自己拥有的知识,别人并不具备,此时知识带来的是祸而不是福。知识祸因往往是误会的根源。我们总是一厢情愿,以为对方理解了自己的意图。但是,我们视作非常清晰的信息,在别人看来却含混不清,因为他们并不了解相应的背景知识。有时,他们还根据自己的经验,对这些信息做出了让你大跌眼镜的诠释。在组织内部,上级向下级发布命令,不同部门之间进行协作时,都可能碰到这个问题。就连相濡以沫的夫妻,满以为配偶与自己心有灵犀,也常常会在日常琐事上产生误解,轻则争吵,重则离异。

在劫难逃·墨菲法则

在劫难逃　劫:劫数,佛教指大灾难。原指命中注定的灾难,后指不可避免的事情。元·无名氏《冯玉兰夜月泣江舟》:"那两个是船家将钱觅到,也都在劫数里不能逃。"

墨菲是美国空军中一位上尉工程师。在一个研究超重现象的实验中,当事人操作失误,将实验引入歧途。墨菲开玩笑说:"要是一件事情有可能被弄糟,让他们去做就一定会弄糟。"很快,这句话流传开了,只要有人做了错事,别人就用这句话嘲笑他。在这次实验中,为了保住面子,所有人都尽力避免出错,最终圆满完成了任务。实验领导人把这句话称为"墨菲法则",赞誉它是实验成功的核心原因。墨菲法则迅速扩散到世界各地,并拥有多种版本。最流行的版本是:如果坏事有可能发生,不管可能性多么小,它总会发生,并引起最大可能的损失,让人在劫难逃。生活中,类似的现象层出不穷。你买了新车,油价突然上涨了;你进了股市,大盘突然"跳水"了;你升了职,公司不久倒闭了。你郁闷,怪自己太倒霉!你不希望出现、认为发生的可能性不大的事件,往往与你不期而遇。

梁上君子·小偷行窃

梁上君子　在房梁上藏着的人,指窃贼。《后汉书·陈寔传》:"夫人不可不自勉。不善之人未必本恶，习以性成，遂至于此。梁上君子者是矣。”

从概率的角度来考察，墨菲法则的神秘性将不复存在。无论意外事件发生的概率多么小，只要它重复的次数足够多，最终就一定会出现。以小偷行窃为例。如果小偷行窃三次，每次被抓的可能性为 20%，他至少被抓一次的可能性为多少？小偷认为，根据每次被抓的概率来判断，不会超过 30%。但是，计算表明，小偷被抓的可能性接近于 50%。如果小偷行窃 10 次，至少被抓一次的可能性就接近于 90%。这就是说，行窃次数足够多的话，小偷是很难逃脱法网的。但是，小偷将自己锚定在一次行窃被抓的概率上，远远低估了重复作案带来的风险。所以，他才会带着侥幸心理，不思悔改，一次又一次地行窃，充当梁上君子。

日积月累・坏运气

日积月累　一天天、一月月不断积累。《宋史・乔行简传》：“日积月累，气势益张，人主之威权，将为所窃弄而不自知矣。”

墨菲法则揭示了所谓“坏运气”后面的科学原理：“坏运气”来自日积月累的小错误。如果遇上“不幸”，不要抱怨命运，而要检讨自己的思维方法。有人做某事时可能认为：我出错的可能性很小，只有 1%，不必介意。然而，如果不改进方法，重复 100 次后，最终出错的概率接近于 1，这表明错误不可避免。再如，洪涝、泥石流等自然灾害，原本概率很小，为什么近来频频发生？原因在于，我们砍伐森林、围湖造田、破坏环境，日积月累，使自然灾害发生的概率大大提升。因而，可怕的不是天意，不是大自然，而是我们不断重复的错误行为！

可遇而不可求・偶然性

可遇而不可求　只能偶然得到，执意想得到却不可能实现。《汉书・郊祀志下》：“听其言，洋洋满耳，若将可遇。求之，荡荡如系风捕景，终不可得。”

偶然性是指事物发展、变化中可能出现也可能不出现，可以这样发生也可以那样发生的情况。偶然性事件都是小概率事件，可遇而不可求。一些人生中最重要的决定性的因素，往往取决于最微不足道的小事。很多时候，你来不及多想，只能按照自己的本性做出反应。福特去应聘，看到办公室地上有一团纸，他习惯性地拾起来，看了看，原来是废纸，便顺手将其扔进纸篓。董事长当即录用了他。其实，其他应聘者都比他优秀，比他学历高，只是对这些小事不感兴趣。福特从此事业兴旺，后来成为汽车大王。机遇青睐有准备的人。所谓“准备”，不仅指知识和才能，更指道德和人品，后者是更重要的准备。一个人善良、人品好，很容易引起别人的好感和信赖。受感动之余，他们会心甘情愿地伸出援手，助你一臂之力。

机不可失・科学发现

机不可失　机：时机。时机难求，不可错过。《旧唐书・李靖传》：“兵贵神速，机不可失。”

科学发现离不开偶然性,偶然性昭示着一些难得的机会。生物进化论开创了人类认识世界的新纪元。它的发现和孕育,源于达尔文跟随海军探测船“贝格尔号”周游世界。船长看中达尔文,邀请他作为随船的博物学家,是因为喜欢达尔文的鼻子,认为它体现了坚强的性格。尤其重要的是他中意的人选不辞而别。如果不是事出偶然,达尔文终生可能只是一名普通的乡村牧师。机不可失,达尔文很好地利用了这次机会,经过大量观察和研究,出版了《物种起源》这部巨著。

袁隆平院士发现雄性不育野生稻,为成功研究杂交水稻打开突破口。这里确实有运气存在,但并非单纯依靠运气。袁隆平院士紧紧抓住了这个机遇。美国学者唐·帕尔伯格指出,从统计学上看,发现雄性不育野生稻是一个小概率事件,但这种奇迹居然发生了。他列举了一系列偶然事件在科学史上的巨大作用。他指出,这些事件的共同点是,当事人不仅注意到它们,而且深刻领悟并抓住其本质。偶然性带来机遇,机遇触发灵感,灵感指引着创新和对自然规律的发现。

藏器待时·姜太公钓鱼

藏器待时　器:用具,引申为才能。比喻学好本领,等待施展的机会。《周易·系辞下》:“君子藏器于身,待时而动。”

什么是机会?所谓“机会”,是指出现了一个有利于自身发展的新环境。首先,这应该是一片新天地、一个新舞台。改革开放就打开了一片新天地,无数中国人因此而走上致富之路。其次,机会只在有利于自身发展,能够充分发挥所长时才有意义。这就需要充实自己、提高自己,以便在时机到来时一展宏图。姜子牙家道中落。他虽然贫寒,但胸怀大志,读书破万卷。晚年,姜子牙垂钓于渭水之滨,为周文王所遇,立为太师。这次相遇,对于姜子牙来说是绝好的机会。然而,如果没有几十年的刻苦钻研,藏器待时,姜子牙怎能有奇谋妙计,破商立周?

失之东隅,收之桑榆·肯德基的兴起

失之东隅,收之桑榆　东隅:指日出处。桑榆:指日落处。比喻开始或暂时在某一方面失利,但最终得到补偿。《后汉书·冯异传》:“始虽垂翅回溪,终能奋翼黾池,可谓失之东隅,收之桑榆。”

上帝在关闭一扇门的同时,为你打开一扇窗。危机并非灭顶之灾,只不过是堵塞了一条旧路径,提供了一个新机会!美国的哈兰·山德士上校曾经营一个加油站,附带一家小餐厅。他自制各式小吃,最拿手的是精心研制的炸鸡。20 世纪 50 年代中期,高速公路从餐厅旁通过。上校 66 岁时,忍痛卖掉餐厅。然而,失之东隅,收之桑榆。他把危机看成事业发展的新转机,向各家饭店兜售炸鸡配方及其制作方法。1952 年,在屡遭拒绝,历尽艰辛之后,第一家被授权经营的肯德基餐厅开张,这是世界上餐饮加盟特许经营的开始。现在,肯德基连锁餐厅遍布世界。门前那张花白胡子老人的笑脸,是孩子们最喜爱的笑脸。

开源节流·机会与效率

开源节流 开辟源头,节制分流。比喻增加收入,节省开支。《荀子·富国》:“故明主必谨养其和,节其流,开其源,而时斟酌焉,潢然使天下必有余,而上不忧不足。”

经济学家凯文·凯利提出,机会比效率更重要。财富的源泉是开源节流。效率重在节流,机会重在开源。提升机器的效率可以致富,发掘和创造机会可以产生远大于此的财富。效率看重的是减少浪费,拓展现有市场,优化解决方案。机会看重的是寻找新资源,开发新市场,选择新的解决方案。简言之,效率重在改进,机会重在创造;效率重在过去,机会重在未来。美国管理学家罗伯特·沃特曼研究了几十家世界著名企业,找出了一个共性:他们不制定详尽的战略,只确定前进的方向。他们把信息作为战略优势,把灵活性作为战略武器。他们的独特之处,是在别人看不到机会的地方发现机会,在别人犹豫不决时果断行动。

与日俱增·世界经济增长

与日俱增 随着时间的推移而增长。形容不断增长或增长速度很快。宋·吕祖谦《为梁参政作乞解罢政事表二首》之二:“疾疹交作,眊然瞻视……涉冬浸剧,与日俱增。”

产业革命前,世界经济年平均增长百分之零点几,产业革命后增长1%左右,20世纪增长2%,呈现出加速增长的趋势。尽管有周期性的经济危机,但就长期而言,世界经济的总体规模与日俱增。因为每个企业都创造小环境供其他企业享用,每个企业都提供机会让其他企业得以生存和发展。这种正向的、积极的机会,比导致其他企业受损的负向的、消极的机会更多,增长得更快,从而出现了永久性的、单向的机会盈余。从本质上说,财富的累积,来源于增长机会的累积。

顺水顺风·幸运调查

顺水顺风 比喻运气好,做事顺利,没有阻碍。李劼人《天魔舞》第二十六章:“唐淑贞只有一年多的实际经验,而且是一条枪的,自从下手以来,一直是顺水顺风。”

理查德·怀斯曼在纽约市做过一项幸运调查,被访问者包括各个年龄段的人。其中,50%的人说自己总是顺水顺风,14%的人说自己祸不单行,剩余的那些人说自己既不幸运也不倒霉。换言之,将近2/3的人非常看重运气。而且,这种运气还表现在生活的各个方面,常常结伴而来。报告自己在经济方面很走运的人,在家庭生活中也很走运;报告自己在职业生涯上不走运的人,在人际关系上也不走运。大多数被访问者承认,运气是偶然的,仅仅与概率有关。那么,为什么有些人在各方面频频碰到好运,有些人却在各方面频频遭遇厄运?

吉星高照・幸运者的特点

吉星高照　吉祥的星辰高高照耀。象征人运气好,诸事如意。姚雪垠《李自成》第三卷第二十八章:"老爷福大命大,逢凶化吉;从此吉星高照,前程似锦;沐浴皇恩,富贵无边。"

经过深入研究,理查德・怀斯曼发现,幸运者和不幸者存在着很大区别。幸运者吉星高照,生活中充满了机遇。机会面前人人平等。但是,幸运者的思维方式和行为模式与众不同,他们更容易创造、注意并把握机遇。幸运者在外向性上远远强于不幸者,他们结识了很多人,能够获得更多的机会。不幸者比较内向,他们孤独、闭塞,既缺少机会,又缺少朋友的帮助。幸运者精神上平静放松。他们以轻松的态度看待世界,视野更加开阔,可以注意到更多的机遇。不幸者比较神经质,精神上紧张焦虑,对机遇视而不见。幸运者具有开放性,喜欢变化的、新鲜的生活。生活范围扩大了,可能性空间也随之扩大,新机遇出现的概率必然增加。不幸者则大相径庭,他们在固定的生活圈子里,很难碰到新的机遇。

良师益友・从木匠到画家

良师益友　能够给人以教诲和帮助的好老师、好朋友。汉・刘向《说苑・谈丛》:"贤师良友在其侧,诗书礼乐陈于前,弃而为不善者,鲜矣。"

作为20世纪中国最重要的画家之一,齐白石原来只是一名普通木匠。在艺术探索的道路上,除了勤奋和天赋,贵人相助也至关重要。齐白石性格外向,谦逊好学,朋友众多,颇有人缘。因此,在人生的关键时刻,总有良师益友伸出手来,主动提携他,使他跃上新的台阶。胡沁园等文人的启发和引导,使齐白石眼界大开、功力大增,走上职业画家的道路。陈师曾等著名画家的指点和推荐,使齐白石在艺术上逐步走向成熟,并最终成为一个有着独特风格的文人画家。

颠倒黑白・反事实思维

颠倒黑白　把黑的说成白的,把白的说成黑的。指所言与事实相反。清・彭养鸥《黑籍冤魂》第七回:"公事大小,一概不问,任着幕宾胥吏,颠倒黑白。"

幸运的人并非总是与好运气相伴,也可能遭遇坏运气。面对灾难时,如果换一种思维方式,就能获得不同的结论,导致不同的结果。有三种思维方式可以推荐,分别为反事实思维、比较思维和辩证思维。先看反事实思维,即颠倒黑白,考虑与事实相反的另外一种可能性。模拟实验中,要求被试想象一个情境:在银行排队,劫匪突然闯入,开枪击中你的手臂。对此,你会有什么感受?幸运者说:太幸运了,歹徒本来会杀掉我!不幸者则愤愤不平,说:银行那么多人,为什么偏偏我中枪?幸运者和不幸者差异明显。遇到坏运气,不幸者体验到的是痛苦,深感世界太不公平、人生太多苦难,从而自暴自弃。相反,幸运者看到积极的一面:事情原本会更加糟糕。他们总是挺直脊梁,历经磨难而不屈不挠。

比上不足，比下有余·比较思维

比上不足，比下有余　比境遇好的人差一些，比境遇差的人强一些。表示满足现状，自我安慰。汉·赵岐《三辅决录》："上比崔杜不足，下方罗赵有余。"

再看一下比较思维。同样一件事，如果参照点不同，就会得出截然不同的两种结论。不幸者喜欢与境遇好的人比较，放大了坏运气的影响。幸运者喜欢与境遇差的人比较，减轻了坏运气对自己的打击。在银行模拟实验中，不幸的人会说：别人到银行都很安全，为什么偏偏让我碰上劫匪？小和尚命苦啊！幸运的人则说：比上不足，比下有余。在抢银行的类似事件中，很多人都身负重伤，甚至丧失生命，我今天只受这点伤，又算得了什么？上天真是很眷顾我啊！

祸中有福·辩证思维

祸中有福　指不幸之中包含着产生幸运的因素。汉·刘安《淮南子·说林训》："失火而遇雨，失火则不幸，遇雨则幸也，故祸中有福也。"

最后看一下辩证思维。幸运者穿越厄运，看到了希望，看到了新的机遇。不幸者看到的只有悲伤和绝望。企业破产了，不幸者心灰意冷、一蹶不振，幸运者则认为祸中有福。他们窥测时机，准备东山再起。在电视剧《上海上海》中，刘恭正被迫卖掉前程似锦、耗尽心血的"新世界"。他看到的，不是绝望，而是新的希望、新的起点。他将对手的报复转化为动力，创办"大世界"，使之成为新的娱乐场所，新的上海地标。新建成的"大世界"百艺杂陈，且有哈哈镜等新鲜玩意，是东西方文化融合的最佳典范，一经问世就好评如潮，游客爆满。

03 第3章　三种基本心理需要

衣食住行·生存需要

衣食住行　穿衣、吃饭、住宿、出行。泛指生活的基本需要。孙中山《民生主义》第三讲："大家都能各尽各的义务，大家自然可以得衣食住行的四种需要。"

安全需要是人类希望保持现状、维持生存和繁衍的需要。安全需要追求稳定性，与保守、习惯相联系。安全需要源于对失去现在所拥有的东西的恐惧，可依次分为四个层次：生存需要、稳定需要、归属需要和社会需要。这四个层次的需要由低到高，逐步递升。层次越低的安全需要，对个体影响越大，表现得越强烈。较低层次的安全需要得到满足后，才能进入较高层次的安全需要。这里的生存需要，就是马斯洛提出的生理需要，指个体害怕失去生命，希望满足衣食住行的基本标准。这是人类最基本、最原始的心理需要，须臾不可或缺，否则个体将不复存在。中国历史上的农民起义，一般都源于天灾人祸、民不聊生，老百姓朝不保夕。但凡有一点生路，能够苟活，大多数老百姓都会循规蹈矩，忍辱负重。

安居乐业·稳定需要

安居乐业　业：职业。安定地生活，愉快地工作。《汉书·货殖传》："各安其居而乐其业，甘其食而美其服。"

所谓"稳定需要"，即马斯洛提出的安全需要，指对安居乐业的需要，对失去正常生存条件的恐惧。这些生存条件包括生活安定、财产安全和就业稳定。其中，最重要的是就业需要。有了可预期的收入来源，才能获取必要的生活资料，为未来做出合理的规划。对于大多数人来说，失业是一件非常可怕的事情。失业意味着生活穷困、前途无望。最近几年，由于人们逐步富裕起来，并高度关注身体健康，食品安全和财产安全也上升到非常重要的地位，成为大众关注的焦点。

孤掌难鸣·归属需要

孤掌难鸣　一个巴掌难拍响。比喻一个人力量有限，难以成事。元·宫大用《七里滩》第三折："虽然你心明圣，若不是云台山上英雄并力，你独自个孤掌难鸣。"

在安全需要中，也包括马斯洛提出的归属需要，包括对亲情、爱情和友情的需要。人们渴望被爱和被接纳，愿意服从权力、隶属某个群体，避免陷入被群体遗弃，乃至孤立无援的状态。在狩猎和采集时代，孤掌难鸣，只有相互依存、相互帮助，个体才能生存和繁衍下去。这种群体意识通过基因得以延续。1951年，心理学家以每天20美元的价格，雇用了一批大学生作为被试。他们需要在一个小房间里待上三四天，与外界隔绝。开始时，他们整天睡觉，醒后容易激动，无法集中精神。不久，他们出现幻觉，有人听到单调的音乐。更有部分被试，反复念叨股市行情，背诵电话号码，来寻求一些刺激。虽然收入不菲，但没有人愿意在小屋里待到两天以上。针对美军战俘被洗脑的经历，心理学家研究处于孤独中的人类行为。他们表现出不安、无聊、沮丧、失神、幻觉等心理病态。

原形毕露·探照灯效应

原形毕露　本来面目完全暴露。清·李渔《笠翁十种曲·比目鱼·巧会》："露原形休遮蔽，破群疑销惊悸。"

有人出门时，总要一遍遍照镜子，或反反复复挑选衣服，生怕露出破绽，让人非议。其实，很少有人记得你昨天穿了什么衣服，举止上有什么失态。生活中，人们常常高估别人对自己外表和行为的关注度，心理学上将其称作"探照灯效应"。在头顶上，似乎总悬着探照灯，让自己原形毕露，半点瑕疵也不放过。探照灯效应源于归属需要，源于被群体拒绝的恐惧。在远古时代，被群体抛弃就意味着死亡。不要把自己看得太重要。人们最关注的是自己，没有谁那么在意你。过分看重外在的表现，就会忽略内在的能力和气质。关掉探照灯，你会活得更潇洒。

人怕出名猪怕壮·社会需要

人怕出名猪怕壮　猪长肥了就要被宰杀，人出名了就会惹人注意，招来麻烦。清·曹雪芹《红楼梦》第八十三回："俗语儿说的'人怕出名猪怕壮'，况且又是个虚名儿，终久还不知怎么样呢。"

在安全需要中，还包括社会需要，指对失去社会支持的恐惧，如对失去权力、声望和社会地位的恐惧。很多人渴望成名。然而，人怕出名猪怕壮，名人在控制力增强的同时，也担忧可能失去现有的一切，故而更加缺少安全感。吉布·佛勒斯教授指出，名人自杀的概率是普通人的 4 倍。由于为万人瞩目，与普通人比较，名人承受着大得多的压力。为了保持良好名声，名人不得不谨言慎行，戴上面具。记者的穷追猛打，使他们失去隐私权，与朋友喝酒聊天，也无法完全放松。

得而复失·安全感调查

得而复失　指刚得到却又失去。单田芳、王樵《瓦岗英雄》第六十三回："为破阵罗成彻夜不寐，捉刺客阵图得而复失。"

在社会各阶层中，谁的安全感最低？零点调查公司 2004 年的安全感调查显示，在中国大陆，中高收入人群的安全感最低。穷人生活压力大、工作不稳定，属弱势群体，为什么安全感反而高于富人？原因在于，财富越多的人，面临的风险越大，目标越大，失去财富的可能性也越大。对得而复失的担忧，让他们寝食不安。竞争失利或经济危机来临，他们可能在一夜之间一贫如洗。权力、声望和社会地位也是一样。你的权力越大，声望越隆，社会地位越高，你就越害怕失去它们。

一无所失·快乐的农夫

一无所失　指没有损失任何东西。《鲁迅书信集·致母亲》:"惟另除不见了一柄洋伞外,其余一无所失。"

一个农夫家境贫寒,每天都非常快乐。一个富人拥有无数财产,却非常忧郁。富人问:"你一无所有,怎么还能这样开心?"农夫笑着说:"一无所有就意味着一无所失。"富人顿悟:拥有太多就害怕失去。他将财产平分给穷人,买了一块地,过起"一无所有"的生活。从此,阳光洒满了他的生活。一对夫妇靠卖菜维持生计,收入所得仅够温饱,一家人却欢声笑语,其乐融融。一天,他们在院子里拾到一块金元宝,先是大喜过望,接着就紧张起来。第二天又拾到一块金元宝,夫妇俩忧心忡忡,生怕有人惦记。从此,这家人远离了欢乐和笑声。

恶事行千里·负面信息

恶事行千里　恶:丑。坏事传得远,传得快。宋·孙光宪《北梦琐言》卷六:"所谓好事不出门,恶事行千里,士君子得不戒之乎?"

人们偏爱负面信息,正所谓好事不出门,恶事行千里。评价自己或他人时,消极信息更有吸引力,权重也更大。报上刊登的负面新闻,如车祸、矿难、诈骗、杀人案等,通常比正面新闻更受关注。从进化心理学角度来看,负面信息反映了外部世界的某些特征,有可能威胁到我们的安全或健康。因此,对负面信息具有敏感性是极其重要的。这是进化的产物,是安全需要的体现。它提醒人们,要注意自己和世界的某些不足之处,以便有效地防范危险,大胆创新,使世界变得更加美好。而那些陶醉于积极信息,对负面信息置若罔闻的人,必然会盲目乐观,忽略有可能出现的安全隐患,从而成为被进化所淘汰的对象。

股掌之上·三个层次的控制需要

股掌之上　股:大腿。比喻把人和事完全控制操纵在手中。《国语·吴语》:"大夫种勇而善谋,将还玩吴国于股掌之上,以得其志。"

控制需要是希望置人或事于股掌之上,按自己的意愿改造世界的需要。控制需要的最低层次是对自身命运的控制,其集中表现是对自由的追求。控制需要的较高层次是对自然的控制,最高层次是对社会的控制,包括获取金钱、权力、名声和地位。马斯洛的尊重需要和自我实现需要,可纳入控制需要范畴。尊重需要是对尊重和自我尊重的需要,可以将其看作寻找对社会的控制。自我实现指发挥潜能,实现抱负和理想。能够满足这种需要,就在最大程度上满足了所有种类的控制需要。例如,科学家的自我实现,首先是控制了自身的发展和命运,其次是通过科学发现控制了自然,再次是以此获得名声、权力和社会地位。

出人头地·享受优越感

出人头地　形容超出一般人，高人一等。宋·欧阳修《与梅圣俞书》："读轼书，不觉汗出。快哉快哉！老夫当避路，放他出一头地也。"

控制需要的实质，是希望出人头地，追求优越性，享受优越感。超越的人越多，涉及的领域和范围越大，优越感就越强。获得生存必需的资源后，人们为什么还孜孜以求？原因在于，名声、金钱和权力带来的优越感，是令人陶醉、无比美妙的。当官的享受着大权在握，富有的享受着花天酒地，名重的享受着粉丝无数。为了使优越感更强，做官的希望加官晋爵，富有的希望财源滚滚，名重的希望永垂不朽。到最后，无论是权力、金钱，还是名声，都不过是符号，人们只是用其证实自己出人头地、高人一等。那些平民百姓，无权、无钱又无名，只能把希望寄托在子女身上，让子女的上学、工作和婚姻，均在自己的掌控之中。

居高临下·人人都有优越感

居高临下　形容处于有利的地势、地位。《魏书·南安王传》："徽山立栅，分为数处，居高视下，隔水为营。"

任何人，只要觉得自己在某些方面强于他人，就会有优越感。官员之于平民，富人之于穷人，正常人之于病人，年轻人之于老年人，城市人之于农村人，都有一种居高临下的感觉。就连由想象而生的优越感，如阿Q的精神胜利，也足以让人昂首挺胸。一旦没有优越感，觉得自己处处比不上别人，或者在自己最重视的领域觉得非常失败，个体就会心灰意冷，甚至选择自杀，一了百了。那些乐观主义者，通常认为自己至少在某些领域胜人一筹，或者有希望做到胜人一筹。悲观主义者恰恰相反，他们认为自己不如别人，而且短期内很难扭转局面。

不同凡庸·证明自己

不同凡庸　凡庸：平庸，一般。不同于一般的人或事物。比喻超凡、出众。《三国志·吴书·黄盖传》："泉陵人也。"斐松之注引《吴书》："盖少孤，婴丁凶难，辛苦备尝，然有壮志，虽处贫贱，不自同于凡庸，常以负薪余闲，学书疏，讲兵事。"

人的一生都是为了证明自己，证明自己存在的价值，证明自己不同凡庸。原因何在？可以从中获得优越感！人们喜欢支持自己观点的人，讨厌反对自己观点的人，认为前者在肯定自己，后者在否定自己。很多人无法忍受一点点误解，无法接受一点点批评。因为他们认定，对方是在否定自己。他们愤怒，他们争辩，甚至大打出手。在职场、商场或官场，有些人不辞劳苦、奋勇拼搏，并非为大众谋福利，只是为证明自己。富商炫耀财富，名人趾高气扬，官员前呼后拥，不都是为了证明自己鹤立鸡群吗？有了这样的人生目标，他们往往会不择手段。其实，每个人都有自己存在的价值，不必那么在意别人的看法。与其绞尽脑汁证明自己，不如努力提升自己的价值，包括认真对待别人的批评。

一决雌雄·冲突的根源

一决雌雄　雌雄:比喻高低、胜负。决定胜负,比出高低。《史记·项羽本纪》:"愿与汉王挑战,决雌雄。"

一切冲突,小到个人之间的争吵,大到国家之间的战争,无不源于人类的控制需要。从物质层面来说,体现为对资源的控制。从精神层面来说,体现为一决雌雄,获取优越感。随着社会进步,精神层面的控制需要分量渐增。陌生人为一件小事大打出手,不过是为了争面子。国家不惜付出巨大代价投入战争,不仅是为争夺物质资源,更是为在国际上保持或赢得更高地位。美国发动伊拉克战争,并非因为伊方可能拥有大规模杀伤武器,而是美国企图一言九鼎,维持世界霸主地位。伊拉克拼死抗战,抵御外敌入侵,则是因为不甘受辱,不愿做"二等公民"。

士可杀不可辱·中国人的面子

士可杀不可辱　谓宁可死,也不受污辱。用以形容士大夫宁死不屈的气节。《礼记·儒行》:"儒有可亲而不可劫也,可近而不可迫也,可杀而不可辱也。"

什么是面子?面子的实质就是优越感。在中国,"面子"一词内涵丰富。士可杀不可辱,是精英阶层面子的最高境界。为着国家和民族利益,多少英雄豪杰视死如归。受人尊重,在社会上挣得好名声,是普通人面子的理想境界。然而,有些人打肿脸充胖子,死要面子活受罪,换来了虚名,损害了自己。更有甚者,为了让别人夸能干、勇敢、讲义气,不惜违法乱纪,身陷囹圄。至于少数人,个人利益稍受损害,便认为是丢了面子,把对方往死里整,这更是等而下之了。

嗤之以鼻·挑战他人尊严

嗤之以鼻　嗤:讥笑。用鼻子发出冷笑声,表示轻蔑。《后汉书·樊宏传》:"时人嗤之。"

1995年,大学生那某和姜某考试不及格,面临留级,心情烦躁,结伴来到集贸市场,随口问了一句:"大中华烟多少钱一包?"摊主何某见他们是学生打扮,不予理睬,追问急了,才说:"你们买得起吗?"两人大窘,决定要教训一下何某。他们本来就心情不佳,对自己的存在价值产生怀疑。何某的蔑视,进一步伤害了他们的自尊心,使他们深感屈辱,不由得恼羞成怒,触动杀机。可怜何某至死都不知道,自己轻飘飘的一句话,竟然招来了杀身之祸!世上最大的蠢事,莫过于让他人感到屈辱,有如那位傲慢的摊主。很多纷争、很多凶杀,根源就在这儿。切记:不要对他人嗤之以鼻,不要试图挑战任何人的自尊心!

好为人师·我是为你好

好为人师　喜欢当别人的老师。形容不谦虚,以教育者自居。《孟子·离娄上》:"人之患在好为人师。"

有些人好为人师,还美其名曰:"我是为你好。"比如,家长之于孩子,老师之于学生,领导之于员工。当然，他们中的大多数，确实出于好意，但也掺杂着其他一些东西。其中最重要的，就是某种优越感。他们觉得，我比你强，比你懂得多。我提出的建议，不是书上的真知灼见，就是从生活中总结出来的经验，你必须认真听取。这种优越感，往往会在人说话时，于无意识中流露出来，从而伤害到对方的自尊心。对方觉得，这是在藐视自己，反而产生了抗拒心理。

河东狮吼・女人的优越感

河东狮吼　河东：古郡名。用以嘲笑惧妻的男人。宋・苏轼《寄吴德仁兼简陈季常》："忽闻河东狮吼，拄杖落手心茫然。"

有关河东狮吼的故事和笑话，在中国流传甚广。男人何以怕老婆？最根本的原因是，优越感在作怪。怕老婆有三种情况。第一，女方处于优势，优越感很强。男方处于劣势，自卑感很强。例如妻子娘家有钱有势，需要借光，又如老夫少妻，再如女方美丽出众。第二，男主外，在外寻求优越感。女主内，在家寻求优越感。男方拼搏，费神费力，把家庭看作大后方，在这儿疗养、舔伤口，服软自为上策。第三，丈夫深爱妻子，连性命都愿为妻子付出，何况给对方优越感呢？

化敌为友・富兰克林的策略

化敌为友　把原来的敌人转化为朋友。刘绍棠《村妇》卷一："常三褡裢大受感动，死乞白赖要跟刘二皇叔插草为香拜把子，两人化敌为友，称兄道弟。"

化敌为友是处世的最高境界。做到这一点的关键是，让对方享受到优越感。要求对方帮个小忙，对方不需花费多大力气，就是一个简单便捷的方法。富兰克林深谙此道。当年，富兰克林被推选担任议会秘书，只有一个议员反对。富兰克林想化解此人的敌意，又不愿低声下气地讨好他，就写了张便条，向他借一本稀有的珍本书。他立即派人把书送来。一周后，富兰克林还了书，对他的慷慨表示万分感激。以后在议会见面时，他都主动跑过来与富兰克林彬彬有礼地交谈。而且，他在任何时候都愿意帮忙，与富兰克林成为至死不变的知己。

示贬于褒・陶行知的四块糖

示贬于褒　多指寓批评于表扬。明・沈德符《万历野获编・礼部・南礼部恤典》："石以违拂不成为义，张以怀情不尽为义，皆上所亲定。盖圣意示贬于褒也。"

威廉・詹姆斯说："人性最高层次的需要就是渴望别人欣赏"。欣赏一个人，就是承认他的价值，赠送他优越感，使之卸下铠甲，坦露心怀。在学校，王友向同学脸上甩泥巴，陶行知看到了，让他放学后去办公室。放学后，陶行知给王友一块糖，说：你很准时，这是奖励。接着，陶行知又递去一块糖，说：刚才让你住手，你很听话。陶行知又说：我调查了，你往同学脸上甩泥巴，是因为他欺负女同学，说明你富有正义感，再奖你。王友哭了，承认了错误。陶行知说：你认识到错误，我把最后一块糖奖给你。陶行知的高明之处在于,不是直接批评王友,而是示贬于褒,赞扬王友身上的闪光点,让王友在享受优越感之余,看到自己的弱点,从而萌生了羞愧感,愿意反省自己。这就是四块糖的魅力之所在。

高人一等·最吸引人的笑话

高人一等　比一般人高出一等。也指自认为了不起而看不起别人。《礼记·檀弓上》:“献子加于人一等矣。”

理查德·怀斯曼发现,最吸引人的笑话有一个共同点:笑话里的人看上去很愚蠢,很畸形,让听众产生了优越感,自以为高人一等。舞台上的小丑最受人欢迎,他们总是丑陋的、奇形怪状的。卓别林扮演的社会底层人物,地位卑微、形象猥琐。他们遭受的种种不幸,让观众觉得自己要幸福得多,怎能不开怀一笑?如今,互联网带给人们取之不尽的快乐。从对凤姐、犀利哥们的嘲弄、恶搞中,众网民不但缓解了压力,充分娱乐了一把,而且找到了优越感。人们不再觉得自己收入微薄、技艺平平、缺少尊严,因为世上还有这么多人远不如他们。

骑鹤上扬州·欲望与比较

骑鹤上扬州　比喻欲集做官、发财、成仙于一身,或形容贪得无厌。南朝梁·殷芸《小说》:“有客相从,各言所志:或愿为扬州刺史,或愿多资财,或愿骑鹤上升。其一人曰:‘腰缠十万贯,骑鹤上扬州。’欲兼三者。”

所有的理论都说,人类的欲望是无穷的。经济学强调合理配置资源,来满足人类的无穷欲望。老子和庄子都说,应该遏制人类的欲望,如果无欲无求,就会无人仇视、无物忌恨,总能绝处逢生,逃离险境,增加生存的概率。实际上,人类的欲望并非无穷。口渴时,不过想喝一杯水。饥饿时,不过想吃饱肚子。它们都属于生理需要,都是有限的。倘若属于社会需要,情况就复杂了。此时,欲望取决于比较,取决于参照点的高低。参照点越低,欲望就越弱。参照点越高,欲望就越强。与乞丐相比,衣食无忧就很满足了。与高官富豪相比,骑鹤上扬州就成了人生目标。比较中产生的欲望,是为了追求优越感,自然是永无止境了。

贫富悬殊·铲除社会不公

贫富悬殊　贫穷和富裕相距很远。朱自清《论且顾眼前》:“现在的贫富悬殊是史无前例的。”

个体所处环境和群体规模的大小,决定了参照点的高低,是影响欲望强弱的重要因素。生活在偏僻的小村落,只需比村里人强。生活在大城市,参照点多、社会分层复杂,需要超越的人太多,欲望也就强烈得多。为什么人们爱做横向比较,而非纵向比较?纵向比较只牵涉到自身,横向比较则是为了追求优越感,与他人进行比较。端起碗来吃肉,放下碗来骂娘。比起过去,人民生活水平大大提高了。但在贫富悬殊的社会,普通百姓的生活水平相对而言下降了,故而只有挫折感,哪有幸福感?为什么缺吃少穿的年代,人们很容易满足？因为收入差距不大，而且信息闭塞，以为国外百姓水深火热。因此，要降低过高的欲望，必须消除两极分化，铲除社会不公。当然，封锁信息的方法是不可取的。

不自由，毋宁死·追求自由

不自由，毋宁死　如果失去自由、主权，宁可去死。梁启超《新中国未来记》第三回："哥哥岂不闻欧美人嘴唇皮挂着的话说道：'不自由，毋宁死。'"

不自由，毋宁死。人们酷爱自由、追求自由，是为了掌控自身命运，按照自己的意愿去改造世界。托马斯·杰弗逊概括了自由的内涵，并做出高度评价：自由是选择的权利。倘若没有选择，无法创造，人就不成其为人，而是一种物，一种器具，一种东西。以赛亚·伯林为自由做出的解释是：我希望我的生命及其决定是依靠我自己，而不是依靠外在的力量。我希望成为自己的工具，而不受别人的支配。人们对自由的酷爱和追求，表明控制欲是必须满足的基本需要。裴多菲在那首脍炙人口的诗中写道："生命诚可贵，爱情价更高。若为自由故，二者皆可抛。"在他看来，控制需要不仅必须满足，而且远远高于安全需要。

索然无味·农家的鸡叫

索然无味　索然：乏味，没有兴趣或意味的样子。味：趣味。形容单调，毫无趣味。清·吴趼人《近十年之怪现状》第十二回："一口气走到书局门前看时，谁知大门还不曾开，不觉索然无味。"

农家的鸡叫，怎能比得上林中的鸟鸣？林中鸟直射长空，一路洒下婉转入云、来自心中的歌，怎能不让人心旷神怡、如醉如痴？农家鸡是失去自由而又自得其乐的鸟。"鸡"字左边的"又"，代表下垂的翅膀。它们三五成群，煞有介事地扑打双翅，回味着昔日的光荣和林中生活的美好。它们太容易满足了，只要一把米，就足以让它们乐不可支，满院子追逐戏耍。小鸡还能叽叽喳喳喳，唱出自己的喜怒哀乐，长大就不成了。母鸡下蛋后咯咯咯，忙着向主人报喜。公鸡睡醒后喔喔喔，忙着为主人报晓。不管你爱不爱听，它们只剩下这些索然无味的歌了！

逆反心理·罗密欧与朱丽叶

逆反心理　为维护自尊，所持态度和言行，与对方要求相反。谌容《同窗》："周伟瞪了女儿一眼，明知她的沉默是一种对抗，本想再疏导几句，无奈三言两语也疏导不通，弄得不好，逆反心理加重，更不利于教育。"

当社会压力很大，严重威胁到个人自由时，人们就会奋起而反抗。在莎士比亚的剧本《罗密欧与朱丽叶》中，家庭的对立和反对，反而加重了两个年轻人的逆反心理。他们宁可双双殉情，也要捍卫自己的独立和自由。青少年为了证实自己的独立性，常常故意表现出逆反行为。美国做了份调查，达到21岁法定饮酒年龄的学生中，25%滴酒不沾。而在21岁以下的学生中，不喝酒的人只占19%。很多研究表明，经济独立比经济依赖更幸福;自愿捐款比被迫捐款更幸福;生活在自主权高、自由度大的社会,比生活在专制、集权的社会更幸福。

有的放矢·目标的重要性

有的放矢　对准靶子射箭。比喻说话、做事有目标,有针对性。毛泽东《整顿党的作风》:"马克思列宁主义理论和中国革命实际,怎样互相联系呢?拿一句通俗的话来讲,就是'有的放矢'。"

一个能够控制自己未来的人,得益于对时间的掌控,即设立人生目标,并将它们分解为每天的小目标。卡耐基对一万个不同种族、年龄与性别的人做过调查,只有3%的人有着明确目标,并将目标逐一落实。10年后,他对这些人又做了调查。有着明确目标的人,都取得相当的成功。至于其余那些人,无论是生活、工作,还是个人成就,都没有多大起色。这表明,成功者与平庸者的区别之一是:成功者有的放矢,有着清晰的方向和十足的信心,平庸者却浑浑噩噩、优柔寡断,迈不出决定性的第一步。德鲁克说:一切低效率都来自目标不明确。

原地踏步·可怜的驴子

原地踏步　停留在原有位置上不再前进。祖慰《失眠人扪心自问》:"我要不是投错了行,也不会原地踏步当了二十二年的书记。"

马和驴子是好朋友,马出外拉货,驴子在家推磨。玄奘大师骑着这匹马去印度取经。17年后,马驮着佛经返回长安,受到万民的欢迎。马谈起沿途趣闻,让驴子如醉如痴、羡慕不已。马说:这17年来,我们俩都在不停地走着,走过的距离其实是相等的。不同的是,我与玄奘大师按照既定的目标长途跋涉,所以我们经历了很多,看到了一个闻所未闻的世界。而你没有目标,被蒙住眼睛,整天围着磨盘原地踏步。你同样汗流浃背、气喘吁吁,却永远走不出这个院落。

求签问卜·原始巫术

求签问卜　签:用于占卜的竹片。卜:卜卦。祈求于神灵,求决于占卜。清·褚人获《隋唐演义》第十回:"又常闻得官府要拿他家属,又不知生死存亡,求签问卜,越望越不回来,忧出一场大病,卧在床上,起身不动。"

原始人面对自然现象和死亡等难以解释的问题时,充分运用自己的想象力,产生了祖先崇拜、图腾崇拜和自然崇拜。英国人类学家爱德华·泰勒说,持有"万物有灵"观,是原始人最显著的特点。他们将一切自然力量人格化,并赋予其神性,这便是所谓的自然崇拜。同时,人类也幻想着拥有超自然的力量,可以与神灵沟通,从而驾驭自然、逢凶化吉,于是出现了原始巫术。作为人与神灵之间的中介,巫师在远古时代占有极其重要的地位。据甲骨文记载,古代中国人每逢战争、迁徙、兴建宫殿等重大事件,都要先经过巫师求签问卜,然后再做决策。

呼风唤雨·从巫术到科学

呼风唤雨　原指神仙道士的法力，现比喻人类有支配自然的伟大力量。元·高文秀《襄阳会》第三折："呼风唤雨军兵败，师父那神机妙策破曹公。"

学者弗雷格提出，远古人类为控制自然而发明了巫术，失败后祈祷神的帮助，祈祷无效后认识到天律不变，最后才踏入科学之门。巫师和科学家似有天壤之别，但却存在着共同之处，那就是力图利用所掌握的知识，呼风唤雨，控制自然。区别在于，科学家通过科学研究，掌握了部分客观规律，一定程度上实现了改天换地的愿望。巫师仅凭主观臆测和想象，无法改变客观世界。然而，由于巫师采用隆重的仪式，因此民众心生信任和敬畏，相信他们能够通神，影响万事万物。

人定胜天·人类与自然

人定胜天　人定：人谋，指人的主观努力。人的智慧和力量能够战胜自然。《逸周书·卷三·文传》："兵强胜人，人强胜天。"

在人定胜天的信念下，人类控制自然的努力，已经取得巨大成就，生活水平极大提高，世界发生翻天覆地的变化。然而，由于自然界是一个复杂系统，存在很多不为人知的奥秘，我们每前进一步，都可能遇到一个陷阱。每收获一个喜悦，都可能伴随着一个灾难。围湖造田、砍伐森林，开辟了大片良田，却造成水土流失、河流泛滥；汽车方便了出行、压缩了空间，却造成空气混浊、交通拥挤。威廉·莱斯指出，控制自然的观念是生态危机最深层的根源。对自然的不合理开发，严重浪费了资源，威胁到地球生态系统的未来。不仅如此，由于疯狂争夺自然资源，人与人之间、国与国之间为满足欲求而进行的斗争愈演愈烈。

改天换地·与生俱来的需要

改天换地　指彻底改造自然、改造社会，使之焕然一新。姚雪垠《李自成》第二卷第三章："时机来到，我还敢把天闯塌，来一个改天换地。"

控制需要的核心是人类改变世界的欲求。掌握更多资源、影响更多民众、获得更大自由，是人们梦寐以求的。人人都希望能够按照自己的意愿改天换地，哪怕这种改变微乎其微，也足以让人愉悦。这是人类与生俱来的需要。只有这样，个体才能满足控制欲，产生优越感，感受到人生的价值。婴儿大声啼哭，不过是为了引起父母注意，让其围着自己转。儿童用积木搭出奇形怪状的东西，又把它们推倒，不过是向人们显示，自己拥有摧毁旧世界、创造新世界的能力。研究表明，如果不能满足控制需要，人们轻则抑郁，重则绝望，宁愿结束生命。

国家兴亡，匹夫有责·改变世界的愿望

国家兴亡，匹夫有责　匹夫：指一般人。对于国家的兴亡，每个人都负有责任。清·顾炎武《日知录·正始》："保国者，其君其臣，肉食者谋之；保天下者，匹夫之贱，与有责焉

耳矣。”

2000年，韩国某网站创造了“全民新闻”现象。四万多名志愿者编写新闻稿，其中既有小学生，也有大学教授，他们每天编写的新闻稿多达150～200篇，相当于网站内容总量的2/3。然而，稿费却微不足道。他们为何不计报酬，有着这样高的热情？网站创始人吴连镐说：“他们写文章是为了改变这个世界，不是为了赚钱。”国家兴亡，匹夫有责。人人都有改变世界、干预社会的需求。凡人也好，英雄也罢，谁也摆脱不了这种愿望。小到影响一个家庭、一个组织，大到影响一个国家，乃至整个地球。控制欲的强弱，标志着推动文明进步的动力的大小。成千上万人强烈的控制欲，带来了科学、经济和文学艺术的繁荣。乔布斯说：“活着就是为了改变世界。”但是，强烈的控制欲也带来一些严重后果，如社会冲突、动乱乃至战争。

一言九鼎·对子女的控制

一言九鼎　九鼎：古时国家的宝器。比喻说话分量重，能起极大的作用。《史记·平原君虞卿列传》：“毛先生一至楚而使赵重于九鼎大吕。”

西方人的控制欲，主要体现在对自然和社会的控制上，如酷爱冒险行为，热心于政治活动、社会活动。对于子女，他们往往采取开放的、任其自由发展的态度。中国人的控制欲，主要体现在对家庭及其子女的控制上。很多人在单位随和顺从，在家中却一言九鼎，凡事都替子女做主。从上学到恋爱到结婚生子，子女都得服从父母的意愿，以换取父母的赞许和经济上的资助。长期的封建专制统治，使中国人失去了干预社会、征服自然的机会、勇气和能力，只能在家庭中寻求补偿。当然，随着互联网的出现、民主氛围的增强，情况已经发生巨大变化。高举公平、正义的大旗，在网上指点江山、激扬文字，已经成为一种时代潮流。

钱可通神·金钱的作用

钱可通神　形容金钱可以买通一切。元·无名氏《玉清庵错送鸳鸯被》第四折：“大小荆条，先决四十，再发有司，从公拟罪。钱可通神，法难纵你！”

对社会的控制，主要体现在对金钱、权力、声望和社会地位的追求上。在市场经济中，金钱成为人们追逐的第一目标，是因为作为一般等价物，钱可通神，除了能购买商品之外，还铺设了通向尊重、名声、权力和社会地位的道路。国外一项最新研究发现，富人希望以购买行为来获得尊重和关注的程度，要远远大于其他人。问到购买他们最喜欢的品牌满足了何种需要时，近1/3的富人认为，这种行为让他们有一种成就感。28%的人说，这些品牌使他们鹤立鸡群。20%的人说，这些品牌让他们得到别人的尊重。开“宝马”，不仅仅是因为坐着舒适，更是因为能够提升社会地位；动辄几万元的宴席，不仅仅是为了享受，更是为了换取他人的羡慕和忌妒。用大把钞票堆砌的，其实只是赫然三个大字：优越感。

若有若无·财富与幸福

若有若无　好像有，又好像没有。叶圣陶《游了三个湖》："碧蓝的天空中，飘着几朵若有若无的薄云。"

金钱的作用和影响很大，但其局限性也非常明显。金钱可以买到情妇、走狗，却买不到爱情、友谊和忠诚。如果不是胸怀让世界变得更美好的愿望，只为一己私利拼命挣钱，财富在给你带来快乐和满足的同时，也会带来绵绵不尽的痛苦。你越挣得多，你挣钱的欲望就越膨胀，你就越心力交瘁，想要挣得更多。你越富有，就越寝食难安，害怕有朝一日会失去它们。研究表明，在美国、加拿大和欧洲，收入和个人幸福之间的关系若有若无，"弱得让人吃惊"。单纯为财富而努力奋斗的个体，幸福感较低。只有那些追求亲密感、个人成长以及为社会事业而奋斗的个体，才能体验到更高质量的生活和更加美好的人生。

大权在握·权力的类型

大权在握　掌握着处理重大事情的权力。清·曾朴《孽海花》第二十一回："总要升到了秤长，这才大权在握，一出一入操纵自如哩！"

权力指控制、改变或影响他人行为的社会力量。权力可以分为三种：对规则的控制、对资源的控制和对行为的控制。对规则的控制，是指制定或执行游戏规则，设计决策程序与合理性标准，如政府官员、企业高管所拥有的权力。对资源的控制，是指支配人、财、物等社会资源，如政府官员、企业高管所拥有的权力。富人拥有财富，支配社会资源，也可归入这种权力。对行为的控制，是指掌控他人行为，如官员、企业高管、教师、父母，在一定范围内大权在握，可以行使奖惩。前两种权力间接影响他人行为，第三种权力直接控制他人行为。

官运亨通·对权力的渴望

官运亨通　指仕途顺利，升得很快。清·李宝嘉《官场现形记》第三十七回："后来湍制台官运亨通，从云南臬司任上就升了贵州藩司，又调任江宁藩司，升江苏巡抚；不上两年，又升湖广总督。"

权力欲强的人，意味着控制欲很强。他们虽然都渴望权力，希望官运亨通，追求却完全不同，不可一概而论。第一种人想获取更多资源，为自己或亲友谋取更大福利。第二种人想要支配他人，享受万民拥戴的感觉。上述两种人纯粹从个人私利出发，往往不择手段，很容易沦为贪官污吏或卑劣小人。第三种人胸怀大志，想要影响他人，按照个人意愿改变世界。他们是推动或阻碍历史进程的重要力量。他们中的平凡人，踏踏实实工作，为民谋取福利。他们中的英雄，一言一行都足以震撼世界，如马克思的理想是铲除一切剥削制度，解放全人类。

千金买笑·贪官与女人

千金买笑　指不惜重金,博取美女欢心。《史记·周本纪》载:周幽王宠妃褒姒不爱笑。幽王命令点燃告警的烽火。当诸侯急如星火地赶到,发觉并没有外敌来犯时,褒姒才大笑起来。

据称95%的贪官,都有染指女人、包养情妇的劣迹,一掷千金,只为买笑。有人说,他们雄性激素太高。这种说法显然过于幼稚。他们之所以如此,是因为权力带来了优越感。贪官的优越感走到极端,就是极强的征服欲。一旦大权在握,他们就企图在自己的势力范围内征服一切,将财富、名誉等(尤其是远古时代象征着最高战利品的女人)全都囊括到手中,以证实自己的地位之高、影响之大、魅力之强。这时,情妇已经不是女人,而是一种符号,一种象征,一种最精致的猎物。因此,最典型的贪官,总是集贪污、好大喜功与包养情妇为一身。

尺寸之柄·权力意识

尺寸之柄　柄:权力。比喻微小的权力。《史记·魏豹彭越列传》:"魏豹、彭越虽故贱,然已席卷千里……得摄尺寸之柄。"

在中国,产生贪官的社会根源是权力意识。长期的封建专制,使权力意识深入人心。一般人受到别人的控制,便想控制他人,以取得心理上的平衡。即便是平头百姓,至少在家中有权,于是粗暴干涉子女,强迫他们服从自己的愿望,还美其名曰,出于无私的爱。普通人只要有尺寸之柄,就会充分利用手中有限的权力,来谋取最大的利益,更何况大大小小的官员。有些人虽然无权,但却借用他人权力,为自己和亲友谋利。在这种社会氛围下,几乎所有的人都仰望权力,并尽力抓住权力、利用权力。于是便有了贪官,有了为所欲为的官员。因此,根除腐败的关键之一是,根除权力意识,培养公民意识和对公民权益的尊重。

孜孜以求·解开心中的情结

孜孜以求　孜孜:勤勉的样子。不知疲倦地探求。孙犁《芸斋琐谈》:"因为他那种孜孜以求、有根有据、博大精深的治学方法,也为人所熟知了。"

情结是若干具有情绪色彩的观念及其组合,隐藏在潜意识之中,虽然难以觉察,但却影响人们的一生。通过对情结的觉察与理解,可以降低其消极影响。创伤性的经验、情感困扰或道德冲突等,都会导致情结的形成。阿德勒的自卑情结就是典型例证。荣格的分析心理学认为,每个人心中都存在大量情结。那些情绪最强烈、行为最固执的情结,于无形中主宰着我们的言行。人生的真正动力,往往在于追求一种情结的解开。而解开这些情结,将成为我们孜孜以求的目标。童年时缺少关爱的人,一生都在追求无私的爱;从小因某种缺陷而自卑的人,一生都在追求别人的赞赏;长期受平淡生活桎梏的人,一生都在追求新的挑战。

不甘示弱·战胜自卑感

不甘示弱　示：表现，显示。不甘心显得比别人差，要较量一下。鲁迅《且介亭杂文末编·我的第一个师父》："台下有人骂了起来。师父不甘示弱，也给他们一个回骂。"

优越感的对立面是自卑感。阿德勒认为，人类的全部行为都是出于自卑感以及对自卑感的克服。人格的主要驱动力是不甘示弱，追求卓越。正是这种驱动力，帮助人们克服自身的缺陷，促使人们纠正缺点，走向成功。阿德勒说，每个人都曾有过自卑感。例如，在弱小的婴儿时期，我们在高大、成熟的成人面前感到自卑。我们受到的种种限制，如生理上的缺陷、精神上或社会上遇到的障碍，不管是真实的还是想象的，都可能导致自卑感。正是这种自卑感，成为我们追求卓越、寻求优越感的源泉。由于需要补偿的缺陷不同，通向成功的道路也不尽相同。

低人一等·人人都有自卑感

低人一等　比别人低一个等级。指不如别人。柯灵《上海新语·盖叫天之泪》："旧剧演员在社会上受歧视……尽管艺海深沉，名满天下，依然与舆台皂隶同流，低人一等。"

心理学家菲利普·辛达做过一项调查，40%的人认为自己有自卑感。我们都有不同程度的自卑感。孩子在大人面前自卑，员工在老板面前自卑，平民在官员面前自卑，穷人在富人面前自卑，受惠者在施惠者面前自卑，农村人在城市人面前自卑。自卑来自社会比较，没有比较，便没有自卑。在一个阶层多、贫富悬殊的社会，自卑感无处不在。差别越大，自卑感就越强。自卑或表现为顺从，或表现为敌视，或二者兼备。为何会有敌视？因为自卑方觉得低人一等，感到屈辱，自尊心受到伤害。于是出现了仇富、仇官，甚至是受惠者对施惠者的仇恨。

功到自然成·超越自我

功到自然成　下了足够功夫，事情自然会成功。明·吴承恩《西游记》第三十六回："师父不必挂念，少要心焦。且自放心前进，还你个功到自然成也。"

每个人都有生理或心理上的缺陷，这就决定了人类潜意识中自卑感的存在。自卑未必是坏事。为了对抗自卑感，我们会不断追求卓越，以证明自己并非低人一等。功到自然成。在这种补偿心理的作用下，许多人超越了自我，创造出辉煌的人生。研究表明，个体之间在智商上差异不大。成就斐然的科学家、文学家、艺术家，他们的过人之处并非出众的智力，而是付出的异乎常人的努力。阿德勒的病人中，有不少杰出人物。他发现，这些人大多在童年时有着身体上的缺陷或不幸的经历。他们通过刻苦努力，挖掘出自身潜力，发展出杰出的才能。

妄自菲薄·自卑情结

妄自菲薄　妄：胡乱。菲薄：轻视。毫无根据地看轻自己。《三国志·蜀书·诸葛亮传》："不宜妄自菲薄，引喻失义，以塞忠谏之路也。"

阿德勒指出，当个体面对一个他难以适应、自认为绝对无法解决的问题时，表现出来的那种纠结便是自卑情结。自卑情结是自卑感的极端形式。自卑感总是造成心理紧张，个体必然采取补偿行为，来获得优越感。但是，有着自卑情结的人妄自菲薄，觉得无力改变现实，不去积极解决问题，而是掩盖或回避问题，将问题归咎到外部环境，在自欺欺人中寻求自我陶醉。他们限制自己的活动范围，避免失败而不是追求成功。面对困难时，他们犹疑、彷徨，甚至绕道而行。

目空一切·过度自负

目空一切　什么都不放在眼里。形容极端狂妄自大。清·李汝珍《镜花缘》第十八回："谁知腹中虽离渊博尚远，那目空一切，旁若无人光景，却处处摆在脸上。"

所谓"过度自负"，是指个体目空一切，自我评价远远超出本人实际。过度自负其实是自卑情结的一种表现，是个体缺乏自信时，对自我的过度补偿。由于缺乏自信与自尊，这些人极易受到外界影响，顺境时自我膨胀、洋洋自得，充满优越感，逆境时缺少自信，暴露出自卑的一面，失去了动力和进取心。为了自我保护，避免因自责而痛苦，他们把失败归因于环境和他人。他们肆意贬低别人，很难与其他人相处和共事。过度自负者无法承受自卑感的折磨，往往通过回避现实来寻求解脱。过度自负是自卑者不成熟的心理防御。要进入成熟的心理状态，需要保持清醒的头脑，真正了解和认识自己，准确把握自己的优势和劣势。

杀人如麻·冷血朱元璋

杀人如麻　如麻：像乱麻一样多得数不清。形容杀人极多。也形容杀人成性，任意屠宰生灵。唐·李白《蜀道难》："朝避猛虎，夕避长蛇，磨牙吮血，杀人如麻。"

历史上，朱元璋以冷酷无情、杀人如麻而著称。他出身贫寒，父母兄长死于瘟疫，孤苦无依，曾入皇觉寺为僧，后沿街乞讨，骨子里渗透了自卑感。坐上龙椅后，朱元璋的自卑感表现为极度自负，听不得任何不同意见，对开国元勋和臣子属下极度不信任，充满猜疑。他曾得意洋洋地向侍臣们说："朕本田家子，未尝从师指授，然读书成文，释然开悟，岂非天生圣天子耶！"明王朝建立不久，朱元璋就开始滥杀功臣，株连九族。最骇人听闻的是胡惟庸案和蓝玉案。胡惟庸是颇具才干的宰相，蓝玉是征战沙场的大将，均在谋反或兵变的罪名下惨遭杀害，历时十余年，涉及四万余人。为了掩饰自卑感，维护至高无上的皇权和个人尊严，上至宰相，下至平民，毫无个人尊严，很多人"立毙杖下"。

勇往直前·适度的心理失衡

勇往直前　不畏艰险，勇敢地一直往前进。宋·朱熹《朱子全书·道统一·周子书》之二："不顾旁人是非，不计自己得失，勇往直前，说出人不敢说底道理。"

平衡需要是人类解除心理紧张、维持心理平衡的需要。心理平衡时，人们在心理上处于一种和谐、安宁、相对稳定的状态。需要没有得到满足时，人们便会心理失衡，不安宁，有冲动。这时，产生了强大的动力，驱使人们为满足需要而勇往直前。个体总是自觉地进行调整，不断由失衡态转化到平衡态。如果这种心理需要是社会所许可的，便产生有意识的活动，否则就是无意识的。人的需要一旦得到满足，就获得了心理平衡。这时冲动消失了，行为的动力也消失了，一切复归平淡，没有激情，没有创造。必须强调指出的是，只有适度的心理失衡才有较大的积极意义。过度的心理失衡会带来生理上和心理上的严重伤害，甚至难以修复。

童心未泯 · 科学家的好奇心

童心未泯　泯：消失。年岁虽大犹存儿童般天真之心。《左传 · 襄公三十一年》："昭公十九年矣，犹有童心，君子是以知其不能终也。"

蔡加尼克效应表明，未完成的任务引起紧张情绪，使人产生寻根究底的冲动，这就是知觉缺口。好奇心是推动科学进步的强大力量，它的来源是对知觉缺口的体验。在美国电影《神鬼愿望》中，魔鬼撕掉书店里所有悬疑小说的最后几页。读者看书时产生知觉缺口，为了知道故事的结局，有人愿意用灵魂与魔鬼进行交换。对知觉缺口越敏感，好奇心就越强。儿童天真无知，对一切都感到新鲜，充满好奇。岁月磨平了棱角，使人们渐渐变得迟钝、平庸、麻木。只有科学家等少数人，才会在成年后童心未泯，保持着强烈的好奇心。那团熊熊火焰，不到问题彻底解决时是不会熄灭的。有了这种好奇心，有了弥合知觉缺口的渴望，寂寞不可怕，贫穷不可怕，甚至失败也不可怕。唯一让他们止步不前的，只能是上帝的召唤。

一问三不知 · 丁肇中的口头禅

一问三不知　指对什么都不知道。清 · 张杰鑫《三侠剑》第一回："不如我闭门不管窗前月，吩咐梅花自主张，一问三不知，神仙怪也没不是。"

丁肇中最著名的口头禅是"不知道"。无论是问及物理学界未经证实的猜想和理论，还是做学问的实际意义，丁肇中都是一问三不知。作为一个大科学家，他身上的这种严谨、谦逊的态度，非常人所能及。由于"不知道"，他有着强烈的求知欲，读起书来孜孜不倦，成为密歇根大学读博时间最短的学生。由于"不知道"，他对大千世界充满了好奇，不断探索"不知道"的领域，为人类揭开了很多自然界的奥秘。丁肇中致力于探测宇宙中的暗物质和反物质，目的是研究宇宙的起源。丁肇中坦言："虽然我现在也不知道这对将来会产生什么意义，但我做这项工作就是为了满足好奇心，好奇心是人和动物最大的差别所在。"

朝闻道，夕死可矣 · 追求真理

朝闻道，夕死可矣　早晨得知真理，晚上死去都可以。形容对真理或某种信仰追求的迫切。《论语 · 里仁》："子曰：'朝闻道，夕死可矣。'"

科学活动的基本特征就是永无止境地探求未知、追求真理。爱因斯坦说，在科学殿堂里有三种人，一种人为了谋取功利，另一种人为了满足兴趣，再一种人为了追求真理。天使要把前两种人赶走，只留下第三种人。孔子曰：朝闻道，夕死可矣。为了真理，他们可以牺牲一切，包括自己的生命。只有这种人，才不会急功近利，才有持续创新、不畏艰辛的动力。真理是对客观规律的正确把握，把握了客观规律将会有助于创造更好的生存环境，开拓更加广阔的发展空间，既有利于一国的发展，也有利于社会和人类的进步。因此，从本质上说，对真理的追求，就是造福于国家和人类，不管行为人在主观上是否意识到这一点。

乐此不疲・数学是快乐的

乐此不疲　酷爱做某事而不觉疲倦。形容对某事特别感兴趣。《后汉书・光武帝纪下》："帝曰：'我自乐此，不为疲也。'"

享誉世界的数学大师陈省身说，中国人功利色彩比较浓，对股票等能带来实际利益的信息有兴趣，对自然界的探索不太有兴趣。他说，应该引起孩子对数学或科学的兴趣。陈省身认为数学是快乐的。他乐此不疲，对数学有着浓厚而执着的兴趣和好奇心，走路、聊天、吃饭，甚至睡觉，每时每刻都会想到数学问题。他花费几十年，思考数学界50年来未曾破解的难题——关于六维球面上的复结构问题，并在93岁生日的第二天公布了他在这方面的最新研究进展。

画蛇添足・从模仿到创造

画蛇添足　比喻多此一举，弄巧成拙。《战国策・齐策二》："楚有祠者，赐其舍人卮酒。舍人相谓曰：'数人饮之不足，一人饮之有余。请画地为蛇，先成者饮酒。'一人蛇先成，引酒且饮之，乃左手持卮，右手画蛇，曰：'吾能为之足。'未成，一人之蛇成，夺其卮曰：'蛇固无足，子安能为之足？'遂饮其酒。"

画蛇添足素含贬义。对画蛇添足者冷嘲热讽，视其愚蠢，反映了中国传统文化重模仿而轻创新。龙是华夏的图腾，原形是蛇。最早的龙只比蛇多几只脚，后来又加上其他动物的只鳞片爪。多了脚不是现实中的蛇，而是想象中的蛇，是一种新的、创造出来的生物。画蛇先成者重精神享受，轻物质享受，画完后不急着喝酒，而是再添几只脚，描绘出他心中的蛇。画蛇只是写生，是对现有物体的模仿，添足则是创造，是创造出世界上并不存在的东西。画蛇添足，是从模仿到创造的升华。没有画蛇添足，哪里来龙的形象？哪里来中华文明的繁荣？

渐入佳境・创新的三大境界

渐入佳境　比喻情况好转，逐渐进入美好的境界。《晋书・顾恺之传》："恺之每食甘蔗，恒自尾至本，人或怪之。云：'渐入佳境。'"

王国维选择三段宋词，描述做学问的三大境界。其实，这也是自主创新的三大境界。"独上高楼，望尽天涯路。"我充满好奇和怀疑，不懈地追求真理。我的视线穿越地平线，用想象描绘着天之涯的绚丽风光。“衣带渐宽终不悔，为伊消得人憔悴。”我耐得住寂寞，进入忘我状态。我不畏讽刺挖苦，不为名利所动。我总是苦苦思索，探寻着各种可能性。当不间断的思考达到临界状态时，我会渐入佳境，继之顿悟，进入最高境界——“蓦然回首，那人却在灯火阑珊处。”此时，一切努力、痛苦和期待，都会成为美好的记忆，化作满天的彩虹。

忘乎所以 · 情绪的极端化

忘乎所以　因过于兴奋而忘记一切。清 · 文康《儿女英雄传》第四十回：“公子此时是乐得忘乎所以，听老爷这等吩咐，答应一声就待要走。”

心理失衡通过情绪表现出来。由适度的心理失衡产生的情绪，是一种可贵的动力，它促使大脑更清醒，更容易做出最佳决策。由过度的心理失衡产生的情绪，容易导致疾病，或驱使个体在冲动情况下做出错误决策。由心理失衡产生的负面情绪如恐惧、焦虑，正面情绪如快乐、兴奋，都难逃脱这一规律。例如，适度快乐让人积极思考、思维敏捷，快乐得忘乎所以则会带来盲目乐观和决策失误。孔子反对情绪的极端化，对自己的情绪也把握得恰到好处。孔子性情温和，但不失严厉；面有威仪，但并不凶狠；神态庄严，但为人平和。孔子独创的中庸之说，即在两极之间保持和谐的理论，哺育了一代又一代中国人。

力所不及 · 压力与应激反应

力所不及　及：达到。凭自己的力量不能做到。宋 · 释德洪《石门文字禅》：“平生所未见之文，公力所不及之义，备聚其中。”

压力、挫折是制约心理平衡的重要因素。管理学家认为，中等水平的压力是振奋精神、高效工作的兴奋剂，过高的压力会带来负面影响，使人身心疲惫、效率降低、心情抑郁。如果在某些问题上个体自认为力所不及，就会感受到压力。不愉快的事情，如工作负担、婚姻问题和经济困难等，会使人感受到压力。愉快的事情，如旅游、约会和升职，同样会使人感受到压力。受到压力时，人们会产生应激反应，在心理或生理上进行调整，以适应环境的变化。生理上的应激反应表现为肌肉紧张或血压升高，心跳和呼吸加速。心理上的应激反应表现为心情紧张、情绪震荡。短期的压力对人体无害，长期的应激反应会危害人体健康。

应付裕如 · 两种应对策略

应付裕如　裕如：充裕地，从容地。处理问题很从容，不费力气。邹韬奋《经历 · 英文的学习》：“你在上课前仅仅查了生字，读了一两遍是不够的，必须完全了然全课的情节，才能胸有成竹，应付裕如。”

面对同一件事，有人张皇失措，有人应付裕如。如果只注意可能出现的危险或失败，或对自己信心不足，就会感到紧张，承受巨大的心理压力。如果把遇到的事情仅仅看成一次挑战，就会头脑冷静，从容应对。例如，面试时害怕遭到拒绝，难免会顾此失彼、错误百出。把面试看成展露才华的机会,就会信心百倍、思维敏捷。面对具有威胁性的情境,有两种应对策略。一种是情绪应对策略,即控制情绪反应,如紧张时听音乐或向他人倾诉。另一种是问题应对策略,即制订计划,设法改变处境,以减轻外在压力。一般而言,若应激源可控,问题应对策略更有效,否则情绪应对策略更适合。前者如由面试产生的压力,可通过充分准备来解决。后者如灾祸带来的压力,可通过情绪发泄来解决。

积忧成疾 · 感情势能

积忧成疾　因长期忧虑而得病。宋·吴曾《能改斋漫录·李逢吉裴度谏穆宗》:“崔发驱曳中人,诚大不恭,然其母年八十,自发下狱,积忧成疾,陛下方以孝理天下,所宜矜念。”

西方国家有一种新的医学理论,叫感情应力说。该理论认为,在不断的外界刺激下,如果压力日积月累,无法释放,就会形成潜在的能量。这种能量超出一定限度,必将积忧成疾,导致严重的心理失衡,并使消化系统、血液系统和神经系统功能失调,或者造成心理疾患,或者加重原有疾病。故医生治病时,应多从心理方面考虑。随着社会进步,人类很容易积累感情势能。在远古时代,民风淳朴、人际关系比较简单,人们无所顾忌,可以直接表露感情,容易获得心理平衡。在当今世界,社会复杂、竞争激烈,人们受道德和规范约束,内心波涛汹涌,表面上却温文尔雅,感情难以得到宣泄,遂逐步积累下来,导致身心俱损。

当头一棒 · 遭受挫折

当头一棒　迎头一棍子。比喻受到严重警告或突然的打击。清·曹雪芹《红楼梦》第一百一十七回:“(宝玉)一闻那僧问起玉来,好像当头一棒,便说道:‘你也不用银子的,我把那玉还你罢。’”

除了压力,挫折也是制约心理平衡的重要因素。挫折是一种负性的情绪体验,在遭遇当头一棒,无法达到预期目标时发生。倘若阻碍来自外部因素,称作外因性挫折。有些外部因素是非社会性的,如出门时遇上大雨。有些外部因素是社会性的,如开车时有人抢道。人是社会动物,对社会性因素造成的挫折特别敏感。贫富悬殊、社会不公、竞争激烈,是挫折和压力的主要来源。越接近目标,动机越强,受阻时体验到的挫折感就越强。遭受一连串挫折后,挫折感会不断积累,直至最终突破心理防线,出现自杀或攻击性行为。如果阻碍来自内部因素,称作内因性挫折。嗓音不好想当歌手,生性腼腆想当推销员,很可能遇到挫折。

吃一堑长一智 · 对挫折的反应

吃一堑长一智　堑:壕沟,比喻挫折。受一次挫折,便得到一次教训,增长一分才智。明·王阳明《与薛尚谦》:“经一蹶者长一智,今日之失,未必不为后日之得。”

持有不同的生活态度,会对挫折做出不同反应。乐观者看到的,多是事情积极的一面,预期事情会朝着好的方向发展。在他们看来,困难与挫折具有激励作用,驱使自己更加勇敢地面对逆境。而且，吃一堑长一智，他们从失败中学到很多。因而，他们是快乐的，并因失败而变得更聪明，更强大。悲观者看到的，多是事情消极的一面。他们认为，事情的发展会变得越来越糟糕，在困难与挫折面前失望、沮丧、止步不前。因此，乐观者感受到的压力和焦虑，比悲观者小得多。通常情况下，无论在生理上和心理上，乐观者都比悲观者更加健康。

气贯长虹・笑面疾病

气贯长虹　气：气概、气势。贯：贯穿。形容气势壮盛，简直可以贯穿长虹。明・施耐庵《水浒传》第七十六回："右手那一个，绿纱巾，皂罗衫，气贯长虹，心如秋水，乃是梁山泊掌吏事的豪杰'铁面孔目'裴宣。"

人吃五谷，岂能无病？只是有大有小、有急有慢、有重有轻罢了。疾病是挫折的一种，是最能考验人的。有些病能让人痛苦不堪，甚至英雄气短、万念俱灰。我曾经大病数次，命悬一线，但仍然神闲气定，谈笑自若。一次动大手术时，我对主刀医生说，我有三个相信：第一，相信医学进步，这种病是有可能治愈的。第二，相信你医术高超，大大增加了治愈的可能性。第三，相信我本人旺盛的生命力，这就使治愈有了保证。手术后，我的身体恢复得很快，并赋诗一首：

三尺利剑悬半空，笑面春夏与秋冬。父母生我天地间，自有傲气贯长虹。

胜不骄，败不馁・一颗平常心

胜不骄，败不馁　胜利了不骄傲，失败了不气馁。《商君书・战法》"王者之兵，胜而不骄，败而不怨。"

聂卫平是中国围棋史上唯一正式获得"棋圣"殊荣的人。从1974年到1990年代，他是与日本超一流棋手比赛获胜率最高的中国棋手。在总共举行过11届的中日围棋擂台赛上，他一直担任中方主帅，在危急关头力挽狂澜，为中国队多次战胜日本队立下头功。记者采访时，聂卫平说，围棋界常用一个词，叫平常心。输赢都不必太计较，胜不骄，败不馁，持有一颗平常心。只有这样，下棋时才能头脑冷静，从容应对，不断提高棋艺。否则，事业上不会有什么大进展。不过，失败时不要不当一回事，而要总结教训，从中吸取经验和智慧。

失败是成功之母・成功的秘方

失败是成功之母　母：先导。指善于从失败中吸取经验教训，才能成功。董海丰《江心补》："不要怕，失败为成功之母。"

很多人害怕失败。实际上，挫折带来的痛苦和耻辱，不像人们想象的那样糟糕。生活还会继续，新机会层出不穷。失败造成的创伤，随着时间的推移将逐步愈合，留下的是一笔宝贵的财富。绝大多数情况下，当初看似可怕的危机，其实不过是一个小小的插曲。你准备拥抱胜利，但也必须接受失败。未来是不确定的，人类是不完全理性的，企业发展的道路上,必然充满着失误和挫折。失败是成功之母,几乎所有成功的企业家都曾面临灾难,走过麦城:或新产品夭折,或资金链断裂,或公司破产。这些惨痛的经历,是他们生活的一部分,使他们迅速成长起来,变得更为强大。正是有了无数个勇于战胜困难的企业家,人类才能进步,文明才能发展。永远不向绝望让步,是所有成功背后的秘方。

同甘共苦·良好的社会关系

同甘共苦　形容同欢乐,共患难。《战国策·燕策一》:“燕王吊死问生,与百姓同其甘苦。”

如果安全需要无法得到满足,人便缺少安全感,易产生心理失衡。除了生理需要,社会需要也必须得到满足。美好的婚姻、温馨的亲情、与他人的亲密关系,都是人们应对压力、顽强生存下去的有力保障。有着良好社会关系的人,通常更乐观,更健康,更快乐。与男人相比较,女性更懂得利用社会支持系统,在遭遇困难时寻求支持,并对其他人伸出援手。婚姻越幸福,她们越喜欢把工作中的烦心事带回家,向丈夫倾泻怒气,征求意见。她们也喜欢与朋友分享快乐,并倾诉自己的烦恼。在这个过程中,她们尝受到同甘共苦的甜头,快乐加倍了,痛苦减半了。因此,女人更容易摆脱困境,寿命也更长。

梦寐以求·男性的愿望

梦寐以求　寐:睡着。睡觉做梦时也在追求。形容愿望迫切、强烈。《诗经·周南·关雎》:“窈窕淑女,寤寐求之,求之不得,寤寐思服。”

控制需要和安全需要可以相互转化。安全需要得到满足后,个体就转向控制需要。控制需要得到满足或受挫后,个体又转向安全需要。男性大多喜欢漂亮女孩。谈恋爱时,不惜以最动人的语言,夸奖女孩的容貌装束。结婚后,男性来了 180 度大转弯,不再称赞妻子美丽,对她们的新服装视而不见,对她们经常购买衣物、化妆品颇有微词。有时甚至说:“都结婚了,打扮那么漂亮干吗?”结婚前,男性表现出很强的控制欲,觉得漂亮女孩魅力无穷,梦寐以求的,是与她白头到老。一旦把漂亮女孩娶回家,安全欲就上升为主导地位,唯恐她们会成为别人的猎取对象。因此,男性不希望妻子惹人注目,所谓“薄酒可与忘忧,丑妇可与白头”。

坐享其成·啃老族

坐享其成　自己不出力而享受别人的劳动成果。清·许叔平《里乘》第三卷:“生惟优游素餐,坐享其成而已。”

如果控制需得不到满足,个体便觉得失去控制力,产生心理失衡。中国老龄科学研究中心的调查显示,中国 65%以上的家庭存在“老养小”现象,30%左右的青年基本靠父母供养。这些人心安理得、坐享其成,被称作“啃老族”。他们大多是独生子女,“啃老”的理由包括工作难找、工资太少、老板难伺候等等。国外也有庞大的“啃老”一族。英国 16～24 岁的人群中,1/6 被列为“不就业、不在学或不接受培训”人群。他们不是依赖父母，就是依赖社会福利。一个研究小组发现，那些长期处于社会系统之外的人，15%在为期10年的研究结束前已经去世，多数毙命于酗酒、吸毒和抑郁症。他们面临着健康不良的风险，而且这种风险对其今后生活造成消极影响。之所以如此，是因为他们无所事事，面临着严重的控制缺失。他们精神空虚、前途无望，感觉不到生命的意义和价值。

直言正谏·员工评价上司

直言正谏　以正直的言论劝谏。多用于下对上，卑对尊。晋·皇甫谧《高士传·王斗》："寡人奉先君之宗庙，守社稷，闻先生直言正谏不讳。"

英国心理学家的调查表明，如果员工有机会坦诚评价上司，并能提出建设性意见，不但有利于自身健康，还能促使管理者提高效率。老板为什么要侮辱员工？他是通过滥用权力获得控制感，从中得到满足。受辱者为什么在身心上受到极大伤害？他们丧失了个人尊严，丧失了控制力，感受到严重的控制缺失。一旦员工有机会直言正谏，对企业发展施加影响，就可以从中体验到平等、个人尊严和某种控制力。唯有满足员工的控制需要，他们才能心情愉悦，全身心地投入工作。

宝刀不老·成功的老龄化

宝刀不老　指年龄虽大，但本领、技艺却丝毫未减。明·罗贯中《三国演义》第七十回："张郃出马，见了黄忠，笑曰：'你许大年纪，犹不识羞，尚欲出阵耶？'忠怒曰：'竖子欺吾年老！吾手中宝刀却不老。'"

老年人最大的问题是控制力的缺失。他们远离社会，无法掌握个人命运，更谈不上影响周围环境。补偿因年老而引起的变化，是拥有积极心态的关键。鲍尔·巴特斯认为，老年人应集中精力做力所能及的事，并想尽办法做好。钢琴家阿瑟·鲁宾斯坦80岁时仍宝刀不老，演奏保持高水准。他说：我采用了三个策略——选择策略、优化策略和补偿策略。首先，我精选节目。然后，我集中练习这些曲目，以期达到最优。最后，为了补偿逐渐失去的弹奏速度，我有意放慢速度，使后面的节奏听起来似乎快一些。成功老龄化的另一个途径，是多做有意义的事情，享受成就感，体验生存的价值。若浑浑噩噩，得过且过，只能降低幸福感。

杞人忧天·末日预言

杞人忧天　杞：古国名。杞国有个人怕天塌下来。指不必要的担心。《列子·天瑞》："杞国有人忧天地崩坠，身亡所寄，废寝食者。"

2012年的特殊性在于，玛雅文明留下的末日预言令人震撼。据称，几乎所有古老文明中都有末日预言。基督教预言家先后推断，世界末日为公元156年、公元500年、公元800年、公元2000年，均属虚惊一场。根据这些预言，地球已多次毁灭，人类已几度重生。关于世界末日的影片也层出不穷，大肆渲染地球灭亡的各种方式。2009年的灾难片《2012》，逼真地展示了末日景象，刷新了世界各大院线的票房纪录。末日预言屡屡受挫，为什么仍然受人关注,具有蛊惑人心的力量,致使少数人杞人忧天、惶恐不安,甚至集体自杀?原因在于,现实中太多的灾难、担忧,让人们感受着严重的安全缺失和控制缺失。末日情结的症结,是人类对现实的无奈,对未来的恐惧,以及伴随而来的严重心理失衡。

望洋兴叹·不可控感

望洋兴叹　望洋:仰视的样子。比喻做某事时,因力量不够或缺乏条件而感到无可奈何。《庄子·秋水》:“于是焉,河伯始旋其面目,望洋向若(海神)而叹。”

现实生活的复杂多变,让未来变得难以捉摸。频繁出现的天灾人祸,使人们深深感觉到,自然不可控制,社会不可控制,个人命运也不可控制。正是这种不可控感,让人们望洋兴叹,感觉无助和无望。控制缺失加剧了恐惧和不安,使安全缺失进一步升级。人们越缺乏控制力,就越恐惧,越恐惧,就越深感无奈。这就形成了恶性循环。人们迫切需要寻找灾难的根源,消除不确定性,缓解不可控感,在心理上获得某种慰藉。末日预言虽然荒诞不经,但毕竟是一种解释、一种答案。人们可从中寻找到某种控制力,通过某种方式来求得救赎。

痛定思痛·人类需要反思

痛定思痛　悲痛的心情平静之后,再回味当时的痛苦。常含有警惕未来之意。唐·韩愈《与李翱书》:“今而思之,如痛定之人,思当痛之时,不知何能自处也。”

未来的不确定性,和随之而来的安全缺失和控制缺失,并非完全是负面的。它们具有重要的警示作用。痛定思痛,很多天灾人祸都是由人类自己造成的,或因对自然认识不足,或因疯狂掠夺环境,或因私欲过度膨胀。如果我们敬畏自然,与自然和谐共处;如果我们增强忧患意识,改善地球生态系统;如果我们消除歧视和仇恨,让所有民族、所有国家都拥有自己的生存空间……如果我们能够做到这一切,世界就会多一分光明,少一分阴影,末日预言就会不攻自破。

险象环生·危险的外海

险象环生　危险的情况不断出现。蔡东藩、许廑父《民国通俗演义》第八十三回:“现在时艰孔亟,险象环生,大局岌岌,不可终日。”

个体感觉控制力不足时,可寻求间接控制力。第一个途径是获得亲友的帮助,第二个途径是获得政府的庇护,第三个途径是依赖迷信、巫术或宗教,把自己托付给那些神秘的力量。布罗尼斯拉夫·马林诺夫斯基是一位人类学家。第一次世界大战爆发后,他来到新几内亚外海的一个小岛,研究当地与世隔绝的社群文化。他最感兴趣的是岛民的迷信行为。在平静的礁湖区作业时,渔民采用普通的捕鱼技巧。一旦进入危险的外海,他们就采用复杂的巫术和迷信仪式。在平静的海面上,岛民觉得自己可以掌控局面,在外海就不同了。由于不确定性大,瞬息万变,险象环生,他们便寄希望于各种巫术仪式,试图获得对局势的控制力。

拜鬼求神・迷信的来源

拜鬼求神　向鬼神叩拜祈祷，求其保佑。唐・王建《三台》："扬州桥边小妇，长干市里商人。三年不得消息，各自拜鬼求神。"

迷信来源于何处？在不确定性很大、风险很大，局势难以预料的情况下，人们常常拜鬼求神，依赖于那些不可知的神秘力量。有学者研究了两次世界大战期间，德国主要报刊上与迷信相关的文章数量。结果表明，经济萧条时这类文章就会增加，经济好转时这类文章就会减少。1991 年海湾战争期间，以色列心理学家进行了类似研究。特拉维夫等城市常遭受"飞毛腿"导弹的袭击，其他城市相对安全一些。经调查，高危险区的居民更容易产生迷信思想和行为，如相信与幸运的人握手或佩戴幸运符能带来好运，走进密封的房间应先迈右脚等。

聊以自慰・迷信的功能

聊以自慰　聊：姑且、暂时。指暂时用以自我安慰。宋・王谠《唐语林・补遗二》："吾非不知，常恨少贫太甚，聊以自慰尔。"

古人相信鬼神，现代人相信算命、风水，还相信特异功能等神秘现象。人类存在着认识世界、探询因果关系的本能，以满足与生俱来的控制欲。对于无法理解的问题，对于无法排解的痛苦，对于无法消除的灾难，迷信不失为一种解释，一种心灵慰藉，让人聊以自慰。受过良好教育的人，甚至部分杰出的科学家，也难以完全摆脱迷信的诱惑。由于所处环境变幻不定，某些人更容易迷信，如赌徒、商人、探险家等等。他们特别渴望成功，而走向成功的道路又有着极大的不确定性，受到众多不可捉摸因素的影响。

牵强附会・迷信思维

牵强附会　形容把不相关的事物硬拉在一起。清・曾朴《孽海花》第十一回："后儒牵强附会，费尽心思，不知都是古今学不分明的缘故。"

从思维角度来看，迷信是错误的因果解读，将结果归因于毫不相干的事情。例如，我们认为球员技艺高超，是勤学苦练的结果，这就是经验思维。我们认为球员每球必中，是因为穿上带有幸运号码的球衣，这就是迷信思维。我们很难观察到真正的原因。而且，要收集足够多的证据，需要付出巨大的代价。所以，看到两个事件先后发生，我们常常牵强附会，假定它们存在着因果联系。这种快捷思维具有两面性。一方面，根据原因迅速得出结论，及时避开可能的危险，是人类得以生存和繁衍的关键。另一方面，它让我们想象出很多虚假的联系。迷信思维不容易消除，它是我们防范可能存在的危险、具有极强应变能力的副产品。

护身符・积极的心理暗示

护身符　旧时道士画的符，据说可驱魔逐鬼。比喻起保护作用的人或事物。章念生等《发现中国辛德勒》："这名义上的签证可以作为犹太人移民国外的证明，有了这张护身符,他们就能被允许离开奥地利,逃离死神。”

迷信之所以经久不衰,还由于它具有暗示作用,是“自我实现的预言”。德国、美国科学家联合进行的研究证明,护身符确实能带来好运。不过,并非护身符本身具有魔力,而是它给人积极的心理暗示。实验中,几十个被试参加高尔夫球比赛。一半人被告知,他们使用的是幸运球。另一半人被告知,他们使用的是普通球。结果,前者的击球入洞率,比后者高出将近 40%。原因是,迷信某些神秘现象,可以拥有主观上的控制力,从而增强了信心和克服困难的勇气,最大限度地发挥出自己的潜能。除了护身符,美好的祝愿也起着类似作用。然而,我们不可过于夸大护身符的作用,要想取得预想的结果,必须付出艰苦努力。

称心如意·什么是幸福

称心如意　称、如:符合。指完全合乎心意。明·施耐庵《水浒传》第三十二回:“闻得贤兄仗义疏财、济困扶危的大名,只恨缘分浅薄,不能拜识尊颜。今日天使相会,真乃称心如意。”

安全需要和控制需要之间的冲突常常让我们备受煎熬。开拓创新,为事业而奋斗,可能会疏远了配偶和子女,还冒着很大风险。重家庭、安于现状,又很难在事业上有所突破。平衡安全需要和控制需要,使自己既能享受到稳定的、让爱包围的生活,又能积极向上,有着辉煌的发展前景,是一种很难把握的艺术。如果安全需要与控制需要都能得到满足,而且相互协调,达到心理平衡,个体便拥有幸福感。安全需要追求的是生存,是生理目标;控制需要追求的是超越,是社会目标;平衡需要追求的是轻松,是心理目标。幸福是三个目标都达到后,个体感到称心如意的最佳心理状态。简言之,幸福就是有人爱,有稳定工作和值得期待的未来,能做自己想做的事,按自己的意愿生活,内心平静与满足。

恬淡无为·什么人最幸福

恬淡无为　形容不追求名利,安于平淡的生活。汉·王符《潜夫论·劝将》:“太古之民,淳厚敦朴,上圣抚之,恬澹无为。”

1988 年,霍华德·金森对 121 名自称非常幸福的人进行调查,结论是:这个世界上有两种人最幸福——一种是恬淡无为的平凡人,一种是功成名就的杰出者。20 年后,他回访了这些人。那些平凡人生活虽然发生许多变化,仍然觉得自己“非常幸福”。而那 50 名成功者的选项却发生巨大变化,仅有 9 人事业一帆风顺,仍然坚持选择“非常幸福”,其余的人则选择“一般”“痛苦”或“非常痛苦”。他总结说:靠物质支撑的幸福感都不能持久,都会随着物质的离去而离去。只有心灵的淡定宁静,继而产生的身心愉悦,才是幸福的真正源泉。真正的幸福,是欲望不高、心态平和,满足自己的生活,内心没有太大的心理冲突。

久旱逢甘雨・幸福就是补偿

久旱逢甘雨　干旱很久，忽然遇到一场好雨。比喻渴望之事如愿以偿。宋・洪迈《容斋随笔》："久旱逢甘雨，他乡遇故知。"

对幸福的感受，不仅因人而异，还因年龄和所处环境而异。小孩的幸福是快快长大，不再受大人摆布。成人的幸福是回归童年，不再有压力和烦恼。在生死边缘上挣扎的人，对幸福的定义最简单了：活着真好，活着就是幸福！从某种意义上说，幸福是补偿，是久旱逢甘雨。恋人如胶似漆，但却缺少安全感，总害怕失去这美好的一切。对于他们来说，走入婚姻殿堂，使双方的关系趋于稳定，以弥补这种缺憾，就是一种幸福。富人拥有财富，让人羡慕，但却大起大落，疲于奔命，缺少安全感和心理平衡。能放下俗务，度一个长假，以弥补这种缺憾，对于他们来说就是幸福。

心存芥蒂・心理缺憾

心存芥蒂　芥蒂：细小的梗塞物。比喻心中有积怨或不快。清・梦花馆主《九尾狐》第十四回："即使子青心存芥蒂，今夜推故不来，我这里客人尽多，也不致冷静减兴了。"

幸福是一种感觉，是对某种心理缺憾的补偿。缺憾是什么？这取决于个体的处境和观念。穷人认为无钱就是缺憾，有钱就是幸福。富人认为忙碌就是缺憾，有闲就是幸福。现实生活中，人总是有缺憾的，总在某些方面心存芥蒂。有了安全感，就会把缺少金钱、权力和名望看成缺憾，千方百计去追求。一旦得偿所愿，满足了控制欲，便有了幸福感。但是好景不长，不久又会产生新的缺憾，或害怕得而复失，或有了更高追求。一般而言，补偿了旧的缺憾后，就会出现新的缺憾，需要新的补偿。所以，对绝大多数人来说，幸福感是相对的、转瞬即逝的。

随遇而安・旷达的苏东坡

随遇而安　随：顺从。遇：境遇。无论遇到什么环境，都能安心、满足。清・文康《儿女英雄传》第二十四回："便是有那福命，计算起来，也是吾生有限，浩劫无涯，倒莫如随遇而安，不贪利，不图名，不为非，不作孽，不失自来的性情，领些现在的机缘，倒也是神仙境界。"

人之所以有心理缺憾，就在于欲壑难填。那些欲望水平较低，或懂得化解内心矛盾的人，会有长久的幸福感。他们的特点是看轻功名利禄，把获得平衡感当作人生的最高目标。苏东坡为人正直，不畏权贵。新党旧党，无论谁执政，他总是受到排挤，被一贬再贬，最终被贬到海南。虽然仕途坎坷，苏东坡却随遇而安，始终开朗乐观，享受生活。在黄州，他发明的东坡肉，成为雅俗共赏的美味。到海南，他培养了大批学子，在蛮荒之地播下文明的种子。颠沛流离、生活困顿之际，他创作了大量流传千古的诗词名篇。他声称："吾上可陪玉皇大帝，下可以陪卑田院乞儿。眼前见天下无一个不好人。"如此豁达大度，又有几人可比？

自由自在・幸福感与自由度

自由自在　形容没有约束,十分安闲舒适。唐・慧能《六祖大师法宝坛经・顿渐品》:"自由自在,纵横尽得,有何可立?"

自由度的大小,是影响幸福感的重要因素。在清华大学"2015中国幸福小康指数"调查中,自由职业者排在最具幸福感职业的首位。一名从传统白领转型而来的自由职业者,强烈感受到两种职业模式所形成的巨大差别:"我进入了一种全新的生活状态。现在,我能够自由地选择工作内容,更灵活地把控工作时间,想休假时,也可以错过假日高峰出游。周围的朋友也非常羡慕我的工作。"根据韩国的一项调查,上班族和大学生晚间和周末幸福感最强,家庭主妇白天更幸福。显然,晚间和周末,上班族和大学生能够自由支配时间,满足自己的控制欲。至于家庭主妇,只有白天家人不在时,才有充分的独立性,自由地安排生活。

远亲不如近邻・社会交往的频率

远亲不如近邻　离得远的亲戚,还不如住得近的邻居关系密切,遇事能有照应。元・秦简夫《东堂老》第四折:"岂不闻远亲呵不似我近邻,我怎敢做的个有口偏无信。"

心理学家发现,幸福具有传染性。调查发现:如果你的兄弟姐妹、住在附近的朋友和隔壁的邻居幸福感显著提升,你的幸福感也将分别增加14%、25%和34%。这意味着,幸福不仅能传染,而且其强度有赖于社会交往的频率。远亲不如近邻,住得越邻近,交往就越频繁,影响就越大。幸福能传染,是由于幸福的人更乐于为亲朋好友提供帮助,对周围的人更加友好。再有,积极情绪本身就有高度的传染性。因此,幸福不仅是个人的事,而且是全社会的事。实现社会正义和机会均等,创造出和谐、频繁互动的社会环境,幸福才能如同池塘中的荷花迅速成长壮大。

贪生怕死・宗教的起源

贪生怕死　贪恋生命,畏惧死亡。元・李寿卿《伍员吹箫》第三折:"原来你这般贪生怕死无仁义。"

产生宗教的首要因素是,人类对未知事物的惧怕,归根结底是对生的留恋和对死的恐惧。晴朗的天空,为什么突然阴云密布、电闪雷鸣?平静的河水,为什么突然咆哮泛滥、淹没田野?朝夕相处的伙伴,为什么突然高烧不退、与世长辞?古人感到惊讶和恐惧,因生存受到威胁而忧心忡忡。对此,他们无法解释,更无法抗拒。于是,出现了直接敬仰自然物和自然力的自然崇拜。后来,先民们设想,肉体中有一个灵魂可以脱离肉体自由游荡。灵魂永生观念的产生,使原始人减轻了对死亡的恐惧。继自然崇拜之后,出现了灵魂崇拜。

保护伞・自然神

保护伞　比喻赖以不受伤害的资本,保护某些人或某一势力范围,使其利益不受损害或不受干涉的力量。"保护伞"本指保护某些人或某些势力的利益不受损害的力量。在反腐语境下,"保护伞"特指黑恶势力"保护伞"。

原始人用灵魂观念解释各种可怕的自然现象。他们认为,自然界有多种多样的"精灵"。他们虔诚地祈求,希望这些精灵能充当自己的保护伞,以逃避野兽和灾害,获取赖以生存下去的食物。由于太阳影响最大,带来光明和温暖,驱除恐怖和寂寞,因此,崇拜太阳神,在原始先民中非常普遍。让人们敬畏的,还有风雨雷电、山川河流。它们开心时风调雨顺、果实丰硕。它们发怒时大地震荡、人畜遭殃。所以,风神、雷神、雨神和河神,也成为原始人祭拜的对象。这充分说明,安全需要是最基本的心理需要,是最先进化出来的心理需要。

骨肉至亲・图腾崇拜

骨肉至亲　像骨和肉连在一起那样亲近。比喻有血缘关系的亲属。汉・班固《汉书・景十三王传》:"诸侯王自以骨肉至亲,先帝所以广封连城,犬牙相错者,为盘石宗也。"

原始农业和畜牧业走向兴旺时,人类兴起了对植物神和动物神的崇拜。在动植物面前,人类常常自惭形秽。比人强壮、灵活、灵敏的动物比比皆是。而在寿命和生命力上,很多植物都远远超过了人类。原始人羡慕它们,希望它们的灵魂能进入自己的身体,以增强自己获取食物、逃避灾难的能力。于是,人类把动植物视为骨肉至亲,当作图腾来崇拜。在印第安语中,图腾指的是亲族。西藏山南泽当地区的居民,曾把猕猴当作图腾。那里交通不便,处处是悬崖峭壁,猕猴的攀援水平,让他们叹为观止。他们渴望拥有这样的亲族和祖先。这意味着,原始人有了强烈的控制需要,开始考虑如何增强对自然的控制力和影响力。

敬若神明・祖先崇拜和英雄崇拜

敬若神明　神明:神。像敬奉神一样敬奉某人。形容对人过分崇拜。《旧唐书・李密传》:"是以爱之如父母,敬之若神明,用能享国多年,祚延长世。"

随着农业和畜牧业的进一步发展,男性成为生产活动中的主角,人类社会由母系氏族社会进入父系氏族社会。那些强壮、英勇的男性,在战争和生产中做出巨大贡献。人们相信,即使死后,他们的灵魂仍能发挥作用。而且,在驯养、役使动物的过程中,人类看到了自己的力量。他们开始崇拜祖先,对祖先充满敬畏,希望祖先能庇护自己,确保本部落的生存和发展,继而又产生英雄崇拜。从崇拜动植物神,到将祖先和英雄敬若神明,人类的控制力逐步增强,越来越自信,安全感也越来越强。同时,他们也希望能对自然界和周围人群施加更大影响。这表明,在安全需要基本上得到满足后,控制需要逐步成为重要的心理需要。

至高无上·一神崇拜

至高无上　至:最,极。形容高于一切。汉·刘安《淮南子·缪称训》:“道至高无上,至深无下。”

在原始共产主义社会,人类共同劳动,平均分配劳动果实。氏族首领承担了更大的责任,但没有享受特殊待遇。体现在神的创造上,就是多神崇拜。他们信奉很多神,诸神合理分工、地位平等,如风神管风、河神管河、雷神管雷、火神管火、灶神管灶。除了自然神,还包括本氏族的保护神。生产力的发展,使部落间的斗争日趋激烈,部落联盟相继成立,阶级开始分化。体现在神的世界里,便是众神不再平等,有的权力大、地位高,有的权力小、地位卑微。部落联盟发展到国家,再由小国发展到大帝国,众神进一步分化,权力进一步集中。最后,唯一的、万能的、至高无上的大神出现了,人类从多神崇拜走向一神崇拜。

救苦救难·三大宗教

救苦救难　拯救众人脱离痛苦和灾难。元·王实甫《西厢记》:“虽不会法灸神针,更胜似救苦难观世音。”

随着原始社会解体、阶级和国家出现,各地涌现出很多民族宗教和国家宗教。在民族融合、国家变迁的过程中,大量地方宗教逐步消亡,基督教、伊斯兰教和佛教脱颖而出,取得优势地位。它们吸收了众多原始宗教的诸多要素,形成比较完善的宗教系统。三大宗教产生于战争频繁、阶级矛盾尖锐、社会冲突激烈的时期,人民生活在水深火热之中,精神上极其苦恼,普遍缺少安全感、控制力和心理平衡,迫切需要得到安抚和寄托。三大宗教都以救苦救难为己任,在很大程度上满足了这些需要,得到广大民众的拥护,日渐发展壮大。不过,三大宗教各有特色,基督教侧重于安全需要,伊斯兰教侧重于控制需要,佛教侧重于平衡需要。

极乐世界·来世的幸福

极乐世界　佛教指修道成佛的西方乐土。那里只有光明、快乐,没有烦恼、痛苦。现泛指理想境界。唐·白居易《画西方帧记》:“极乐世界清净土,无诸恶道及众苦。”

三大宗教产生的时代,民不聊生,百姓苦不堪言,平衡需要成为特别重要的心理需要。因此,三大宗教都强调人世充满罪恶和痛苦,需从彼岸世界寻求解脱。基督教宣称,耶稣再次降临时要审判一切活人和死人。信教者进入天国,获得永生;不信教者被抛入地狱,受到永罚。伊斯兰教宣称世界末日来临时,所有人都要受到安拉严正的审判。遵从《古兰经》的人将会进入天堂,违背《古兰经》的人将被投入地狱。佛教的精髓是“空”,主张看破红尘,追求极乐世界。佛教许诺来世的幸福,让个体在烦恼无限、难以排解之时,获得心灵上的平静和祥和。

四海之内皆兄弟·耶稣的教义

四海之内皆兄弟　四海：指全国，引申为世界各地。天下人都像兄弟一样。《论语·颜渊》："君子敬而无失，与人恭而有礼，四海之内，皆兄弟也。"

从基督教教义中可以清楚地看到，基督教侧重于安全需要。这是由于，在当时罗马当局和犹太教上层权贵的双重压迫下，犹太下层百姓饱受剥削和欺凌，朝不保夕，具有极其强烈的安全需要。耶稣认真观察社会，看到世道的残忍和不公。他同情穷人，提倡和平与博爱，其宗教主张迅速传播，深受下层民众的欢迎，赢得越来越多的追随者。耶稣以其真诚、淳朴和善良，博得人们的信任和爱戴。在耶稣看来，四海之内皆兄弟。所有的男人和女人，所有的官员和平民，所有的圣人和罪人，都是平等的，都应该得到爱和尊重。耶稣为消除世上的痛苦、暴力和混乱，献出了自己的济世良方，这就是"爱"。爱是他教义的全部。

扶危济困·基督教的善举

扶危济困　扶助有危难的人，救济困苦的人。明·施耐庵《水浒传》第五十四回："素知将军仗义行仁，扶危济困，不想果然如此义气！"

耶稣最初的布道，以博爱与和平为主旨。基督本身就是牺牲小我以成就大我的博爱的榜样。耶稣说："我来是服侍人的。"从中世纪至今，基督教在世界各地兴办了大量学校、医院及其他福利机构，以扶危济困，救助老人、孤儿和残障人士等社会弱势群体。当代更有倡导"爱的精神"的泛基督教神学和普世运动，推动着爱的精神进一步发扬光大。以美国为例，据 1989 年的相关统计，美国教会及相关慈善团体的捐款，约占当年捐款总额的 2/3。从事慈善工作的志愿者中，85%是基督徒，约 900 万人，他们贡献的工作时间，估计价值高达 131 亿美元。

克勤克俭·劳动是天职

克勤克俭　克：能够。既勤劳，又节俭。《旧唐书·张允伸传》："允伸领镇凡二十三年，克勤克俭，比岁丰登。"

马克斯·韦伯研究了新教伦理，指出现代工业文明是以新教伦理为基础的。新教抛弃了天主教禁欲主义的修行和超越尘世的说教，导致并促进了资本主义精神的产生和发展。新教认为，一个人在尘世中的活动，只是为了完成上帝的旨意。劳动不是为本人创造财富，而是一种修炼，一种天职。以新教为信仰，人们克勤克俭，视劳动为天职，视勤俭为美德，既勤勤恳恳地工作，又生活节俭，把积累的财富再用于投资。这一切，对西方早期工业文明有着巨大的推动作用。

先知先觉·穆罕默德

先知先觉　知：知晓。觉：觉察、觉悟。指对事物的发展最先知晓、最先觉悟的人。《孟子·万章上》："天之生此民也，使先知觉后知，使先觉觉后觉也。"

伊斯兰教政教合一，侧重于控制需要。6 世纪末 7 世纪初，阿拉伯人饱经战乱，长期苦于外族侵略和内部纷争,渴望出现一种新的一神教,带来和平与安宁。伊斯兰教应运而生。麦克·哈特把穆罕默德排列在100位世界历史名人的首位,因为他是唯一一个在宗教与世俗两方面都最成功的人,至今仍有巨大影响。他不但是伊斯兰教的缔造者,而且是最有力量的政治领袖。40岁时,穆罕默德确信,真主安拉选择他作为使者,在人间传播真理。穆罕默德率领信徒进攻麦加,迫使麦加贵族接受伊斯兰教,承认他的权威。穆罕默德去世时,已有大批人加入伊斯兰教,整个阿拉伯半岛基本上获得统一。此后,阿拉伯军队大规模征战,一度建立了横跨欧亚非大陆的大帝国。在世界各地,伊斯兰教拥有几亿信徒。

视死如归·为真主而战

视死如归　把死看得像回家一样平常。形容不怕死。《韩非子·外储说左下》:“三军既成阵,使士视死如归,臣不如公子成父。”

在军事扩张的过程中,伊斯兰教发挥了巨大作用。穆斯林的含义是顺从主的意志的人,从命出征是穆斯林的“天职”。他们可以获得丰厚的战利品,如果阵亡,可以马上进入乐园。乐园里“有水河,水质不腐;有乳河,乳味不变;有蜜河,蜜质纯洁”。对于生活困苦的普通百姓来说,度过漫长而凄凉的人生,远不如在战场上死亡更具有诱惑力。托马斯·李普曼说:“《古兰经》中作出的在同异教徒的战争中身亡的人进入乐园的许诺,是鼓励穆斯林采取政治和军事行动的一种动力。”因此,穆斯林在战场上视死如归,成为无往不胜的勇士。伴随着大规模的军事扩张,伊斯兰教在欧亚非三洲广为传播,发展成世界性的大宗教。

大彻大悟·释迦牟尼

大彻大悟　彻:明白。悟:觉醒,醒悟。形容彻底醒悟。元·郑光祖《伊尹耕莘》楔子:“大彻大悟后,方得升九天朝真而观元始。”

乔达摩·西达多身为净饭王太子,锦衣玉食、生活奢华,却感到一种莫名的苦恼。他看到大多数人都是穷人,食不果腹。富人的生活也不幸福,衰老、疾病和死亡,让人们深感痛苦。为了追求真理,破解生存之谜,寻找解脱人间烦恼的钥匙,乔达摩抛弃了妻儿和王位继承权四处求师。他向几位圣人请教,不能解答心中的疑难。他在极端严峻的苦修中度过了6年,仍然一无所获。后来,随从都离开了他。孤独中,乔达摩在一棵菩提树下苦思冥想,发誓说:“不成正觉,誓不起座。”第49日清晨,他终于豁然开朗、大彻大悟,成就佛道。

苦思冥想·内省技术

苦思冥想　冥:深沉、深远。深沉地,非常用心地思索。《战国策·韩一》:“王问申子曰:‘吾谁与而可?’对曰:‘此安危之要,国家之大事也。臣请深惟而苦思之。’”

佛教侧重于平衡需要。佛教要解决的问题是,指明人生诸多烦恼的根源,寻找解决烦恼的有效途径，帮助人们认清宇宙人生真相，从生死轮回的痛苦中解脱出来，获得人生觉悟，保持心灵平静。佛教有一个传统，就是通过苦思冥想，分析和审视内心世界，改变自己的精神状态和增进幸福感。内省技术可以让个体意识和观察到当下的心灵体验，用理智控制情绪。心理学家认为，将注意力集中在负性生活事件中，必然会引发连锁反应，产生消极的思想和行为。内省技术有助于培养自我控制能力，打破消极情绪带来的绝望感，有效克服抑郁情绪。

置之脑后・放得下

置之脑后　置：搁置。放在一边不再想起。比喻不放在心上。清・李宝嘉《文明小史》第六回："孔黄二人自问无愧，遂亦置之脑后。"

一个富家子想要成佛，带了大笔钱遍访名师。禅师告诉他："有一个地方，到那里你就能成佛！"富家子大喜，问："在哪儿？"禅师说："墙边有一个竹竿，爬到竹竿顶上，你就成佛了。"富家子放下钱袋，很快爬上顶端。猛回首，禅师背起钱袋走了。禅师问："你成佛了吗？"富家子顿时醒悟：一切都得放下，包括成佛的念头，那就是成佛了！所谓"放得下"，是指看破红尘，割舍一切欲望，一心追求彼岸的极乐世界。将所有诱惑都置之脑后，便不会再有烦恼。

奉为圭臬・禅者乔布斯

奉为圭臬　奉：遵从。圭臬：测日影的器具，比喻事物的准则。把某些言论或事物当成必须遵照执行的准则。清・钱泳《履园丛话・书学・总论》："三公者，余俱尝亲炙，奉为圭臬，何敢妄生议论。"

乔布斯是虔诚的佛教徒。在物欲横流的世界，他将佛教教义奉为圭臬，从容淡定，化解了重重压力，开发了自身潜能，把苹果公司打造成世界创新之王。佛教强调和谐，强调忍让。苹果公司与微软打了十年官司，濒临破产。乔布斯重返苹果后，立即与微软谈判，最终化敌为友。禅宗倡导简单，简化思想，简化生活，简化一切。乔布斯衣着简朴，从来不过夜生活。他打破思想束缚，努力简化产品，不断设计出创新产品。它们有着简洁的外观、简单的操作、震撼人心的设计，吸引了世界各地的数亿名"果粉"。禅宗让人直面生死，看清人生意义。直至生命的尽头，乔布斯还多次出现在苹果产品发布会上，成为"乔不死"。他说：如果佛祖保佑我重获健康，我将用余生从事造福世人的伟大工作。

珠联璧合・儒道佛合流

珠联璧合　珍珠串在一起，美玉结合在一块。比喻美好的人或物聚集在一起，配合得很好。《汉书・律历志上》："日月如合璧，五星如连珠。"

在中国传统文化中，儒道佛三者相互包容，互动互补。儒家和道家来自本土，佛教则在东汉时期由印度传入，逐渐被改造为中国风格的宗教。儒道两家讲的都是人生哲学。儒家教导人，如何使一生过得更有意义，鼓励个体积极寻求控制力；道家告诉人，如何使一生过得更轻松，指导个体在寻求控制力之余，努力恢复心理上的平衡。佛教讲的是人死哲学，强调人生的痛苦，许诺来世的幸福，让个体在烦恼无限时找到解脱之道。儒道佛珠联璧合，发挥着一般宗教的基本功能。一生一死，一张一弛，人生的重大问题都得到解答，个体的基本心理需要都得到满足。既然如此，中国还有必要与其他国家一样，降生一个信仰广泛的本土宗教吗？

相得益彰 · 儒道互补

相得益彰　益：更加。彰：显著。互相配合，各自的优点就更能显现出来。汉 · 王褒《圣主得贤臣颂》："若尧舜禹汤文武之君，获稷契皋陶伊尹吕望之臣，明明在朝，穆穆列布，聚精会神，相得益章。"

林语堂说，所有中国人成功时都是儒家，失败时都是道家。儒家侧重于控制需要。修身齐家治国平天下，是传统士人实现远大抱负、掌握个人命运、改造国家和社会的强大思想武器。道家侧重于平衡需要。如果仕途受挫，深感控制缺失之苦，可以徜徉于山水之间，恢复心灵平静，为东山再起储备力量和勇气。儒道互补共济、相得益彰，体现出完美的融合。儒家的精髓是"有为"，主张立德、立功、立言，甚至"知其不可而为之"。道家的精髓是"无为"，主张顺应自然、无为而治。儒家是积极进取，道家是充分放松。有张有弛，方为完美人生。

乌托邦 · 儒家和道家的药方

乌托邦　意为"乌有之乡"。常指难以实现的理想社会。朱健国《蛇口：中国的泰坦尼克号》："一个生龙活虎、开放的蛇口消逝了，……就像桃花源、乌托邦那样，似乎从来就没有存在过。"

孔子和老子所处的时代，战争频仍，礼崩乐坏，天下大乱。百姓朝不保夕、生计无着，缺少最起码的安全保障。孔子和老子虽然开出了不同的药方，但都有着同样的目的，即扭转当前的混乱局面，使人民过上和平、稳定、幸福的生活。儒家开出的药方是，倡导仁爱，回到近古时代的大同社会。道家开出的药方是，倡导无为，回到远古时代的"小国寡民"社会。在这些乌托邦里，人们放马南山，和睦相处，丰衣足食，安居乐业，充分满足了安全需要。

仁义道德 · 仁者爱人

仁义道德　指儒家所提倡的仁爱正义等行为准则。唐 · 韩愈《原道》："后之人，其欲闻仁义道德之说，孰从而听之。"

儒家倡导仁义道德，其核心是"仁"，即爱人。如何做到仁？孔子说，遵循礼的规定，就能做到仁。所有的道德规范，如君仁臣忠、父慈子孝，都可以解释为爱。建立在爱的基础上的家庭和国家，和睦有序，每个人都充当一定的角色，充分发挥自己的作用。仁爱发自亲情。如果按照孟子所说"老吾老，以及人之老；幼吾幼，以及人之幼。天下可运于掌”，以仁爱之心对待所有的人，就能形成良好的社会秩序。简言之，以仁爱为纲，就能实现以德治国、天下太平。

内圣外王・儒家的政治理想

内圣外王　内：指修养。自身具有圣人之德，对外实行王者之政。《庄子・天下》：“是故内圣外王之道，暗而不明，郁而不发。”

儒家在满足控制需要方面，集中体现为内圣外王思想。内圣是控制自我，外王是控制环境、控制社会。作为一种安身立命之学，儒学突出的是“内圣”层面：加强修养，培养自控能力，使个人人格达到一种高尚、理想的境界。只有这样，才有可能掌握个人命运，并为兼济天下打下思想基础。孟子强调，要想成为内圣，必须有崇高的使命感，经受非同寻常的考验。作为一种经世致用之学，儒学突出的是“外王”层面，讨论如何影响社会、改造社会，为国家做出贡献。儒家认为，天下无道，需要变革现实，将乱世变为治世、无道变为有道。人生的意义与价值，正是在这个过程中凸显出来。儒家主张立德、立功、立言，主张积极有为。

互为表里・内圣和外王

互为表里　彼此之间是表里的关系。比喻相辅相成，相互转化。《三国志・蜀书・董允传》：“陈祗代允为侍中，与黄皓互为表里。”

内圣外王之道，是中国传统文化尤其是儒家文化的精髓，具有深刻的文化内涵。“圣”是儒家理想人格的最高境界，这就是“内圣”。人生一旦达到这种境界，就会拥有强大的精神力量，就能在政治生活或国家治理中，成就“外王”的事业。内圣是内在的，外王是外在的，它们互为表里，相辅相成，共同构成儒家的最高政治理想。简言之，所谓“内圣外王”，是指通过道德修养，使自己成为圣人，再将圣人的浩然之气，转化成兼济天下的事功。由正心诚意到修身齐家，再到治国平天下。修身指控制自我，齐家指治理家庭。治国平天下，指参与国家管理。它们涉及的，是在不同层次上控制欲的满足。

修心养性・内心和谐

修心养性　指通过自我修养，使身心人格达到完美境界。元・吴昌龄《东坡梦》第二折：“我如今修心养性在庐山内，怎生瞒过了子瞻，赚上了牡丹，却教谁人来替？”

孔子很善于从日常生活中，发掘能使人们达到内心和谐的资源。“学而时习之，不亦悦乎？有朋自远方来，不亦乐乎？人不知而不愠，不亦君子乎？”学习知识、迎来送往常常令人厌烦，孔子却能从中收获到快乐。即使不被理解、受到委屈，孔子也能够坦然面对。对于贫穷，孔子也安之若素，乐在其中。孔子甚至认为，心理上是否平衡，是区分“君子”和“小人”的重要标志，所谓“君子坦荡荡，小人长戚戚”。孔子强调通过修心养性，来达到人格完美、内心和谐的理想境界。在这个过程中，自省和自律必不可少。孔子主张，见到有德行的人就要想着如何赶上，见到没有德行的人就要反省自身。要严于律己、宽以待人。

仰之弥高·大儒曾国藩

仰之弥高　愈仰望愈觉得其崇高。表示极其敬仰之意。《论语·子罕》:“颜渊喟然叹曰:‘仰之弥高,钻之弥坚。’”

内圣外王是儒家的理想境界,真正能做到的寥若晨星,曾国藩是其中之一。与历史上其他政治家不同,曾国藩在建立事功的过程中,重视完善自己的人格修养,又以人格修养的完善来促进事功的建立。二者相互促进、相得益彰。即使在现代,也有人对他仰之弥高。毛泽东曾在致黎锦熙的信中写道:“愚于近人,独服曾文正,观其收拾洪杨一役,完满无缺。”蒋介石奉他为楷模,把“曾胡治兵语录”列为黄埔军校的必修课目,并一再叮嘱蒋经国要终生研究《曾国藩家书》。

改过自新·曾国藩的日记

改过自新　改正错误,重新做人。《史记·吴王濞列传》:“(吴王)诈称病不朝,于古法当诛,文帝弗忍,因赐几杖。德至厚,当改过自新。”

如果用一句话来概括“内圣”,就是按照圣人的标准进行人格修炼。曾国藩提出“不为圣贤,便为禽兽”的口号,时时以圣人为榜样,终生矢志不渝。曾国藩弱冠之年改号“涤生”,意指改过自新。除了与师友互相监督之外,他主要靠写日记反省自己,无情解剖自己的不当行为。请看日记数则:贪睡,不能黎明即起,“一无所为,可耻”;吟诗作赋,投入经史的精力少,病在好名,“可耻”;谈论性,“闻色而心艳羡”,是“真禽兽”。他在日记中写道,昨晚做了个梦,梦到别人得了好处,心里很羡慕。下午去一个朋友家,知道此人得了一笔外快,心里又很羡慕。上午才做自我批评,下午又犯同样的毛病,真可谓下流。

无为而治·顺应自然

无为而治　顺应自然,不求有所作为而使天下得到治理。《论语·卫灵公》:“无为而治者,其舜也与。夫何为哉,恭己正南面而已矣。”

道家倡导无为而治。所谓无为,并非无所作为,而是顺应自然,不乱作为。老子说,统治者无为,百姓自然会顺从;统治者不滋事,百姓自然会走上正道;统治者不扰民,百姓自然会逐步富裕;统治者无欲无求,百姓自然会变得淳朴。换言之,让百姓自为、自治,就能达到自足,这与“小政府、大社会”的管理模式颇为类似。这里强调的是,一旦百姓能主宰自己的命运,按照自己的意愿工作和生活,统治者就能达到天下大治的目标,使双方的控制欲都能得到满足。

清心寡欲·节制欲望

清心寡欲　减少欲望,使内心保持清静。宋·朱熹《皇极辨》:“愿陛下远便佞,疏近习,清心寡欲,以临事变,此兴事造业之根本。”

在老子看来,社会动乱的原因是多欲。所谓欲望,无非是名和利。老子说,最大的灾祸,来自不知满足。最大的过错,在于贪得无厌。清心寡欲、适可而止,才能心满意足、常年快乐。由于欲望过盛，人们竞相追名逐利，去偷、去抢，多行不义之事，搅得天下大乱，也给自己带来伤害。相反，节制欲求者无人仇视、无物忌恨，总能绝处逢生、获得长寿。老子认为，多欲多求、贪图享受非常愚蠢。沉溺于美味佳肴，人就会丧失味觉；纵情于骑马打猎，人就会浮躁放荡；追求金银珠宝，人就会抢劫和偷盗。统治者率先垂范，奉行无为原则，国家就很容易治理。

返璞归真·回归自然

返璞归真　璞：未雕琢过的玉石，或包藏着玉的石头。去掉外表的装饰，返回到质朴、纯真的状态。《战国策·齐策四》："归真反璞，则终身不辱。"

老子认为，天下无道，是社会发展的必然结果。贫穷、偷盗、欺诈、贪婪、战争等一切罪恶，皆根源于人类文明，由多欲、多智、礼乐和仁义道德等造成，"圣人不死，大盗不止"。要消灭这些恶果，就得回到自然简朴、愚昧无知的远古社会。老子所言虽过于偏激，对人类文明持悲观态度，但是，道家关于返璞归真、回归自然，与自然保持和谐统一的主张，却是至理名言，在当今尤其具有借鉴意义。只有这样，才可维护生态平衡，保护好人类生存的环境与条件。经济发展和技术进步，必须首先考虑人与自然的和谐关系，考虑人类的可持续发展，而不是急功近利，只顾及一己之利、一时之利。这应该成为一项基本原则。

超凡脱俗·道家的精神追求

超凡脱俗　形容与众不同，超出一般人。莫应丰《驼背的竹乡》："那是我第一回认真敬睹他的尊容。他可实在是有超凡脱俗的气派。"

在精神生活上，道家追求超凡脱俗，享受宁静与自由的生活。老子为周守藏室史，一日留下五千言奇文，骑着青牛，出函谷关而不返，逃离了污浊的人世。庄子生活于战国中期，社会混乱、清浊难分。他不愿同流合污，不愿受是非干扰，为外物所伤。他所向往的是，自由自在、遨游于天地之间，保持心态平衡和精神独立。如大鹏，背若太山，翼若垂天之云，扶摇直上九万里。庄子不屑为官。他弃绝名利、遁世绝俗的言行，成为道家归隐山林、陶性养生的思想源头。

触景生情·山水诗

触景生情　受到眼前景物的触动，而产生某种情感。清·赵翼《瓯北诗话·白香山诗》："坦易者多触景生情，因事起意。眼前景，口头语，自能沁人心脾，耐人咀嚼。"

中国古代，"山水之乐"被认为是读书人应有的爱好。山水景物代表自然与天工，与人为斧凿的庙堂都市恰成鲜明对照。庄子说，"山林与！皋壤与！使我欣欣然而乐与"。魏晋南北朝时，老庄之道成为士大夫阶层的流行信仰，他们流连山水、触景生情，遂派生出中国独特的山水诗。山水诗渊源于先秦两汉，产生于魏晋时期，到了盛唐，才臻于完美、纯熟，佳作如云，美不胜收。读孟浩然的诗，我们叩开自然之门，有如饮一杯香槟，若有所悟、亦惊亦喜。读王维的诗，我们感受到自然的呼吸，有如饮一杯山泉，神清气爽、澹泊宁静。读李白的诗，我们与自然融为一体，有如饮一杯美酒，不知置身何处，今夕何年。

闲云野鹤·花落知多少

闲云野鹤　闲：闲散，飘浮。飘浮的云，野生的鹤。比喻脱离尘世，生活闲散的人。清·曹雪芹《红楼梦》第一百一十二回："独有妙玉如闲云野鹤，无拘无束。"

孟浩然是唐代第一个以山水诗创作为主的诗人。其代表作《宿建德江》是长安落第时所作："移舟泊烟渚，日暮客愁新。野旷天低树，江清月近人。"全篇笼罩着淡淡的寂寞与哀愁。时值黄昏，烟雾迷蒙、万籁俱寂，思乡之苦、怀才不遇之情，让人不由得愁绪万端。然而，"野旷天低树，江清月近人"。壮丽的自然风光很快使诗人摆脱了忧伤。天空那么开阔，明月那样亲切，诗人从中获得心灵上的慰藉，心情变得平和起来。《春晓》更是一首家喻户晓的诗。"春眠不觉晓，处处闻啼鸟。夜来风雨声，花落知多少。"孟浩然在诗中写出归隐之闲、归隐之趣、归隐之乐。在明媚的春光中，诗人优哉游哉，一如闲云野鹤。

超然自得·空山不见人

超然自得　超然：超脱的样子。超脱世事，自觉快乐和满足。宋·张君房《云笈七签》第十三卷："劝子将心舍烦事，超然自得烟霞志。"

王维的山水诗，真实地描绘了自然之美，体现了道家返璞归真思想的精髓。且看《鹿柴》《鸟鸣涧》和《辛夷坞》这三首诗。《鹿柴》曰："空山不见人，但闻人语响。返景入深林，复照青苔上。"《鸟鸣涧》曰："人闲桂花落，夜静春山空。月出惊山鸟，时鸣春涧中。"《辛夷坞》曰："木末芙蓉花，山中发红萼。涧户寂无人，纷纷开且落。""不见人""春山空""寂无人"，在常人看来，是孤独与寂寞的象征。但在王维看来，却是彻底的原生态，完全摆脱了人为干扰，展现出隐含生机的自然美。青苔上的一缕夕阳，春涧中鸣叫的山鸟，深山里自生自灭的芙蓉花，无不让人超然自得，充分感受到平和与宁静。

千古绝唱·孤帆一片日边来

千古绝唱　自古以来少有的绝妙佳作。清·李汝珍《镜花缘》第四十一回："上陈天道，下悉人情，中稽物理，旁引广譬，兴寄超远，此等奇巧，真为千古绝唱。"

李白独立不羁，放浪形骸，一生游历了无数名山大川。他的山水诗充满了对大自然的热爱和对世俗生活的厌弃，气势磅礴、意境高远、余味无穷，堪称千古绝唱。如《独坐敬亭山》："众鸟高飞尽，孤云独去闲。相看两不厌，只有敬亭山。"此诗为李白政坛失意后所作，生动描述了诗人内心深处的孤独与寂寞。众鸟飞尽、孤云独闲，只留下诗人和敬亭山相对，大有被万物遗弃、受众人厌恶之情。然而，世态炎凉并没有击垮诗人。他融入自然，物我两忘，从无边风月中体会到生之乐趣、生之希望。又如《望天门山》："天门中断楚江开，碧水东流至此回。两岸青山相对出，孤帆一片日边来。"此诗天真纯朴，与天地融为一体，写尽了山川的雄奇壮美，展示了作者豪放不羁的精神和囊括天地的胸怀。

宠辱不惊·心理调适

宠辱不惊　无论受宠还是受辱都不动心。指把得失置之度外。晋·潘岳《在怀县》："宠辱易不惊，恋本难为思。"

道家的理念，在心理调适中发挥了巨大作用。道家认为，天下无道、社会无序时，无为、洁身自好是最明智的选择。隐居，游山玩水，自然会忘记一切烦恼。古代的士大夫，得意时登上朝堂，治理天下；失意时吟诗作画，与樵夫、老农为伍。祸兮福之所倚，福兮祸之所伏。有了道家的辩证思维，你可以宠辱不惊，从容面对潮起潮落。好运降临时，不必欣喜若狂。噩运来到时，不必过于忧伤。顺利时不妨悲观一点，失利时不妨乐观一点。太阳落下山，明天还要升起。

东山再起·宗教的复兴

东山再起　比喻失势之后又重新得势。《晋书·谢安传》载：谢安曾经隐居在会稽东山，后来又出山做宰相。

英国哲学家约翰·格雷探讨了宗教的影响与作用。与预想的相反，在现代社会，宗教不仅在私人领域影响着人们的精神生活，而且东山再起，再度成为国际事务中的决定性因素。在频频出现的国际热点问题中，宗教因素举足轻重，根深蒂固，影响深远。对世俗化进程的信念，早已成为西方人的共识。从孔多塞、卡尔·马克思的时代至今，思想家一直对宗教持有负面看法。他们认为，随着知识、财富和民主的广泛传播，宗教势力将逐步被削弱，科学将重新塑造我们的世界观。我们不再期待来世，寻求死后的安慰。总有一天，人类不再需要宗教。然而，这种观点受到挑战，宗教在社会生活中的重要性没有呈现出任何减弱的迹象。

逢凶化吉·控制幻觉

逢凶化吉　凶：不幸。遭遇不幸的时候便转化为吉祥。明·施耐庵《水浒传》第四十二回："豪杰交游满天下，逢凶化吉天生成。"

美国宗教学家安德鲁·纽伯格指出："人类对于死亡的焦虑是永恒的，信仰可以有效地降低这种焦虑，所以宗教不会轻易消亡。"法国奥利维耶·戴里夏教授说，个体遇到一个超出其控制力的消极事件时，心理上便会采用"控制幻觉"策略，相信自己对环境具有某种控制力。这就打破了无助感，极大地缓解了焦虑。控制幻觉策略具有适应性，可以避免个体因焦虑而在生理上和心理上受到严重伤害。宗教信仰恰好顺应了这种要求。人们相信，有上帝保佑，可以免遭伤害、逢凶化吉。即使不幸难以避免，关于来世的许诺，关于天堂的描述，也能冲淡心中的痛苦，使人们在默默忍受的过程中，充满了生之希望和对未来的期待。

形单影只·孤独感

形单影只　只：单独。形容孤独，没有伴侣。唐·韩愈《祭十二郎文》："承先人后者，在孙惟汝,在子惟吾,两世一身,形单影只。"

美国心理学家的研究表明,孤独感更容易使人相信超自然事物,如上帝、天使或奇迹,因为这时无助感特别强。现代社会是陌生人社会,虽身居闹市,仍形单影只。人是高度进化的社会生物,孤独感是痛苦的精神体验,足以对人产生致命打击。一项调查涵盖了 16 个国家的 16 万人次。结果发现,被试的幸福感和生活满意度,与宗教归属感和上教堂的次数存在密切联系。迈尔斯和蒂纳认为:"宗教归属感带来了更多的社会支持和希望。"据统计,2001 年世界 61 亿人口中,51 亿属于某种有组织的宗教。善男信女们参加宗教活动的理由多种多样,社交层面的原因不容小视。由宗教带来的归属感,是增进幸福感的重要途径。

终南捷径·动荡不安的世界

终南捷径　比喻求名利最近便的路。也比喻达到目的的便捷途径。《新唐书·卢藏用传》记载:卢藏用想入朝做官,隐居在京城长安附近的终南山,借此得到很大的名声,终于达到了做官的目的。

当今世界,发达国家经济和科技高度发达,人民生活水平不断提高,但是两极分化、竞争激烈,社会矛盾日趋激化。大国在世界各地的角逐,导致恐怖主义、局部战争和冲突此起彼伏。未来的不确定性,使安全需要空前强烈。无奈中,人们走进教堂,祈求上帝保佑,以缓解紧张情绪。在发展中国家,政治问题和社会问题错综复杂。大国的欺负和干涉,让人民深感控制缺失的痛苦。很多国家经济飞速发展,底层百姓却受益甚少。贫富差距显著、生态环境恶化,巨大的生存压力和社会矛盾,使心理失衡成为一种普遍现象。在这种情境下,信仰宗教就成了消除恐怖,获取信心,寻求解脱的终南捷径。

百思不得其解·科学家的困惑

百思不得其解　百般思索也不能理解。清·纪昀《阅微草堂笔记》第十三卷:"此真百思不得其故矣。"

宗教和科学似乎是一对天生的冤家。科学家对宗教的抨击不遗余力,宗教对他们也赶尽杀绝。如今情况发生了变化。很多科学家加入信教者行列,罗马教皇也伸出橄榄枝,为伽利略等人平反。科学家越深入某领域,就越能体验到大自然的鬼斧神工和人类认识水平的局限性。精美的人体构造、环环相扣的生物链、神秘莫测的茫茫宇宙,都让人由衷惊叹:太不可思议了!人类诞生以来提出的很多问题,如人从哪儿来,又向哪儿去,我们仍然百思不得其解。

冥冥之中·超自然的力量

冥冥之中　冥冥:指世人看不到的地方。多指无法预测、无法控制等不可理解的状况。王蒙《布礼》:"好像在睡梦中被魇住以后听到了醒着的人的呼唤,只要一活动,一睁眼,所有的恐怖和混乱就会丢到冥冥之中去了……"

与其他生物相比较，人类的生命并不表现得更健壮、更顽强。但是，人类所拥有的强大的思维能力和丰富复杂的情感，却是其他生物所无法企及的。这就使得人类终其一生，都在为生命的脆弱而痛苦。从理智上，人类认识到生老病死不可抗拒，必须坦然面对和接受。但是从感情上，问题就没有那样简单了。人类只能接受生，不能接受死；只能接受健康，不能接受疾病；只能接受年轻，不能接受衰老。亲友的突然离去、疾病和死亡的不可预知性，使人们充满了恐惧，觉得冥冥之中有一种超自然的力量，主宰着自己的命运。人们也希望依靠这种力量，改变自己的命运。于是，便有了敬畏，有了迷信，有了信仰。

年老力衰・晚年的林语堂

年老力衰　年事已高，身体衰弱。清・石玉昆《三侠五义》第二十九回："因他年老力衰，将买卖收了，临别时就将此楼托付我了。"

通常情况下，迷信心理会伴随着年龄的增长而增强。幽默大师林语堂年轻时毅然决然地背叛了基督教，晚年却重新走进教堂。一个人年轻时，身体健壮，怀抱理想和激情，生命中洒满了阳光。年老力衰时，则疾病缠身、理想破灭，死亡的阴影日渐临近，心理上难免会有变化。加之，随着医疗技术的提高和生活条件的改善，对人生的留恋、对死亡的恐惧和对永生的渴望，必然会成为挥之不去的心结。

04 第4章　潜意识

不知不觉·潜意识

不知不觉　没有意识到，无意之中。清·吴敬梓《儒林外史》第二回："那时弟吓了一跳，通身冷汗，醒转来，拿笔在手，不知不觉写了出来。"

早期的心理学仅仅研究意识。弗洛伊德对潜意识高度重视，认为它能直接或间接地影响人类行为。所谓"意识"，是指一个人清醒时的心理状态。我们不但能感知自身所处环境，而且能了解自己的记忆、想象、计划等心理活动。看电影时，你的意识状态就是电影的情节。意识总是集中在当前活动上，伴随着我们的行为和思维发生变化。所谓"潜意识"，亦称"无意识"，泛指一种在意识之外发生、不知不觉进行的心理过程，是人类反映外部世界的一种特殊形式。潜意识是意识接触不到的，是心理的基础和人类活动的内在动力。处于心理浅层次的意识，在精神活动中只占很小比例。处于心理深层次的潜意识，才是人类精神活动的主体。

难言之隐·弗洛伊德论潜意识

难言之隐　难以说出口的隐情或苦衷。清·吴趼人《二十年目睹之怪现状》第七十七回："总觉得无论何等人家，他那家庭之中，总有许多难言之隐的。"

弗洛伊德说："心灵最本质的部分不是意识，而是潜意识，潜意识是比意识更为根本的东西。"在他看来，潜意识是那些受压抑的难言之隐。潜意识的内容之一是，我们不愿面对、有意遗忘的痛苦回忆，尤其是童年时代的心理创伤。一个小女孩目睹两个哥哥由口角发展到斗殴，一个失手打死了另一个。成年后，这段记忆虽已淡忘，却成为她与异性交往时的障碍。她认为男人都冷酷无情。潜意识的内容之二是，我们的本能、欲望和原始冲动，如性冲动、攻击倾向等。它们往往为社会伦理、习俗和法律所不容，迫使我们将之排斥在意识之外。在环境变化或放松自我控制时，那些被压抑的记忆会冲破束缚，寻求自身的满足。

饮食男女·人的本能

饮食男女　饮食：食欲。男女：情欲。泛指人的本能。《礼记·礼运》："饮食男女，人之大欲存焉。"

"饮食男女，人之大欲存焉"，世上人概莫能外。弗洛伊德将本能置于重要地位。他认为，本能是人类精神活动能量的源泉，是个体行为的内在动力。本能来源于身体内部的刺激，其目的是通过某些活动来消除或减少刺激。欲望、感情、意向等本能冲动的要素，构成了潜意识的基本内容。在弗洛伊德看来，人类最基本的本能可以区分为求生本能和死亡本能两种。求生本能包括饮食本能和性本能，关系到个人和种族的生存。求生本能具有创造力，可以派生出对亲情、友谊的需要和对家庭、集体和国家的爱。死亡本能带有敌意，具有破坏力。死亡本能可以是内向的，如自杀或受虐。死亡本能也可以是外向的，如攻击和憎恨。

世代相续·集体潜意识

世代相续　世世代代延续下来。唐·刘知几《史通·世家》："世家之为义也，岂不以开国承家，世代相续？"

荣格认为，精神活动有三个层次：意识、个人潜意识和集体潜意识。个体不知道集体潜意识的存在，它们完全来自遗传，世代相续。集体潜意识包含人类往昔的所有生活经历和生命进化的漫长历程，包含世代祖先的生活烙印，如父亲、母亲、孩子、男人、妻子的个体经验，以及在本能影响下所产生的一切精神痕迹，其表现形式是集体潜意识原型。荣格在世界各民族的宗教、神话、传说中，找到了大量原型，包括儿童原型、英雄原型、骗子原型、上帝原型、魔鬼原型、智者原型、母亲原型等。每一种原型对所有民族都是一样的。

焦虑不安·焦虑的产生

焦虑不安　焦急忧虑，内心不安宁。王火《战争和人（一）》第一卷："他焦虑不安地想让脑袋冷静一下，一边想，一边不禁说：'等我看看案情，我会秉公办理的。'"

焦虑是指对即将来临的、可能出现的危险或威胁所产生的紧张、不安、忧虑等不愉快的复杂情绪状态。适度的焦虑有益，可促进个体调整思维、行为和生理过程，防止受到进一步伤害。如果焦虑带来了很大的负面影响，导致心理失衡、效率下降，就应该反省一下：期望值是否过高？情绪是否需要调整？焦虑与恐惧都是危险来临时产生的，但它们也有很大区别。恐惧时，你很清楚威胁是什么，易于采取对策。焦虑不依赖特定的对象，是由未来的不确定性所产生的无助感。例如，工作压力过大或受到挫折时，你不知道采取何种措施，也不知道向谁求助。焦虑的核心是可能的威胁"不可控制"。在陌生的情境中很容易产生焦虑情绪。孩子第一次上学、青年第一次约会、歌手第一次上台，都可能焦虑不安。

兵来将挡，水来土掩·焦虑的防御机制

兵来将挡，水来土掩　掩：遮蔽、盖住。比喻根据具体情况制定防御对策。元·郑廷玉《楚昭公》第一折："岂不闻古云：'军来将敌，水来土堰。'"

不管是哪一种焦虑，总是使人处于紧张状态之中，感到不舒服和不愉快。兵来将挡，水来土掩，个体发展起抵御焦虑的保护性措施，尽力减轻这种紧张状态，以图恢复心理平衡。弗洛伊德认为，心理防御是一种无意识的过程，在需要时，每个人都会运用防御机制。同时，防御机制往往是人类意识中的盲点。例如，一个极端小气的人，可能意识不到

被人视作吝啬鬼。他自以为拥有节俭的美德，并为此而自得其乐。防御机制有两种：消极的防御机制和积极的防御机制。

掩耳盗铃·缓解紧张情绪

掩耳盗铃　捂住耳朵偷铃铛。比喻自欺欺人。《吕氏春秋·自知》："范氏之亡也，百姓有得钟者，欲负而走，则钟大不可负。以椎毁之，钟况然有音，恐人闻之而夺己也，遽掩其耳。"

小孩打碎了花瓶，用双手将眼睛蒙起来；某人说谎了，竭力回避对方探询的目光；犯了错误，告诉自己：这不是我的错，我是被逼无奈。更有甚者，明知错了，偏找出各种理由为自己辩解。这些都属于消极的防御机制，是"掩耳盗铃"的各种现代版本。消极的防御机制也有某种合理性，它能暂时缓解紧张情绪，让当事者减轻焦虑，迅速平静下来，恢复心理平衡。其中的某些策略，实际上起着积极作用。例如移置策略，痛恨父亲的专制，可能使男人成长为反暴政的勇士。再如自居作用，对英雄人物的模仿，会使人产生巨大的向上的力量。但是，自我欺骗、逃避现实，甚至掩盖矛盾，可能使问题变得更复杂、更难处理。因此，掩耳盗铃只能是权宜之计，待情绪稳定下来后，尚需做从长计议。

矢口否认·否认策略

矢口否认　矢：发誓。一口咬定，坚决不承认。姚雪垠《李自成》第一卷第十六章："他为着面子上光彩，矢口否认他的妹妹是'如夫人'。"

安娜·弗洛伊德对弗洛伊德提出的自我防御机制进行系统研究，并做出详细诠释。其中，消极的防御策略包括否认、压抑、合理化、反向表达、倒退、投射、移置和自居作用。否认策略是防御机制最基本的表现方式之一，指为了保护自己，对不愉快的事实矢口否认。面对有关死亡、疾病等痛苦的、具威胁性的信息时，人们常采用否认策略，以回避那些无法解决的困难，从而减轻内心焦虑。例如，有人告诉你某亲友突然死亡时，你会说："这不是真的，我不信！"

不可告人·压抑策略

不可告人　不能告诉别人。形容事情涉及隐秘，有时含贬义。清·王无生《论小说与改良社会之关系》："著诸书者，其人皆深极哀苦，有不可告人之隐，乃以委曲譬喻出之。"

所谓"压抑策略"，指个体从意识中排除引起焦虑的刺激源，使之进入潜意识之中，来缓解心理上的紧张和压力。压抑是最基本的防御机制。弗洛伊德指出，童年的痛苦经验或创伤，被人们压抑到潜意识之中。许多成年人的变态心理和心理冲突，都可以追溯到童年时代。压抑痛苦的记忆或危险的冲动，是一种自我保护措施。人们常常把经历的失败、对亲人的不满等不可告人的隐秘埋藏在心底，以摆脱沮丧和烦恼。个体最有可能压抑的，是那些有损自我形象的信息。

似是而非・合理化策略

似是而非　好像对，其实不对。汉・王充《论衡・死伪篇》："世多似是而非，虚伪类真。"

所谓"合理化策略"，指个体寻找"合理的"但不真实的理由，来为自己辩护，以减少焦虑，保持自尊。这是比较复杂的否认版本。例如，学生考试成绩不理想，可能寻找很多似是而非的借口，如身体不舒服、没有认真复习等。有人约会迟到了，可能归因于交通堵塞、闹钟失灵，或昨晚加班太迟了。更值得警惕的是，某些人失败了，不从自己身上寻找原因，而是说：这是天意，我已经尽力了。结果，他保住了面子，却失去了很多重要的东西：纠错的机会、前进的动力。

口是心非・反向表达

口是心非　嘴里说一套，心里想的是另一套。形容心口不一。晋・葛洪《抱朴子・微旨》："口是心非，背向异辞。"

所谓"反向表达"，是指口是心非，以相反的方式来表达自己的某种危险冲动。因为如果让这种冲动表现出来，或者为社会所不容，或者会给自己带来麻烦。例如，小孩害怕什么人，就会讨好什么人，表现得格外顺从。某些成人也是这样。某人在潜意识中憎恨自己的上级，不敢有所显露。他所表现出来的是，特别爱拍领导马屁，千方百计巴结领导。又如，某人非常讨厌一位朋友，希望对方立即从眼前消失。我们看到的，却是他对朋友的热情款待和一再挽留。再如，某人爱上了朋友的妻子，很想亲近她，与她聊天。见了面，他的表情却非常冷漠。

重温旧梦・倒退

重温旧梦　比喻重新经历或回忆以往的美好事情。清・何刚德《春明梦录》上卷："洎丙午重复到京，世事已大异昔时矣。回首春明，重温旧梦，不禁百端交集已。"

所谓"倒退"，指行为倒退到早期发展阶段，表现出与年龄不符的、孩子般的幼稚行为。一个家庭新添婴儿时，较大的孩子就会表现出这种行为倾向，如尿床或像婴儿一样讲话。他们想回到婴幼儿时期，受父母宠爱，享受安全感。这种行为倾向可能一直延续到成年阶段。妻子吵嘴后赌气回娘家，游子魂牵梦绕般的乡情，都出于同一个原因，希望重温旧梦，返回到自己熟悉的安全环境。如今，由于父母溺爱，不少独生子女缺少独立性，如何生活、如何学习、如何交友，都由父母拿主意。成年以后，父母仍然把子女看成孩子，在报专业、谈恋爱、找工作等各方面，都试图一手包办。难怪那么多青年"啃老"，而且"啃"得心安理得！

委罪于人・投射

委罪于人　委：推诿。把罪责推卸给别人。《晋书・王裒传》："帝怒曰：'司马欲委罪于孤耶？'遂引出斩之。"

所谓“投射”,是指委罪于人,把自己的邪念、缺点或罪恶的冲动归结到别人身上,以减轻由自身的失败或缺点所引起的痛苦和焦虑。这是一种常见的防御机制。例如,诈骗犯可能心安理得,觉得所有人都在欺骗自己,没有必要自责。又如,有人否认自己具有种族歧视倾向,是其他种族的仇视,使自己萌生了反感情绪。三K党人就认为,黑人是敌视白人的,对他们施暴是理所当然的。再如,“一战”后,德国经济崩溃、民众失业,希特勒把这一切归因于犹太人,展开了大屠杀。

取而代之・移置

取而代之　泛指拿一个代替另一个。《史记・项羽本纪》:“秦始皇游会稽,渡浙江。梁与籍俱观,籍曰:‘彼可取而代也。’”

所谓“移置”,指某种冲动受到遏制,个体无法直接表现出来,便寻找可接受的对象,以取而代之。有恋父情结的女子,可能选择年龄很大的男人做丈夫,或者以自己的父亲为样板,对男朋友吹毛求疵;从小受到压制和家族暴力,对父亲的专制深恶痛绝的男人,可能成为勇敢的反叛者,与一切暴政做不懈斗争;对上司责骂敢怒而不敢言的人,可能在回家后,把一腔怒火发泄到家人身上;处于社会底层,饱受欺凌与压迫的人,可能会仇视社会,伤害弱小的无辜者。

拉大旗作虎皮・自居作用

拉大旗作虎皮　比喻借助权威人物,来抬高自己或吓唬别人。鲁迅《且介亭杂文末编・答徐懋庸并关于抗日统一战线问题》:“首先应该扫荡的,倒是拉大旗作虎皮,包着自己,去吓唬别人。”

所谓“自居作用”,指个体把他所钦佩、崇拜的人的特点,当作是自己的特点,想象自己也具有同等的力量,用来掩饰自己的缺点或不足之处。原指儿童在爱恋异性父母时,想象自己处于同性父母的地位,获得一种替代性满足。长大后,自居作用的对象扩大到亲属、同伴、理想人物。自居作用有两种,一种是模仿。为了使自己显得成熟一些,孩子有意模仿高年级同学的举止、谈吐和服装。另一种是拉大旗作虎皮,利用别人的优点、荣誉来抬高自己。有人喜欢与名人交往,到处宣扬与名人的亲密关系,在名人光环的笼罩下,获得心理上的满足。

勤能补拙・补偿

勤能补拙　拙:愚笨。勤奋能弥补先天的不足。宋・黄庭坚《跛奚移文》:“持勤补拙,与巧者俦。”

抵御焦虑的保护性措施,不但有消极的防御机制,也有积极的防御机制。补偿和升华就是积极的防御机制,它们不但彻底解决了焦虑问题,而且把个人的缺陷或受阻的欲望转变成强大的动力,转变成有益于社会的行为。其中,补偿指一个人如果具有或自认为具有某些缺陷或劣势,通过异乎常人的努力,或在其他领域做出优异成绩,来弥补这些缺点或劣势。勤能补拙，口吃者可以成为演说家，体弱者可以成为运动员。韩非是韩国贵族，口吃，不善言谈。在以游说取仕的时代，这是一个致命弱点。韩非扬长避短，用著书替代言谈，成为法家学说的集大成者。为了得到韩非指点，秦始皇不惜派兵攻打韩国。阿炳双目失明，但乐感特别灵敏。他在二胡作曲和演奏上倾注了全部精力，终成一代音乐大师。

脱胎换骨・升华

脱胎换骨　原指得道者脱凡胎而成圣胎，换凡骨而成仙骨。现比喻发生彻底改变。宋・葛长庚《沁园春・赠胡葆元》："常温养，使脱胎换骨，身在云端。"

另一个积极的防御机制是升华，指将无法实现的本能欲望或危险冲动，转变成某种对社会有益的活动。这是防御机制中社会效果最佳的一种。对个人来说，他们脱胎换骨，发生根本的转变。对社会来说，他们将负能量转化为正能量，为社会做出巨大贡献。弗洛伊德认为，艺术、音乐、舞蹈、诗歌、科学及其他创造性活动，都是将性能量转变成社会可接受方式的途径。他认为，几乎所有的强烈欲望都可能被升华。例如，攻击性强的人可以做军人或拳击运动员，物欲强的人可以做商人，爱撒谎的人可以写小说或从政。弗洛伊德引用海涅的诗来解释升华："创造的冲动，根源于病痛；借由创造，我康复；借由创造，我强健。"

一吐为快・失恋的歌德

一吐为快　指尽情说出要说的话而感到畅快。谌容《真真假假》："仿佛全是他积郁在胸中多时的由衷之言，今日终于得以一吐为快。"

歌德一生在爱情上屡受挫折。他说，每当因爱情受挫而痛苦时，他总设法将它"转化为一幅画、一首诗，借此来总结自己，纠正我对于外界事物的观念，并使内心得到平静"。歌德对牧师女儿弗里德莉克的忏悔之情，在《葛兹・冯・伯里欣根》中得到彻底释放。德国文学史上第一部历史剧，就这样悄然诞生了。与夏绿蒂无望的爱情，曾经使歌德厌倦人生。他想自杀，只是没有勇气。在《少年维特之烦恼》一书中，歌德一吐为快，融入了自己的经历、欢乐与绝望。此书一经问世，感动了成千上万的妙龄男女。他们如醉如痴，甚至仿照主人公举枪自尽。

因祸得福・伟大的达・芬奇

因祸得福　因遭灾祸，反而获得好处。指坏事变成了好事。明・冯梦龙《醒世恒言》第九卷："此乃是个义士节妇一片心肠，感动天地，所以毒而不毒，死而不死，因祸得福，破泣为笑。"

达・芬奇不仅是伟大的画家，而且是伟大的音乐家和科学家。弗洛伊德研究了达・芬奇的笔记，认为他的伟大成就与童年经历密切相关。达・芬奇是私生子，5 岁前与母亲生活在一起，5 岁后离开了母亲。由于"恋母情结"受挫，达・芬奇在童年时代就把情感依托转向了同性。同时,由母爱催生的性欲望和性冲动无法释放,被达·芬奇转化成强烈的求知欲和创造欲,最终因祸得福,带来事业上的巨大成功。弗洛伊德分析了达·芬奇的大量画作。当时,同性恋受人鄙视,达·芬奇许多未完成的画作,就是性欲受挫的象征。弗洛伊德由此得出结论:在艺术、科学、政治等领域做出杰出成就的人,其动力都源于被压抑的性欲的升华。

物竞天择·心理机制

物竞天择　指生物相互竞争,能适应自然者被选择存留下来,不适者被淘汰的客观规律。梁启超《新中国未来记》第三回:"因为物竞天择的公理,必要顺应着那时势的,才能够生存。"

进化心理学运用心理机制概念,探寻潜意识的真正来源。进化心理学认为,在漫长的进化过程中,遵循物竞天择原理,人类祖先形成了各种心理机制,对特定情境做出习惯性的反应。进化史上面临着无数适应问题,如食物选择、配偶选择、逃避危险、防御敌人、形成联盟等。这些心理机制由演化形成的神经环路所构成,是用来解决特定问题的适应器。它具有学习和推理的本能,能够自然而然、毫不费力地做出判断和决策。由心理机制产生的行为其实是潜意识的,人们只知道怎么做,不知道为什么要这样做。在解决特定问题的同时,适应器可能产生某些副产品。例如,人类迷恋酒不是对环境的适应,而是喜欢成熟果实这一适应性行为的副产品。当今的酗酒者,因过度沉溺于食果机制而导致适应不良。

历历可辨·视觉的形成

历历可辨　可以清晰地辨别清楚。唐·张读《宣室志·韩生》:"圉人因寻马踪,以天雨新霁,历历可辨。"

人类意识到的东西,是许多心理机制作用的结果。视觉看上去非常简单,只需睁开眼睛,光线就进入视网膜,使眼前事物历历可辨。这一过程可靠、快速、无意识,毫不费力,不需要任何指导和学习。其实,视觉非常复杂。看到行走的熟人,无数神经环路开始工作,一个环路专门解决一个问题:把人体分成不同的部分;分析它们的形状;觉察运动的特点与方向;判断距离;分析颜色;辨认目标;辨认面部等。各个环路把接受的信息传递到较高层次的环路,进行分析和处理,做出解释和得出结论,然后在更高层次的环路进行综合,最终传递到意识层面。于是,我们意识到某个熟人在行走。"看见"是自动的、精确的,但它是建立在大量无法看到的心理机制的协调作用上,由潜意识默默无闻地完成。

拒之门外·抵抗毒素的心理机制

拒之门外　拒:拒绝。把人挡在门外,不让其进入。形容拒绝协商或共事。路遥《平凡的世界》第三卷第十三章:"看来贾老师念过去的一面交情,还不准备把他拒之门外。"

人类的很多偏好和生理反应都是进化的结果。

我们对食物的好恶并非无缘无故，而是为了趋利避害。为什么有的食物特别难闻，而且味道很苦？因为里面含有有毒成分。为什么有的食物导致呕吐和反胃？为了防止我们摄入有害食物。为什么我们喜爱洋葱、大蒜等香料？根据抗菌假设，香料不但能杀死微生物或抑制其生长，而且能阻止毒素的生成，避免人类因摄取某些食物患病或死亡。资料表明，日本因细菌而导致食物中毒的频率较高，韩国则低得多。原因在于，比较起来，韩国人使用香料较多，日本人使用香料较少。

意中人·择偶偏好

意中人　意想中之人，引申为欣赏、想念中的异性。晋·陶渊明《示周续之祖企谢景夷三郎》："药石有时闲，念我意中人。"

男女两性的择偶偏好是什么？他们的意中人符合什么标准？

自然选择使男性偏爱与生殖能力有关的特性，以保证后代具备更加优秀的品质，更加健康的体质。因此，年轻、漂亮的窈窕淑女是男性择偶的标准。

杜恩教授表示："很多证据证明，女性更容易受到财富和社会地位的影响，这种现象由来已久。如果一名男性很富有，拥有很高的社会地位，他就有可能为后代提供更好的成长环境。这符合进化心理学的特征。"杜恩认为，这种远古时代形成的人类基本特征不会发生变化。时至今日，财富和社会地位仍旧是女性的择偶标准，尽管她们变得更加独立，更加富有，在经济上不再具有依赖性。

美中不足·适应器的缺陷

美中不足　大体上很好，尚有不足。清·曹雪芹《红楼梦》第五回："叹人间，美中不足今方信，纵然是举案齐眉，到底意难平。"

适应器是通过进化形成的解决某些特定问题的方法，有利于人类的生存和繁衍。择偶偏好作为一种适应器，有助于成功地选择配偶，繁殖健康的后代。汗腺也是一种适应器，能够调节体温，使人保持稳定状态。但是，现存适应器的设计也有美中不足之处。首先，适应器是用来专门解决某一种问题的，有可能在解决其他问题时产生障碍。例如，对蛇的恐惧，使人类轻易不敢去深山寻找食物。其次，适应器与人类祖先面临的生存环境有关，未必适应现代社会。为什么现代人怕蛇更甚于枪支？尽管每年死于枪支的人，远远多于死于蛇的人。在石器时代，蛇是威胁人类生命的重要来源，人脑形成了害怕、逃避蛇的心理机制。枪支出现时间太短，人脑还来不及形成相应的神经环路。从总体上看，人类适应器的运作卓有成效。只要一种设计带来的收益远高于代价，选择就会青睐这样的机制。

大块朵颐·肥胖溯源

大块朵颐　朵颐：鼓动腮帮，即大吃大嚼。痛痛快快地大吃一顿。《周易·颐》："观我朵颐，凶。"

任何一种适应器或心理机制，只要有利于人类的生存和繁衍，就会被自然选中，以增加人类的生存概率。因此，适应器的设计与人类祖先面临的生存环境有关。例如，人们喜欢快餐食品，是因为其中的盐、糖和脂肪，对人类祖先而言是极好的营养物。远古时代资源稀缺，人们食不果腹。一旦捕捉到猎物，人们会大块朵颐，有如骆驼一样，把多余的营养转化为脂肪储存起来，以备他日之需，降低生存风险。因此，一次性摄取大量食物在当时具有适应性。但是，现代社会食物丰富，贪得无厌的胃口损害了健康，带来心脏病、动脉阻塞和肥胖症。

满载而归·女性喜欢逛街

满载而归　载：装载。装满了东西回来，形容收获很大。宋·倪思《经锄堂杂志》："里有善干谒者，徒有而出，满载而归，里人无不羡之。"

众所周知，男性与女性的最大区别之一，是在购物中表现出来的。女性喜欢花费数小时在商场闲逛，大包小包地满载而归。英国某网站调查发现，女性平均每分钟都会想到购物。一半女性说，与陪伴情侣相比较，她们更愿意将时间花在购物上。调查结果还表明，50%的女性衣柜中的衣服穿不完，另有40%的女性承认自己买包或买鞋上瘾。对她们来说，购物充满愉快，是缓解压力的最佳方式。相反，男性很害怕逛街，不得不购物时，直接冲向自己的目标。

穴居野处·购物习惯的源头

穴居野处　住在洞穴，生活在荒野。形容原始人的生活。《周易·系辞下》："上古穴居而野处，后世圣人易之以宫室。"

为什么女性喜欢花费数小时在商场闲逛，男性在购物时却希望速战速决？

科学家认为，两性的购物习惯是进化的产物，与人类穴居野处时的狩猎采集活动有关。当时，女性负责照管孩子和收集食物。为了避免中毒，女性获得了挑选质量最好、最健康食物的能力。因此，在现代社会，女性也会不厌其烦地权衡物品的颜色、质地等，消耗几小时挑选合适的服装、礼物或其他物品。男性则扮演着猎人的角色。他们预先决定要捕杀什么猎物，接着有的放矢地寻找猎物，一旦找到猎物并且将其杀死，就会打道回府，这同现代社会男性的购物模式一模一样。

眼观六路·女人的视野

眼观六路　眼睛看到四面八方。形容机智灵活，遇事能多方观察，全面了解。老舍《赵子曰》："要是没有一种眼观六路，耳听八方，到处显出精明强干的能力，任凭你有天好的本事，满肚子的学问。"

澳大利亚研究者皮兹夫妇发现，男人和女人的视野也有所不同。作为远古时代的猎人，男人需要辨别远处的物体。他们的眼睛就像望远镜一样，不论远近，前方的物体，他们都能看得清楚，但左右两边的物体却在他们视线之外。作为果实采摘者，女人的视野比男人更加开阔。她们眼观六路，平均视角比男性要宽 90 度，左右各 45 度，不用转动头部就能看到更多的东西。得益于这一点，女人能在商店里一下子将更多商品尽收眼底。在她们逛商场时，这种能力就有用武之地了。

无所不在 · 潜意识活动

无所不在　没有什么地方不存在，即到处都有。陈若曦《新疆吃拜拜》："来到西北，如同到了太阳的家乡，它如影随形，无所不在。"

提摩士 · D. 威尔森指出，弗洛伊德将潜意识的作用范围看得过于狭隘。实际上，潜意识的功能与影响，远远超出了我们的想象。潜意识活动无所不在。没有它，意识将无所作为。潜意识的一项重要功能是整理、分析感官传递的信息，将光线、声波转换成意识可以觉察到的影像与声音。人类的知觉、语言、运动神经系统的心理历程，大多是在我们不知不觉中进行的。如果这些系统停止活动，我们会不知所措。我们看到的，将是一团乱麻；我们听到的，将是一片杂音。我们甚至不能正常行走，因为迈开双腿后无法保持身体平衡。

意想不到 · 潜意识的功能

意想不到　超出想象，没有料到。清 · 文康《儿女英雄传》第二十三回："如今公婆商量的这等妥当严密，真是意想不到。"

人们普遍认为，人类大脑较低层次的功能，如知觉、语言理解等是觉察不到的，而较高层次的功能，如推理、思考等只能是有意识的。意想不到的是，通常认为必须由意识做的极重要的工作，一部分可以由潜意识来完成，如培养某种能力，注意、分析和评估某种信息。我们遇见陌生人，几秒钟内就可做出判断：这是什么样的人，第一印象是好是坏。最新研究显示，入睡前学习的单词，醒后比刚学时记得更清楚。我们虽然在睡眠中停止了意识活动，大脑各部分之间仍在传递信息，并将新单词整合进原有的知识储备之中，使相关信息得到强化。在潜意识状态下思考，符合适者生存的法则。以迅速、自动化的方式评估环境，对相关信息进行分析，然后采取应对措施，有利于获得生存优势。

莫须有 · 只是因为相像

莫须有　也许有。指凭空捏造。《宋史 · 岳飞传》："狱之将上也，韩世忠不平，诣桧诘其实。桧曰：'飞子云与张宪书虽不明，其事体莫须有。'世忠曰：'莫须有三字何以服天下？'"

台湾某大学教授洪兰举了一些生动的事例，说明潜意识在决策中的作用。20 世纪 70 年代，美国一女教师被抢 200 美元，报案时警察问：看清他的面孔了吗？女教师说：太紧张，只看到枪口。一个礼拜后，她突然讨厌起一个研究生，说他爱吃汉堡加洋葱，口臭。此人胖胖的，头发披到肩膀上，裤子有个洞。其实，他进来时就是这样，没有什么改变。3 个月后，警察抓到一个抢钱的人，让她指认。并排站着 5 个人，她立即说：左边第二个。

此人长相很像那个研究生,也是胖胖的,头发长,裤子有个洞。这说明,女教师当时看清了抢劫犯,只是由于恐惧,进入潜意识。对研究生感到厌恶,其实是反感那个抢劫犯。她不知道真实的原因,又必须使自己的厌恶合理化,只得用"爱吃汉堡加洋葱"这样莫须有的罪名。

耳濡目染·快餐店

耳濡目染　濡、染:感染、影响。听得多,见得多了,自然而然受到影响。宋·吕祖谦《东莱博议》第一卷:"鲁自周公伯禽以来,风化浃洽,其民耳濡目染,身安体习。"

一个人的性情、特质和待人接物的特有方式,也都与潜意识有关。迅速地、习惯性地对社会刺激做出反应是非常重要的,它可以让个体理性地避开危险,更好地适应社会。这一切,大部分是在潜意识状态下运作的。加拿大研究人员发现,常去快餐店的人缺乏耐心,喜欢及时行乐,时间宽裕时也行色匆匆。原因在于,快餐含有节省时间这一无意识目标,耳濡目染中影响着人们的心态,让人们失去耐心。快餐店环境对潜意识的影响令人吃惊,甚至于仅仅看到快餐店标志,就能遏制人们的储蓄愿望,使他们更注重眼前利益而不是长远利益。

牙牙学语·内隐学习

牙牙学语　牙牙:模拟婴儿学说话的声音。形容婴儿学着说话。唐·司空图《障车文》:"二女则牙牙学语,五男则雁雁成行。"

学习分外显学习和内隐学习两种。外显学习是清醒状态下的学习,需要集中精力,有意识地记忆和思考,如上学读书。内隐学习是潜意识状态下的学习,不需费神费力,在不知不觉中进行。内隐学习不需要意识参与,就能学会某些技能,获取复杂的信息。实验表明,在某些情况下,内隐学习可以比外显学习学得更好,学得更快。幼儿牙牙学语,没有有意记忆词汇,也不知语法,更讲不清句中单词的意思,却能熟练掌握母语,张口流利地说话,远非学外语者可比。

冰冻三尺,非一日之寒·象棋大师的直觉

冰冻三尺,非一日之寒　比喻一种情况的形成,是经过长时间积累、酝酿的。汉·王充《论衡·状留》:"故夫河冰结合,非一日之寒。"

研究表明,直觉是内隐学习的结果。与新手相比,专家拥有更多的知识和更强的技能,它们来自多次反复练习,于不知不觉中形成,最后成为直觉。1998 年,国际跳棋冠军苏克在 3 小时 44 分钟内,同时与 385 个棋手下棋,最终取得胜利。平均起来,他下一盘棋只花 35 秒钟,没有给思考留下任何空间。研究发现,象棋大师们久经沙场、阅棋无数,脑中储存着多至 5 万个象棋模式。他们把一盘棋分成几个以前看过的模块,所以一眼就能认清整个棋局的分布。在 10 秒钟内,象棋大师就能靠直觉走一步棋,而且步步都很有杀伤力。冰冻三尺,非一日之寒。这种神奇的直觉,来自内隐学习,来自成千上万盘棋的积累。

莫名其妙·潜意识中的目标

莫名其妙　名：说出。无法说出其中的奥妙。形容事情奇特，无法理解或不合常理。清·吴趼人《二十年目睹之怪现状》第五回："我倒莫名其妙，为甚突然大请客起来。"

完成一项任务时，我们总要为自己选定目标。有时候，几个目标相互冲突，增加了选择的困难。意识最重要的功能之一就是，设定行动目标。潜意识对此也发挥重要作用。周围环境中的某些事件，可能在暗中起着触发作用，影响我们的选择，指导我们的行为。这个过程是习惯性的、自动化的、无意识的，而且于瞬间完成。你莫名其妙，不知道为什么要这样做。潜意识选择的目标，可能与你的真正愿望相悖，让你追悔莫及。在广告蛊惑下，你可能触发了炫耀目标，一时冲动，买下一件不必要的奢侈品。与朋友讨论问题时，你可能触发了竞争目标，不依不饶、穷追不舍。冷静后想一想，为这点小事伤了和气，太不值得。

垂手可得·可接近性原则

垂手可得　垂手：比喻不动手。形容得到非常容易。明·冯梦龙《东周列国志》第七回："此城垂手可得，不意郑兵相助，又费时日。"

潜意识在选择、理解和评估信息以及设定目标时，受两大原则的影响，一是可接近性原则，二是感觉舒服原则。有些记忆易于唤起，垂手可得；有些记忆不易唤起，很难加以利用。我们选择、解读环境提供的信息时，常常依赖于容易提取的概念或观念，这就是可接近性原则。可接近性不但取决于某概念与自身的相关程度，还取决于熟悉程度，即概念的使用频率。有人统计，国人流行十大口头禅，依次为：随便、神经病、不知道、脏话、郁闷、我晕、无聊、真的假的、挺好的、没意思。这些流行语平时我们看得太多、听得太多、说得太多，遇到适当的情境就会脱口而出，甚至出现在不该出现的场合，让我们尴尬不已、后悔莫及。

自圆其说·感觉舒服原则

自圆其说　圆：使圆满，使周全。把自己的论点或谎话讲得周全，没有破绽。清·李宝嘉《官场现形记》第五十五回："踌躇了好半天，只得仰承宪意，自圆其说道：'职道的话原是一时愚昧之谈，作不得准的。'"

我们对待事物的态度，取决于这种态度能否让我们心理平衡，感觉舒服，这就是感觉舒服原则。我们常常于不知不觉中自圆其说，为自己的言行辩护，这样做会使自己感觉舒服。威尔森和吉尔伯特将之称为"心理免疫系统"，其功能是保护我们免受心理冲突的威胁。有时，我们在感觉舒服原则下表现的行为，是有意识的，经过深思熟虑的。例如，我们不愿与对自己有偏见的人交往，我们把失败归之于环境因素而不是个人能力等等。但是在更多时候，是潜意识帮助我们选择、解读和评估信息。在这方面，潜意识可以做得更好。弗洛伊德说，心理防御机制在后台运作，我们看不见自己在扭曲事实时，通常比较有效。

相辅而行・两种系统的配合

相辅而行　指互相协作,配合进行。明・张岱《历书眼序》:"诹日者与推命者必相辅而行,而后两者之说始得无蔽。"

与意识一样,潜意识也能做复杂思考。二者差异显著,分担不同功能。潜意识系统是早期发展起来的,主要是应付眼前的危险,满足安全需要,故而对负面信息更敏感。它快速而又高效,可以让我们及时脱离险境。但是,它做出的判断可能是粗糙的,做出的推论可能是僵硬的,如刻板印象,需要意识予以制约、补充和纠正。意识是较晚时期发展起来的,虽然在某些方面远远赶不上潜意识,但它是精细的、成熟的、有弹性的,有助于我们深入思考和放眼未来,寻找解决问题的途径,故而意识更加关注正面信息。除了进一步满足安全需要之外,它还有助于我们满足控制需要,把握事物间的关联性和事物发展的规律性,从而控制事态发展。两种系统密切配合、相辅而行,赋予人类以极大的生存优势。

有奶便是娘・小鹅跟谁走

有奶便是娘　谁喂奶,就认谁做娘。比喻见利忘义。鲁迅《且介亭杂文末编・我的第一个师父》:"有时还有水果和点心吃。自然,这也是我所以爱她的一个大原因。用高洁的陈源教授的话来说,便是所谓'有奶便是娘',在人格上是很不足道的。"

生物学家洛伦兹做过实验,证明动物的行为与其早期经历有着密切关系。洛伦兹让小鹅出生后,第一个见到的动物就是他。结果,小鹅把洛伦兹看成母亲,总是形影不离,对自己的生身母亲反而非常生疏。这种现象称为"印刻"。印刻形成后,就会长期保持,甚至终生不变。印刻在人类身上也有体现,"有奶便是娘"虽常用作贬义,但确为事实,反映的就是印刻现象。童年时代的经历会进入潜意识,自动地、不自觉地影响着人们的思维和行为。如果童年时生活稳定、家庭幸福,容易形成乐观、开放、勇于接受挑战的性格。如果童年时家庭破裂、环境恶劣,容易产生性格缺陷,成年后可能表现得自卑、孤僻、缺乏自信。

上梁不正下梁歪・父母的影响

上梁不正下梁歪　比喻在上位的人行为不端正,下边的人也跟着学坏。清・玩花主人《缀白裘・〈铁冠图・夜乐〉》:"不要怪他们,这叫做上梁不正下梁歪。"

按照弗洛伊德的观点,童年生活中的绝大部分记忆都被压抑到潜意识之中。儿童的早年经历、早期环境,对人格形成起着重大作用。许多成年人的变态心理、心理冲突,都可以追溯到童年时代的精神创伤和受压抑的情结。据中国预防青少年犯罪研究会统计,近年来青少年犯罪总数占全国刑事犯罪总数72%以上。在诸多因素中,家庭影响至关重要。家庭暴力、父母离异或教育不当,都会在孩子心中投下阴影,对他们的成长产生很大负面作用。资料表明,上梁不正下梁歪,生活在父母喜欢吹牛、撒谎,而且自私、爱占小便宜、爱看色情书刊的家庭里,孩子未来犯罪的比率超过半数,就像"酒鬼"的儿子容易对酒感兴趣一样。

三岁至老·幼儿的言行

三岁至老　根据人幼年时的举止，可以初步判定其成年后的性格和作为。明·王文禄《机警》："司马温公光幼与群儿戏，一儿坠大水瓮中，已没，群儿惊走，不能救。公取石破瓮，儿出得活。沂阳子曰：'惟诚故神，盖已见于幼时，宜其当国而任台鼎重寄也。谚曰：三岁至老，信夫！'"

英国精神病学家卡斯比称，从三岁儿童的言行，可以窥测他们成年后的性格。这与中国成语"三岁至老"不谋而合。1980年，卡斯比教授及其同事对1000名3岁幼儿进行面试，将其归入充满自信、良好适应、沉默寡言、自我约束和坐立不安等五大类型。他们长到26岁时，卡斯比等人再次与他们面谈，并调查了他们的朋友和亲戚，得出如下结论："充满自信"的幼儿活泼而热情，成年后性格开朗，坚强果断，领导欲较强。"良好适应"的幼儿自信、自制，情绪平稳，26岁时仍保持这种性格。当年"沉默寡言"的幼儿，现在倾向于隐瞒感情，不敢冒险，不愿影响他人。"坐立不安"的幼儿行为消极，注意力分散。如今，他们不太现实、心胸狭窄、容易产生紧张和对抗情绪。"自我约束"型幼儿长大后，性格也没有变化。卡斯比教授指出，父母和老师必须重视幼儿行为，给予恰当指导。

耳提面命·梁启超与子女

耳提面命　拉着耳朵，面对面地教导。形容恳切地教诲。元·张养浩《三事忠告》："大抵常人之情，服其所遵，而信其所谓。非是者，虽耳提面命，则亦不足以发其良心。"

孩子的成长与家庭环境有着密切关系。在梁启超耳提面命的教导下，九个子女各有成就，都是某一领域的专家，如建筑学家梁思成、火箭专家梁思礼等。为了让子女得到更好的教育，梁启超费尽心机。在身患重病，家境并不富裕的情况下，梁启超特意筹集了五千美金，让毕业新婚的梁思成、林徽因取道欧洲回国，考察西洋美术与建筑。对于其余的孩子，梁启超也同样予以关注和欣赏。梁启超不看重文凭，强调打好基础，勉励子女要"莫问收获，但问耕耘"。梁启超因材施教，尊重孩子们的个人选择，从不把自己的意见强加给他们。

天各一方·留守儿童

天各一方　各在天的一边。形容别离已久，相距遥远，难于相见。汉·苏武《古诗四首》之四："良友远离别，各在天一方。"

美国的一项研究表明，6岁前是孩子人格培养和形成的关键阶段，是产生安全感的最重要时期。如果这一时期孩子和父母长期分离，天各一方，日后容易出现焦虑症、抑郁症和恐惧症。台湾的一份调查表明，97%的孩子期待并需要父母陪伴。中国农村留守儿童已经超过6000万，在这个庞大群体中，一些人历尽艰难，最终从留守儿童成长为大学生。然而，曾经的留守经历带来的心灵创伤并没有痊愈，新环境的各种冲击以及与其他同学比较的落差，导致他们的心理问题在大学期间集中爆发，如抑郁、焦虑、社交障碍、偏执等。

小鸟依人·幼猴的选择

小鸟依人 像小鸟那样依傍着人，比喻小孩或少女的娇弱可爱。《旧唐书·长孙无忌传》："褚遂良学问稍长，性亦坚正，既写忠诚，甚亲附于朕，譬如飞鸟依人，自加怜爱。"

美国心理学家哈洛制作了两个人造母猴，用来观察幼猴的行为。一个用铁丝制作，另一个用棉布毛料制作。哈洛把它们加热到母猴的体温，安装了哺乳装置。8只幼猴和2个"代理妈妈"关在同一个笼子里。结果，所有的幼猴都小鸟依人般亲近"棉布妈妈"。有些幼猴只是从"铁丝妈妈"那里喝奶。它们躺在"棉布妈妈"怀里，但会伸长脖子去"铁丝妈妈"那里喝奶。"棉布妈妈"柔软有如母亲的怀抱，让它们有了安全感。相反，坚硬的"铁丝妈妈"让它们联想到危险和伤害。这表明，孩子在成长过程中，不仅仅需要营养。母亲的怀抱温暖而又柔软，那就是他们的人间天堂！

如坐春风·妈妈的拥抱

如坐春风 犹如沐浴在春风中，感到温暖。也比喻受到良好的教育。明·无名氏《鸣凤记·邹林游学》："某等一贯未究乎渊源，六经徒得诸糟粕。倘蒙时雨之化，如坐春风之中。"

科学家指出，好朋友可以带给你温暖。与情感密切的人相隔半米站着，最高可让人感觉体温上升2度。人与人的亲密感觉，源于婴儿期与母亲亲近的温暖，此后逐步发展。人们将温暖与友善、安全感挂钩，从而产生快乐的情绪。英国一项研究发现，压力较大时，母亲的声音和拥抱能使人如沐春风，遍体舒坦。研究人员选择了几名7～12岁的女孩，让她们在公开场合讲话，她们的皮质醇水平明显升高，表明她们非常紧张。随后将她们分为三组，第一组可与妈妈抚摸和拥抱，第二组可与妈妈通电话，第三组可看电影。皮质醇水平测试发现，第一组半小时后、第二组一小时后均恢复正常，第三组的恢复十分缓慢。

一成不变·刻板印象

一成不变 成：形成。一经形成，便不再改变。《礼记·王制》："刑者，侀也。侀者，成也。一成而不可变，故君子尽心焉。"

所谓刻板印象，是指对某一特定社会群体成员固定的、过于简单的印象。我们习惯于将人划分为各种类型，如白人、黑人，男人、女人，商人、官僚，西方人、亚洲人，老年人、青少年等，而且对不同类型人群的印象一成不变。例如，人们普遍认为，男性胸怀宽广、意志坚强、直爽大方、深思熟虑、有勇有谋，女性则细心、善操家务、性情温和、心地善良，具有嫉妒、软弱等特征。刻板印象是产生偏见的基础，是人群之间相互仇视、排斥和冲突的重要原因。刻板印象存在于潜意识中，所以一旦形成，便很难发生改变。刻板印象的产生，源于对社会群体的归类。任意一个社会群体，在观念、心理和行为上都有某种相似性，这是产生刻板印象的重要原因。由于刻板印象是根据既有印象和经验，对当前的认知对象加以判断，因此难免带有主观性和偏执性，常常会造成认知上的偏差。

千人一面·刻板印象的弊端

千人一面　许多人都是同一种脸谱。清·曹雪芹《红楼梦》第一回："至于才子佳人等书，则又开口文君，满篇子建，千部一腔，千人一面。"

刻板印象有其合理的一面。它将现实中的人予以归类，有助于人们加工信息。它大大简化了复杂多变的社会，使人们仅获取少量信息，就能对陌生人迅速做出判断，根据此人所属群体的特征，形成对他的印象，预测他的行为。但是，刻板印象也有不合理的一面。它简单地将人群分为"我们"和"他们"，千人一面，不是肯定就是否定，抹杀了个体之间的差异。与此同时，刻板印象也低估了群体内的差异，夸大了群体间的差异。刻板印象带来的更多的是负面效应，它常使我们以点代面，僵化地看人，如种族偏见、民族偏见、性别偏见等。

自暴自弃·负面的刻板印象

自暴自弃　暴：糟蹋。弃：抛弃。自己糟蹋自己，轻视自己。《孟子·离娄上》："言非礼义，谓之自暴也；吾身不能居仁由义，谓之自弃也。"

刻板印象深刻影响人们的行为，尤其是负面的刻板印象，会产生破坏性后果。被贴上标签的群体成员，被迫接受社会的曲解，甚至自暴自弃，不知不觉按照既有的负面形象行事。例如，人们普遍认为，记忆会随着年龄的增长而衰退。研究发现，认同这种观点的美国老人，比持相反看法的美国老人，表现出更明显的记忆衰退迹象。他们失去自信，时刻暗示自己：我的记忆力变差了。这就导致真正的健忘。20世纪60年代末，纽约市监狱给一群犯人整容，矫正他们的面部伤痕。与没有做整容手术的犯人比较，经过整容的犯人出狱后，再次入狱的可能性要小得多。研究者认为，人们习惯于把脸部受伤与罪犯联系在一起。正是这种刻板印象，导致刑满释放者受到社会的冷遇，增大了他们再次犯罪的概率。

画虎画皮难画骨·谁是罪犯

画虎画皮难画骨　比喻外表易知，内心难测。元·孟汉卿《张孔目智勘魔合罗》第一折："你知道我是甚么人？便好道画虎画皮难画骨，知人知面不知心。"

英国广播公司播放过一段模拟审判的视频，请两组观众判断被告是否有罪。所有观众看到的犯罪证据完全一样。第一组观众看到的被告有着塌鼻子和深眼窝，与人们想象中的罪犯非常相似。第二组观众看到的被告有着婴儿脸和清澈的蓝眼睛，给人以清白无辜的印象。画虎画皮难画骨，不少观众忽视了犯罪证据的复杂性，其判断明显受到被告面部特征的影响。第一组观众中约40%认为被告有罪，第二组观众中约29%认为被告有罪。现实审判中情况非常类似。约翰·斯图尔特曾在法庭上评估被告的吸引力，发现外貌英俊的男人具有很大优势。法院对这些被告的量刑，要远远轻于那些犯有同样罪行但长相比较一般的人。

有色眼镜・偏见

有色眼镜　比喻看人看物抱有成见或偏见。潘旭澜《太平杂说》:“少数是带着陈腐的偏见,多数是秉承权威意志,戴上有色眼镜看史料。”

偏见指对一个群体及其成员的负面判断,包括情感、行为倾向和认知这三大要素。如果戴着有色眼镜看待某个社会群体,就会不喜欢其成员,对他们表现出歧视性行为,并相信他们是愚蠢的和危险的。当刻板印象概括的是负面特征时,偏见就产生了。心理学家在英裔、法裔加拿大学生中做过一个实验。录音带上 10 个人朗诵同一篇文章,5 人用英语,5 人用法语。实际上参与朗诵的只有 5 个人。结果,同一个人用英语朗诵时,被试说他有风度、聪明、可靠、亲切、有抱负。用法语朗诵时,被试做出的评价就比较低。相比于英裔,法裔加拿大人通常教育背景和社会背景较差,导致社会对他们产生了较差的印象和态度。

潜形匿影・偏见没有消失

潜形匿影　隐蔽形迹,不露真相。元・马端临《文献通考・职役二》:“为民者以寇戎视其吏,潜形匿影,日虞怀璧之为殃。”

现代社会强调平等的价值。人们公认,关于种族、性别、身份的偏见,是可笑的,没有根据的。但是,偏见并没有消失,而是潜形匿影,以隐蔽的方式广泛存在。这意味着,我们拥有“双重态度”机制,对同一个对象持有两种不同的态度:外显态度和内隐态度。外显态度是有意识的,易于受环境和教育的影响发生改变。内隐态度是潜意识的,来自儿童时代的耳濡目染,很难发生改变。托马斯・佩蒂格鲁说,很多人在心里从未感觉对黑人有偏见,但当他们与一个黑人握手时仍会感到别扭。这些感觉是他们在孩提时学会的,一直沿袭了下来。

一无所知・内隐态度

一无所知　什么都不知道。明・冯梦龙《警世通言》第十五卷:“小学生往后便倒,扶起良久方醒。问之,一无所知。”

研究者用大量实验来验证内隐态度。上世纪 50 年代,心理学家詹姆斯・维卡里做了一个测试,放电影时,让“喝可口可乐吧”的信息在屏幕上闪现 1/3000 秒。电影结束后,该影院的可乐销量大增。索尼公司推出一款新游戏机后,对新机的颜色进行调研,大部分用户更喜欢黄色。然而,让他们免费领取一台时,大多数人拿走的是黑色游戏机。电影院里,观众不知道自己为什么买了可口可乐;用户自以为喜欢黄色,最后却选择了黑色。显然,他们对隐藏在自己内心深处的真实想法一无所知。这就是内隐态度,于不知不觉中影响着人们的行为。

爱情是一种主观感受。怎样判断两人是否真心相爱?罗切斯特大学的李顺熙(Soonhee Lee)等人用内隐联系测量法评估恋爱关系。屏幕中央依次出现一个个词语,可分为三类,一类是与伴侣有关的名字、宠物或外号,另外两类分别是褒义词和贬义词。在第一组任务中，被试看到与伴侣有关的词语和褒义词时要按键，而忽略贬义词。在第二组任务中，看到与伴侣有关的词语和贬义词时要按键，而忽略褒义词。如果喜欢对方，完成第一组任务时反应更快，否则完成第二组任务时反应更快。结果表明，那些相亲相爱的被试，在完成第一组任务时表现得更出色。而且，在随后一年的追踪调查中，他们的恋爱关系比较起来更稳定。用内隐测试预测爱情的保质期，比被试自己报告的“恋爱满意度”要可靠得多。

重男轻女 · 性别歧视

重男轻女　重视男子，轻视妇女。曲波《林海雪原》二十：“他望了一下白茹，‘再说我这条有名的长腿大汉，还不如个小黄毛丫头！’说的白茹含羞带乐的一噘嘴，‘什么黄毛丫头，重男轻女的观点。’”

杰克曼和森特发现，性别刻板印象比种族刻板印象更强、更普遍。例如，78%的人认为，女性比男性更容易动感情。再如，人们普遍不看好女性担任领导。不但一般人如此，女权主义者也持有这种看法。性别上的刻板印象，为性别歧视提供了支持。在美国所做的一项调查显示，65 岁以上的妇女中，22%曾受过歧视。28～34 岁的妇女中，50%的人遇到过类似情况。重男轻女现象在发展中国家更加严重。1991 年全球没有上学的适龄儿童中，约有 2/3 是女孩。

积非成是 · 性别差异

积非成是　指错误的东西长期流传下来，会被误认为是正确的。清 · 戴震《孟子字义疏证 · 原善序》：“以今之去古圣哲既远，治经之士莫所综贯，习所见闻，积非成是，余言恐未足以振兹坠绪也。”

大家公认，男子比女子逻辑思维能力强。这种观念并没有科学根据，却被看成常识，积非成是，沉淀在大众的潜意识中。在某个实验中，斯潘塞等人出了一份很难的数学试卷。当他们告诉大学生，做题不存在性别差异时，女生的成绩与男生不相上下。如果告诉大学生，数学思维存在着男女差异，女生就会担忧、信心不足，致使成绩下降。希皮廷斯和安巴蒂选择亚裔美国女学生做被试。实验前，先询问个人经历，以此提醒她们是女性。在随后的数学测验中，被试成绩明显低于控制组。但是，如果事先提醒她们是亚裔，测验成绩就有所提高。

日薄西山 · 年龄歧视

日薄西山　薄：迫近。太阳快要落山。比喻人已衰老或事物腐朽临近死亡。《汉书 · 扬雄传》：“临汨罗而自陨兮，恐日薄于西山。”

传统社会技术进步慢，社会变化小，今天和昨天区别不大，明天的景象也历历在目，经验就显得特别重要了。故而，社会上看重老年人，歧视年轻人，说他们“年少无知”“嘴上没毛，做事不牢”。现代社会技术进步快，新生事物层出不穷，今天和昨天大不相同，明天更是难以预料,学习就显得特别重要了。由于生理上的原因,更由于旧经验天生排斥新生事物,老年人对这个日新月异的社会很不适应,难以与勤奋学习、勇于尝试的年轻人一比高下。因此社会上看重年轻人,歧视老年人,认为他们日薄西山,远远落后于时代,不拖累别人已经很好了。更加可悲的是,很多老年人也妄自菲薄,让这种刻板印象变成现实。

三六九等·不平等

三六九等　指各种等级和很多差别。清·曹雪芹《红楼梦》第七十五回:"只不过这会子输了几两银子,你们就这样三六九等儿的了。"

偏见的产生,源于社会、动机、认知等诸多因素。在社会领域,偏见的产生与不平等、从众和社会制度等三大因素有关。一个把人分成三六九等的不平等的社会,是偏见赖以生存的肥沃土壤。既得利益阶层常利用偏见,为自己的支配性地位辩解,心安理得地享受特权。19 世纪欧洲人把殖民地原住民描述成"劣等的""需要保护的"。因此,帝国的扩张是正当的、必要的。海伦·迈耶·哈克曾经分析,有关黑人和女性的偏见,是如何使他们低下的社会地位合理化的:他们智力低下、情绪化、未开化,应该处于从属地位。其中,黑人是"劣等的",女性是"软弱的"。因此,黑人的处境恰如其分,女性的位置是在家中。

自惭形秽·丑小鸭

自惭形秽　形秽:形态丑陋,引申为缺点或不足。觉得不如别人而感到惭愧。南朝宋·刘义庆《世说新语·容止》:"骠骑王武子,是卫玠之舅,俊爽有风姿,见玠辄叹曰:'珠玉在侧,觉我形秽。'"

安徒生童话不仅是给孩子们看的,成年人也可以从中领悟到很多。与真正的小鸭在一起,小天鹅是异类,被同伴视为"丑"。久而久之,小天鹅也承认自己太丑,不得不离开鸭群。直到有一天看到水中的倒影,她才发现自己竟然是如此美丽!小天鹅为何自惭形秽?她不是用自己的眼睛,而是用同伴的眼睛来看自己。这就是从众行为。从众行为的心理基础,是个体不听从内心的呼唤,而是追随着大众的观点、大众的判断和大众的行为。从众行为在社会生活中极其普遍。

矮子看戏·从众倾向

矮子看戏　矮子挤在人群里看戏,看不清楚,只能人云亦云。清·赵翼《论诗》:"矮人看戏何曾见,都是随人说短长。"

在偏见的形成中,从众倾向起着不容忽视的作用。有些人的偏见可能来自个人不愉快的经历,更多的人则如矮子看戏,随人说短长,只为了使本群体的人喜欢自己、接受自己。佩蒂格鲁研究了南非和美国南部的白人,指出 20 世纪 50 年代,那些最遵从社会规范的人,也是偏见最强的人。在工厂和矿井,黑人和白人相处融洽,但在邻里关系中,他们却恪守着严格的种族隔离规则。社会制度也是偏见的一个重要来源。美国和南非曾采用一系列种族隔离政策，使偏见得以强化并维持了很长时间。政府、学校和媒体都把反映和弘扬主流价值观视为己任，包括各种社会偏见。专家分析了 1970 年以前出版的 134 份儿童读物，发现男性人物与女性人物的比例是 3∶1，而且多将男性描写成主动的、勇敢的和能干的。

替罪羊 · 犹太人

替罪羊　比喻代人受过或替人顶罪的人。冯东书《历来君王需要用小人》："小人又成了君王的替罪羊，于是大家又要欢呼皇上圣明，为民除害。"

受到原因不明或无法应对的挫折时，人们会转移视线，为怒气寻找发泄渠道。1882—1930 年间，棉花价格下跌，美国南部经济严重受挫，三 K 党一度横行，对黑人滥用私刑，黑人成了贫穷白人陷入困境的替罪羊。第一次世界大战后，作为战败国，德国需支付巨额战争赔款，导致经济崩溃、民众大量失业。当时在许多德国人眼中，犹太人是造成这一灾难的罪魁祸首。一位德国领导人说："犹太人不过是替罪羊。如果没有犹太人，反犹分子也会创造出犹太人来。"

明争暗斗 · 竞争与偏见

明争暗斗　表面上、暗地里都在争斗，形容竞争很激烈。巴金《家》三："明明是一家人，然而没有一天不在明争暗斗，其实不过是争点家产。"

竞争是挫折的重要来源。社会群体为稀缺资源竞争时，彼此明争暗斗、互不相让，容易引起对外群体的反感和偏见。一个群体的成功，就是另一个群体的挫折。生态学中的高斯假说指出，有着同样需求的物种之间的竞争将会最大化。在欧洲，对移民的排斥随着失业率而波动。在美国，对黑人的偏见和歧视，在社会经济地位较低的白人身上表现得最强烈。偏见是维护群体利益的一种手段。

另眼相看 · 内群体偏见

另眼相看　用不同于一般的眼光看待。多指特别看重或优待，有时也有歧视的意思。明 · 凌濛初《初刻拍案惊奇》第八卷："不想一见大王，查问来历，我等一实对，便把我们另眼相看，我们也不知其故。"

人们都有获得自尊、追求优越感的需要。个体将自己与特定群体联系起来，从中获得自尊和自豪感。因此，人们偏爱自己的群体，认为自己的群体比其他群体更优秀，这种感觉非常美好。约翰 · C. 特纳说："人们倾向于积极描述自己的群体，以便积极地评价自己。"这就是所谓的内群体偏见，即偏袒本人所属群体。实验发现，甚至一些微小的线索，也能引起内群体偏见。例如，按照出生日期或驾照尾数分组时，个体会对本组成员另眼相看，感觉到关系亲密，很容易建立信任感，进行密切合作。在不同性别、年龄、国籍的人身上，这种偏见都会发生。

如临大敌·弱势群体

如临大敌　形容危机意识强，高度警惕，戒备森严。《旧唐书·郑畋传》："畋还镇，搜乘补卒，缮修戎仗，濬饰城垒。尽出家财以散士卒，昼夜如临大敌。"

一个群体处于弱势地位时，其成员更容易表现出内群体偏见。此时他们如临大敌，更需要提升自己的优越感。身处社会底层，属于少数派，或所属群体地位下滑时，个体自尊受到威胁，就会诋毁外群体，以恢复自尊。而那些社会地位较高、较稳定的人，优越感不需证实，内群体偏见也就相对较弱，倾向于对外群体做出比较积极的评价。实验中，大学生观看年轻女士的求职面试录像时，不太自信的男生不喜欢强势、非传统的女性，较自信的男生则喜欢这些女性。

分门别类·简化世界

分门别类　门：种类。根据人或事物的特征、性质，区分为各种类别。清·梁章钜《浪迹丛谈·叶天士遗事》："生平不事著述，今惟存《临证指南医案》十卷，亦其门人取其方药治验，分门别类集为一书。"

偏见和刻板印象的存在，不仅源于社会环境和内在动机，而且源于正常的思维过程。我们为了节省心理能量，需要简化复杂的世界。成见和刻板印象，就是这一心理机制的副产品。简化世界的方法之一是，将人群分门别类，以便更加有效地组织信息和认识外部环境。例如，资深警察根据人们的面部特征和表情，可以从茫茫人海中很快识别出可疑分子。然而，把人群划分为各种类别，会夸大群体内部的相似性和群体之间的差异性，这就强化了偏见和刻板印象。我们喜欢与自己相似的人，不喜欢与自己差别很大的人。于是，便有了内群体偏见。

众所瞩目·生动突出的案例

众所瞩目　指被大家关注的人或事。克非《春潮急》："林方成最近在这块小天地里，虽然又成了众所瞩目的人物，但到底还没经历过大场面，主持过像今天这样上百人的会议。"

注意力也可能导致偏见的产生。生动、突出的案例众所瞩目，往往能吸引我们的注意，左右我们的判断，是我们认识某个社会群体的捷径，也是偏见和刻板印象的来源。我们对一个群体了解得越少，越容易受少数生动事件的影响。NBA（National Basketball Association，美国职业篮球联赛）有很多黑人球星，我们不由自主地做出推论：黑人擅长运动，是天生的运动员。与此类似，遇到一位怀有敌意的黑人，我们就会加深对黑人的负面印象。我们与黑人接触甚少，所知极其有限，只能通过这些典型案例进行概括。少数生动的案例，很难代表一个庞大的社会群体，据此得到的结论，往往与事实严重不符。但是，这种概括在社会生活中却非常常见。大众媒体进一步助长了这种现象。

厚此薄彼 · 利群偏差

厚此薄彼　厚待这个，慢待那个。形容对人或事不平等相待。《梁书·贺琛传》："并欲薄于此而厚于彼，此服虽降，彼服则隆。"

解释他人行为时，我们厚此薄彼，运用了不同的方式。对内群体成员，我们习惯于将其成功归于内因，将其失败或错误归于外因。对外群体成员的归因恰恰相反。这种倾向，被称为"利群偏差"。"二战"结束后，德国平民参观纳粹集中营。一名德国人说："这些囚犯一定犯下特别可怕的罪行，才会受到这样的惩处。"佩蒂格鲁指出，我们用善意理解内群体成员的行为，"她捐赠是由于心眼好，他不捐赠是由于处境不佳"。相反，我们很容易从最坏的角度，来解释外群体成员的行为，"他捐赠是为了博得好感，她不捐赠是因为很自私"。

日久见人心 · 增加接触

日久见人心　相处时间长了，就可以看出一个人的为人。宋·无名氏《京本通俗小说·拗相公》："假如王莽早死了十八年，却不是完全名节一个贤宰相，垂之史册，不把恶人当做好人么？所以古人说：'日久见人心。'"

很多偏见是在早年生活中习得的。因此，父母应该教导子女公正、宽容地对待他人。学校应该鼓励孩子和睦相处，媒体应该批判各种社会偏见。

偏见常常来自不熟悉、不了解。日久见人心，增加不同群体的接触有助于消除偏见。"二战"时，美国军队采取了种族混编的方式。起初，绝大多数白人士兵持反对意见。混编后，反对意见大大减少了。一般而言，与黑人联系越密切的白人士兵，态度上变化也越大。不过也有例外。有时接触得越多，偏见反而越深。只有以平等的身份进行交流，才能增进相互了解，充分认识到对方的长处。

消除偏见的另一种方法是，针对刻板印象的认知来源重新分类，用更大、更广泛的群体类别，取代传统的、狭隘的群体类别。例如，用"美国人"这个称谓，囊括白人、黑人和少数族裔。用"微软人"这个概念，囊括蓝领和白领、技术人员和管理人员。这样，人们对原属外群体的成员有了较高评价，开始喜爱和信任他们。人们认识到双方隶属于一个更大的群体，原有的偏见是缺少根据的。

弦外之音 · 暗示的力量

弦外之音　原指音乐的余音。比喻言外之意。南朝宋·范晔《狱中与诸甥侄书》："弦外之意，虚响之音，不知所从而来。"

暗示是一种弦外之音，指用含蓄的、间接的方式，对别人的心理和行为产生影响，使对方不自觉地按照某种方式行动，或者不加批判地接受某种意见或信念。如果能够创造出适当的暗示环境，就可以在一定程度上控制别人的行为。小品《卖拐》形象地展示了暗示的力量。赵本山先让范伟使劲跺脚，然后问："麻没麻？麻没？""走起来，走起来！别空着，腿百分之百有病。"于是，双腿健全的范伟觉得自己成了瘸子，必须拄杖而行。其实，一切诈骗都是借助于暗示得以成功的。暗示让虚假的，甚至不存在的东西变得真实可信。在毫无觉察的情况下，暗示完成了一种转化：你不由自主地将别人的意旨，转变为自己心中的愿望。

争先恐后·太太扫货团

争先恐后　争着向前，唯恐落后。宋·董煟《救荒活民书·不抑价》："于是商贾闻之，晨夕争先恐后。"

日常生活中，暗示随处可见。朱晓琳在小说《五星门童》中，生动地描述了暗示现象。一次，门童小栋与劳班长接待了来自香港的太太扫货团。十多个富婆专程赶到上海购物，采购服装、首饰和化妆品。眼看就要离开酒店，仍然没有丝毫酬谢门童的意思。劳班长与小栋送客人下楼。进电梯后，劳班长站在门口，摸出一沓小面额的纸币低头清点。他背对着富婆，却能让她们看清自己的动作。结果，一个女人夸张地惊呼起来，意识到自己的疏忽。紧接着，富婆们争先恐后地打开坤包，将零碎钞票一股脑儿塞给劳班长和小栋，唯恐落人之后，让人讥讽为吝啬。劳班长对小栋说，门童有时与演员差不多，口袋里总要备好小道具。

装神弄鬼·通灵会

装神弄鬼　弄：做。装作神鬼。指故弄玄虚欺骗人。清·曹雪芹《红楼梦》第三十七回："你们别和我装神弄鬼的，什么事我不知道！"

怀斯曼和安迪通过实验证实，所谓"通灵会"，不过是装神弄鬼，借用暗示的力量罢了。他们在废弃的伦敦地下监狱，一周举办两场通灵会，每场 25 人参加。安迪先讲述一个虚构的故事：被谋杀的歌手玛莉住在附近，其鬼魂常在监狱里出现。黑暗中，安迪召唤玛莉的鬼魂，并拿出几件玛莉用过的物品，营造了非常恐怖的气氛。接着，安迪宣称，玛莉正在移动庞大的桌子。安迪不断呼唤，"玛莉，把桌子再抬高一点""桌子开始移动了"。实际上，桌子纹丝不动。最后，安迪请玛莉返回，并打开灯。两周后，他们寄去一份调查问卷。超过 1/3 的人认为，他们的确看到桌子腾空而起了。1/5 的人说，感觉到周围存在着某种神秘的东西。即使是原来不信鬼的人，也只有 1/2 明确表示，桌子根本就没有移动。

察颜观色·聪明的汉斯

察颜观色　观察别人脸色，以揣测其心思。清·唐甄《潜书·食难》："吾老矣，岂能复俯首于他人之宇下，察颜观色，以求无拂于人。"

德国的奥斯汀公爵拥有一匹名叫"汉斯"的马。这匹马非常聪明，当训练员出示涉及加、减、乘等的题目时，汉斯能用蹄子敲出准确的答案。一组专家考察后证实，汉斯确实具备运算能力。一位记者写道，"这匹会思考的马将让科学界对许多问题做长久的思考"。心理学家奥斯卡·冯斯特系统研究后发现，这匹马确实能力超凡，但不是计算能力，而是察颜观色的能力。汉斯一边慢慢敲击马蹄，一边观察训练员的表情。汉斯敲击地面的次数越接近答案，训练员就越紧张，甚至歪歪头、双拳紧握。汉斯敲出正确答案时，训练员心情放松，面部肌肉松弛下来，瞪圆的眼睛恢复原状。看到这些暗示，汉斯立即停止了敲击。冯斯特让不知道答案的人给出问题，或让汉斯看不到训练员的表情，汉斯就成了一匹普通的马。

画饼充饥·逆境与目标

画饼充饥　画个饼子来解饿。比喻用空想来安慰自己。《三国志·魏书·卢毓传》："选举莫取有名，名如画地作饼，不可啖也。"

画饼充饥通常含有贬义，比喻徒有虚名或运用空想来安慰自己。其实，极度饥饿时，画饼不失为一个有效的心理调节方式。20世纪60年代初，人人饥肠辘辘，在脑中描绘一道道吃过的佳肴，帮助多少人渡过了难关。如果把饥饿看成逆境，饼子看成目标，画饼其实就是一种自我暗示，暗示未来是光明的，面包会有的，奶油也会有的，让人燃起希望，激发斗志，自强不息。当然，如果画饼仅仅为了眼前解馋或麻痹自己，不想为之而奋斗，那就堕落了、沉沦了。

权重望崇·暗示者

权重望崇　指权力大、威望高。前蜀·杜光庭《虬髯客传》："素骄贵，又以时乱，天下之权重望崇者，莫我若也。"

暗示产生的必要前提是，人们对暗示者的充分信任。信任程度的高低，与暗示者本身的特征有关。暗示者的地位、权力、威信越高，暗示效果就越好。人们相信，权重望崇者提供的信息更可靠，能带来更大的安全感，尤其在前景不确定、人心惶惶之时。1949年之前，杜月笙在上海威望很高。金融风暴期间，众多银行处于风雨飘摇之中。一次，一家银行即将发生挤兑，杜月笙适时坐在银行大门口，使准备提款的客户受到强烈暗示：有杜月笙支持，一切都不用担心，一场可能发生的灾难就这样悄悄被化解了。在这儿，关键的是杜月笙的强大影响力。

耳软心活·受暗示者

耳软心活　比喻没有主见，容易轻信别人而改变想法。清·曹雪芹《红楼梦》第七十七回："只是迎春语言迟慢，耳软心活，是不能做主的。"

暗示的心理机制，是外界影响于不知不觉之中渗入个体内心，在潜意识层面形成一种心理倾向。暗示可以转化为心理能量，支配着个体的思想和行为。是否容易受暗示，与个体的心理特质有关。性格开朗、经验丰富、受教育程度高的人，不容易受暗示。耳软心活、性格内向、有着自卑感的人，对暗示者的引导比较敏感。缺乏安全感时，个体在心理上的依赖性大大增强，从而有着更强的受暗示性。从性别上来说，女性比较容易受暗示；从年龄上来说，儿童和少年比较容易受暗示。在台湾，心理暗示得到广泛应用，以解决儿童的心理障碍和行为问题，并取得显著疗效，如治疗自卑、尿床、口吃、做噩梦、学习障碍等。

心惊肉跳・恐惧可以毙命

心惊肉跳 担心灾祸临头，内心恐惧不安。清・曹雪芹《红楼梦》第一百零五回："贾政在外，心惊肉跳，拈须搓手的等候旨意。"

任何人都有可能受到暗示的影响。在潜意识中，本来就深藏着恐惧、担忧和希望，并于无形中支配着我们的行为。这些情绪表现得越强烈，就越容易被暗示所唤醒。因此，在情况不明、变幻莫测的环境中，人们更容易接受暗示。心理学家蒙上死刑犯人的脸，用一把钝刀片在犯人手腕上划了一下，接着打开水龙头，让犯人感觉到血流不止。实验者说：你的手腕已经被割破，血在一滴滴流下，你将因血流殆尽而死亡。过了一段时间，死刑犯居然"无疾而终"。对于死刑犯来说，每天都心惊肉跳，生活在恐惧之中，很容易相信心理学家的暗示。

乘虚而入・放松容易上当

乘虚而入 趁着对方空虚或疏于防范而侵入。宋・王十朋《论用兵事宜札子》："万一金人乘虚而入，使川陕隔绝，则东南之势孤矣。"

人们的心理状态，对暗示发挥重要影响。心理状态越极端，影响越大。恐惧和担忧会使人六神无主，不由得被人牵着鼻子走。在精神充分放松的状态下，人们也容易接受暗示。因为毫无防范，许多信息乘虚而入，进入潜意识，于暗中发挥作用。电视广告就是这样。广告的影像、声音都具有强烈的暗示性。我们看电视时，常常是抱着休闲心态，漫不经心、充分放松，此时最缺乏警觉性。通过反复播送，广告信息在毫无觉察的情况下沉淀到潜意识里。同一种产品，为什么你选择品牌 A 而不是品牌 B？如果适逢电视上重播这则广告，你才如梦初醒。你购买的，其实是进入潜意识中的品牌，它未必最佳，也未必符合你的需要。

不辨真伪・安慰剂效应

不辨真伪 分不清真假。明・罗贯中《三国演义》第九十三回："因火光之中，不辨真伪。"

18 世纪时，法国医生马切用蒸馏水治愈了很多人的肺结核。当时，肺结核是一种绝症。马切对患者说，国外研制出一种"新药"，对治疗肺结核具有奇效。患者闻听，无不充满希望。几天后，马切给患者服用这种"新药"。患者的病情大有好转，有的甚至痊愈了。这就是著名的"安慰剂效应"，指在病人不知情的情况下，让他们服用没有药效的假药，病人得到了与真药一样，甚至更好的效果。大脑思维时，会产生很多化学物质。如果人们的思考和想象是积极的、愉快的，就会产生有利于健康的物质，附着在血液中输送到身体各处，使各种生理功能发生有利的变化。换言之，如果患者相信药物有效，不管它实际上是什么，患者都会不辨真伪，感觉效果不错，达到与真药一样的效果。2005年的一项调查显示，48%的丹麦全科医生承认，一年中至少有10次会给病人开安慰剂。

难以置信·视力表

难以置信　置信：相信。很难让人相信。刘平平等《我们的爸爸刘少奇》："想弄明白这些难以置信的事件，究竟是怎样发生的。"

在医学实践中，安慰剂效应得到越来越多的应用。哈佛大学心理学教授艾伦·朗格做的实验证实，如果改变人们对自身视力的预期，就能改变他真实的视力水平。普通视力表从上到下，字体逐渐变小。于是，被测者存在心理预期：越往下，越不容易看清字母。朗格教授让视力表的排列顺序恰好相反，字母从上往下逐渐变大，这就扭转了被试的心理预期。结果难以置信，被试的视力水平普遍大幅度提高，在普通视力表中看不清的字母，现在也能看得很清楚了。

如愿以偿·翁格玛利效应

如愿以偿　偿：满足。指愿望得以实现。清·李宝嘉《官场现形记》第四十六回："在抚台面前替他说了许多好话，后来巴祥甫竟其如愿以偿，补授临清州缺。"

心理学家罗森塔尔和雅各布森在某校某班级做了一次测试，然后随机抽取20%的学生并告诉老师，这些孩子智商很高，有巨大的学习潜能和冲击力。一个学期后再次进行测试，发现"优秀学生"的成绩有了明显提高。原因在于，老师对那些孩子有着很强的信心和良好的期望，无意识中增加了对他们的关注和鼓励。孩子们也在老师的关照下，增强了自信心和求知欲。这就是翁格玛利效应，是一种"自我实现的预言"：对他人的期待和预言，引导着对方行为，使这种预言最终得以实现。翁格玛利是古代塞浦路斯国王，花费三年时间雕塑了一个少女，并深深爱上了她。爱神深受感动，将生命赋予这座雕像，使他如愿以偿。

天从人愿·瓦伦达效应

天从人愿　指事情合乎人的意愿。元·张国宾《合汗衫》第二折："谁知天从人愿，到的我家，不上三日，添了一个满抱儿小厮。"

"空中飞人"瓦伦达在高空钢丝上行走如履平地，而且能表演很多高难度动作。一次，很多媒体和达官贵人都来观看演出，他却不慎失足身亡。其妻说：我知道肯定会出事，因为他不停地说：不许失败！而在以前，他只专注于走钢丝。心理学家把这种患得患失的心态命名为"瓦伦达效应"。在一个实验中，射手一再告诫自己不要打偏时，头脑中就出现子弹打偏的图像。在这种暗示下，结果真的打偏了。这是自我实现的预言的另一种表现方式。看似事与愿违，其实是天从人愿。你关注什么，就得到什么。你暗示什么，就收获什么。太在乎事情的结果，太在乎别人的看法，你的注意力就不能放在想要完成的任务上，必然会走向失败。

手疾眼快·飞机驾驶员

手疾眼快　疾:迅速。形容机警、敏捷。明·吴承恩《西游记》第四回:“原来悟空手疾眼快,正在那混乱之时,他拔下一根毫毛,叫声‘变!’就变做他的本相。”

对自我实现的预言的研究扩展到许多领域,如教育、医疗、商业等,证实了对预期的深信不疑,可以塑造人们的行为。在一个实验中,把被试分为两组。他们要在一盏灯亮起的瞬间,立即按下开关。实验者对第一组被试提出的要求很简单,那就是尽可能完成任务。实验者对第二组被试提出的要求较为复杂,让他们想象自己是一名飞机驾驶员,反应能力超乎常人。与第一组被试相比,第二组被试的动作要快得多。他们暗示自己:我是飞机驾驶员,我必然手疾眼快。

不二法门·自杀浪潮

不二法门　法门:修行入道的门径。原为佛家语,意为直接入道,不可言传的法门。比喻最好的或独一无二的途径或方法。清·黄遵宪《与梁任公书》:“欲以讲学为救中国不二法门。”

戴维·菲利普等人分析了警察局的大量资料后发现,媒体大肆披露自杀事件之后,不但自杀人数增多,就连坠机与车祸的死亡人数也大大增加,菲利普将之称作“维特效应”。歌德名著《少年维特之烦恼》出版后,主人公维特迭受挫折、以身殉情,打动了很多年轻人。他们暗示自己:自杀是摆脱困境的不二法门,掀起了一场席卷欧洲的“自杀浪潮”。在现代社会,维特效应依然存在。1962 年 8 月玛丽莲·梦露自杀后,美国 8 月份的自杀事件,比往年同期增加 200 多起。而且媒体对自杀事件的报道力度越大,此后的灾祸就增加得越多。

天壤之别·个体的变化

天壤之别　比喻差别极大。清·文康《儿女英雄传》第三十六回:“不走翰林这途,同一科甲,就有天壤之别了。”

群体中的个体,不但在行为上与本人有着本质区别,而且思想感情也已发生变化,与往昔有着天壤之别。守财奴可以变成慷慨的义士,安分守己者可以变成凶残的罪犯。1789 年 8 月 4 日,法国贵族情绪激昂,毅然投票放弃了自己的特权。独自决策时,他们绝不会做出此种选择。群体表现得比个体更好或更差,取决于群体接受的暗示具有什么性质。如果暗示是弘扬社会正义的,就会打造出一个英雄主义的群体。正是群体,而不是孤立的个人,会不顾一切地慷慨赴难,为某种信仰奉献生命。很多人间奇迹,都是在群体的巨大感召力下实现的。相反,如果暗示是充满歧视、偏见和仇恨的,就会塑造出一个犯罪团伙。

千里之堤,溃于蚁穴·破窗效应

千里之堤,溃于蚁穴　溃:溃决,被大水冲开口子。小小蚂蚁洞,可以使千里长堤溃决。比喻小事不慎会酿成大祸。《韩非子·喻老》:“千丈之堤,以蝼蚁之穴溃;百尺之室,以突隙之烟焚。”

在津巴多的汽车实验中,一辆旧车被打开引擎盖,放在斯坦福大学某校区附近,一周后仍原封不动。然而,当津巴多敲碎车窗玻璃,几小时后,这辆车就消失了。这就是破窗效应。如果一扇窗户的玻璃被人打破,又不能及时修复,过不了多久,所有的窗户都会遭殃。这里体现了暗示的作用。破碎的玻璃窗带来无序感。人们觉得,这儿是缺乏管理的,可以为所欲为。在这种动荡不安的氛围中,犯罪就会滋生和增长。与此类似,一根烟头丢弃在路面上,周围很快就聚集了一堆烟头;第一块菜地没有受到注意,不久小区绿地上就会爬满了青菜、南瓜。千里之堤,溃于蚁穴。为了维护社会秩序、打击犯罪活动,最小的违法违规也不能姑息。

小惩大戒·纽约的治安

小惩大戒　对小错给予惩罚,以警诫不犯大错误。清·吴趼人《糊涂世界》第十一回:“至于那六百两银子,我并不稀罕,不过借此小惩大戒,也叫你东家晓得点轻重。”

纽约曾经是罪恶的代名词,是世界上最令人恐怖的地方。那里充斥着组织犯罪、毒品交易、贪污腐败的警察等。布拉顿担任纽约市警察局局长后,在全市范围内推广应用破窗效应。他不从重大案件着手,而是不放过乞讨、醉酒、吵闹、涂鸦和在公共场所小便等违规行为。他说,这些微小却有象征意义的违法行为,正是暴力犯罪的引爆点。因为它们在暗示:纽约是无序的,是可以任意妄为的。布拉顿小惩大戒,从最小处、最容易处着手,打破了犯罪的恶性循环。结果,纽约渐渐变得干净、安全,社会治安大幅度好转,1994—1997年三年内犯罪率下降37%,凶杀案下降50%,一跃成为全美大都市中治安最好的城市之一。

成也萧何,败也萧何·两种暗示

成也萧何,败也萧何　比喻事情的成败和好坏,都是由同一个人或同一事物造成的。宋·洪迈《容斋续笔·萧何给韩信》:“信之为大将军,实萧何所荐,今其死也,又出其谋,故俚语有‘成也萧何,败也萧何’之语。”

暗示是一把双刃剑,所谓“成也萧何,败也萧何”。积极的暗示帮助受暗示者稳定情绪,树立自信,战胜困难和挫折。消极的暗示使受暗示者情绪低落,一蹶不振。暗示在很大程度上是可以自我调控的。南丁格尔说:“无论是什么,只要我们将它植入自己的潜意识中,不断想象并注入情感,都会在某一天成为现实。”一个女孩老是觉得别人不喜欢自己。在这种暗示下,她害怕与人交往,把别人的善意理解为恶意。久而久之,女孩果然成为不受欢迎的人。后来,她认识到问题的症结,暗示自己:我善良,我有吸引力。很快,她周围就聚拢了不少朋友。

步履蹒跚·改变行为模式

步履蹒跚　蹒跚：腿脚不便，走路摇摇晃晃。形容行走缓慢、迈步不稳。宋·苏颂《乞致仕第三表》："步履蹒跚，朝昼颇难于出入。"

人们的行为模式，于不知不觉中受到暗示的深刻影响。纽约大学的约翰·巴格做了一个实验，让被试将散乱的单词排列成连贯的句子。一半被试拿到与老年人有关的单词，如连成句子后为"这个男人的皮肤满是皱纹"。另一半被试拿到与老年人无关的单词，如连成句子后为"这个男人的皮肤十分光滑"。然后，他们去乘坐最近的电梯。实验者拿着秒表，计算他们穿过走廊直到电梯口所花费的时间。结果，在脑中仅仅停留了几分钟的单词，完全改变了人们的行为模式。第二组被试没有什么异常，第一组被试走路变慢，像是步履蹒跚的老人。

行凶撒泼·足球流氓

行凶撒泼　撒泼：耍无赖。待人凶恶，蛮横无理。明·无名氏《打董达》第二折："我平日之间，行凶撒泼，倚强凌弱，欺负平人。"

荷兰的艾波·狄克斯特霍伊斯和艾德·凡·尼蓬伯格做过类似研究。他们给出5分钟时间，请第一组被试描述足球流氓的典型特征，如行凶撒泼、聚众闹事等。第二组被试描述教授的典型特征，如温文尔雅、知书达理等。然后，他们让被试回答40个问题，如"孟加拉国的首都是哪里"等。第一组被试答对了46%的问题，第二组被试答对了60%的问题。仅仅花费5分钟，重温了对足球流氓或教授的刻板印象，被试的能力就于无形之中发生了变化。

返老还童·时空胶囊

返老还童　返：回。由衰老恢复青春。宋·张君房《云笈七签》第六十卷："日服千咽，不足为多。返老还童，渐从此矣。"

返老还童并非梦想。1979年，美国的艾伦·朗格教授布置了一个与20年前一模一样的与世隔绝的"时空胶囊"。她把16位70多岁的老人分为两组，一组是实验组，一组是对照组。在时空胶囊里生活的一周内，他们听20世纪50年代的音乐，看50年代的电影，读50年代的报刊，讨论美国第一次发射人造卫星等时事。他们的生活习俗，也与当时保持一致。两组老人的唯一区别是，实验组遵循现在时，让自己如同生活在1959年。对照组用的是过去时，即努力回忆1959年发生的事。实验结束后，两组老人的视力、听力、记忆力都明显提高，血压降低了，步态、体力也有显著改善。更奇特的是，实验组的老人显得更年轻，关节更柔韧，手脚更敏捷，在智力测试中得分更高。朗格教授无法解释，在短短一周内，老人的大脑和身体之间，究竟发生了怎样的交互影响。唯一可以断言的是，心理暗示发挥了作用：老人相信自己年轻了20岁，他们的身体随之做出了积极响应。尤其是实验组的老人，这种感受更加真切，生理上的变化也更大。

老当益壮·与岁月对抗

老当益壮　年纪大了，体力、精神却更加健旺。《后汉书·马援传》："丈夫为志，穷当益坚，老当益壮。"

朗格教授认为，衰老不是必然的生理过程，而是一个被灌输的概念。脑神经科学揭示，一半以上的老人，其大脑活跃程度与20多岁的年轻人没有区别。那么，到底是什么抑制了老年人真实的潜能？很多心理实验都证实，一个人衰老的速度与心理暗示有很大关系。自我感觉比较年轻者，与青少年频繁交往者，与比自己年轻的人结婚者，爱打扮、爱穿鲜艳衣服者，老当益壮，寿命往往较长。反之，觉得自己老了，为老年人所包围或爱穿暗色衣服的人，与比自己年老的人结婚者，往往容易显老，寿命也较短。此外，对生活有较多控制权的老人，如能自由分配时间，任意摆放家具，照顾房间里的植物等，与那些受到全方位照顾的老人相比较，记性更好，更快乐，更爱社交，而且寿命更长久。

不解之缘·劳动与锻炼

不解之缘　不可分解的缘分。指关系密切。南朝·梁·萧统《文选·古诗十九首》："文采双鸳鸯，裁为合欢被；著以长相思，缘以结不解。"

劳动与锻炼看似毫不相干，其实存在着不解之缘。朗格教授招募84名女工为被试。她们劳动量很大，每天清理15个房间，每个房间费时20到30分钟。教授问：你们有没有锻炼身体？所有人都说没有。教授把女工分为实验组和对照组，并告诉实验组，你们的工作就是锻炼，能消耗很多卡路里。一个月后，实验组的女工平均体重降低两磅(1磅约等于0.45千克)，血压降低10%，脂肪降低0.5%。对照组女工的相关指标没有发生任何变化。原因是，实验组的女工把劳动视为锻炼，注意力转移到脂肪消耗上。对照组的女工把劳动视为工作，注意力没有放在身体上。虽然两组女工的劳动强度完全相同，有没有暗示，却对身体产生了截然不同的影响。

阳春白雪·古典音乐

阳春白雪　原为战国时期楚国一种艺术性较高的歌曲。后泛指高深的不通俗的文学艺术。战国楚·宋玉《对楚王问》："客有歌于郢中者，其始曰《下里》《巴人》，国中属而和者数千人。……其为《阳春》《白雪》，国中属而和者不过数十人。"

在日常生活中，暗示的影响也非常明显。20世纪90年代，在一家酒类专卖店，研究人员阿雷尼和基姆有计划地改变播放的音乐。半数顾客听到古典音乐，半数顾客听到流行音乐。结果令人惊讶，播放音乐的类型，影响了顾客购买的酒的档次。听到古典乐曲时购买的酒的价格，比播放流行乐曲时高3倍。研究人员认为，听到古典音乐，人们视为阳春白雪，觉得自己很高尚，从而选购更加昂贵的酒。这一切都是在潜意识过程中完成的，顾客毫无觉察。

如虎添翼·压力有益

如虎添翼　比喻得到新助力,更加强有力。三国蜀·诸葛亮《心书·兵权》:“将能执兵之权,操兵之势,而临群下,譬如猛虎加之羽翼,而翱翔四海。”

传统上,人们视压力为敌人,它会提高心血管病的风险。有两项研究彻底颠覆了这个观点。一项研究长达8年,追踪了3万名美国人。研究表明:真正可怕的不是压力本身,而是“相信压力有害”这个信念。美国哈佛大学做过一项“社会压力测试”。被试感受到压力时,神经紧张、心跳加速、呼吸急促。测试前,他们告诉被试,压力反应使你如虎添翼,更好地迎接挑战。心跳加速表明你充满力量,呼吸急促让大脑获得更多氧气。被试测试时,焦虑减少了,信心提高了。那些认为“压力有害”的人,碰到压力时心血管急速收缩,这就是压力导致心脏病的真正原因。被暗示“压力有益”的被试,心血管却异常放松。他们的生理反应与快乐的人几乎一样。长此以往,这两种人的身体状况会产生巨大差异。

名实相副·名字影响命运

名实相副　副:符合。指名称或名声与实际相吻合。三国魏·曹操《与王修书》:“君澡身浴德,流声本州,忠能成绩,为世美谈,名实相副,过人甚远。”

名字对个人命运有一定影响,是由于社会对不同名字有着固有看法或偏见。社会学家发现,名字处于英文字母表前半部分的人,人生一般比较顺利。因为上学时按照字母顺序,他们的名字排在前面,产生了领先于别人的感觉,从而更加发奋努力。招聘时,他们也排在前面,于是有了更多的机会。名字还能影响一个人的职业。美国心理学家布雷特·佩勒姆研究了几十万个名字,认为名字能够影响一个人的职业。很多叫丹尼斯(Dennis)的人成为牙科医生(dentist)。很多叫乔治(George)的人成为地质学家(geologist)。也许,名字与职业在词形上的相似性,产生了暗示和信念,对一个人的职业取向发挥着潜移默化的作用。

为所欲为·柏拉图谈梦

为所欲为　做自己想做的事。形容想干什么就干什么。《资治通鉴·周纪·威烈王二十三年》:“以子之才,臣事赵孟,必得近幸。子乃为所欲为,顾不易耶?”

梦是什么?多数心理学家认为,梦反映了我们清醒时的意识、幻想和情绪。一些人认为,梦有深刻的含义。另一些人则认为,梦几乎毫无意义。柏拉图在《理想国》中写道:“在梦中,人们会犯下各种各样的愚行与罪恶——甚至是不合自然原则的性的结合,或者杀父,或者吃禁止食用的食物等。这些罪恶,在人有羞耻心及理性的时候,是绝对不会去犯的。”这意味着,梦是潜意识的顽强表现。在清醒状态下,潜意识总是受到压抑。那些难于启齿的欲望和原始冲动,往往为社会伦理、习俗和法律所不容,在梦中才能冲破束缚,为所欲为。

黄粱一梦 · 梦是愿望的满足

黄粱一梦　黄粱:小米。比喻虚幻不能实现的梦想。唐 · 沈既济《枕中记》载:卢生在邯郸旅店中遇到道士吕翁,自叹穷困。道士让他枕着一个枕头睡觉,梦中享尽荣华富贵。一觉醒来,小米饭还未煮熟。

弗洛伊德最先提出,梦是潜意识的表达方式,代表着内心愿望的满足。一个饱受欺凌的孩子,可能梦见自己力大无比,让最可怕的敌手闻风丧胆;一个受人冷落的少女,可能梦见自己成为灰姑娘,含笑接受白马王子的膜拜;一个饥寒交迫的流浪汉,可能梦见自己正坐在温暖的炉火旁,享受着一顿美餐。中国古代小说有很多类似于《枕中记》,主人公于梦中满足了一切愿望。想成名的名满天下,想当官的官场得意,想发财的财运亨通,醒来后方知不过是黄粱一梦!

随心所欲 · 满足愿望的方式

随心所欲　随:听任。听任心中的欲望,想怎样就怎样。清 · 曹雪芹《红楼梦》第九回:"宝玉终是个不能安分守礼的人,一味的随心所欲,因此发了癖性。"

梦是潜意识活动的浮现。在清醒状态下,潜意识受到抑制。在梦中,潜意识非常活跃,人们可以随心所欲,使潜在的愿望得到满足。满足的方式可能有三种情形。第一,愿望的直接满足。缺什么就梦到什么,如《枕中记》中的卢生。第二,愿望的反向满足。梦是反的。你在梦中提职加薪,在单位却遭到冷遇。第三,情绪的充分释放。某青年梦见自己老被一匹马摔下来。原来,他爱上一个高傲的女孩,但是付出很大努力,仍然不能博得红颜一笑。这匹马就是女孩的象征。某青年通过梦境,释放了心中的郁闷和痛苦,获得一定程度上的满足。

改头换面 · 梦的象征性

改头换面　比喻只改换形式,不改变内容。唐 · 寒山《诗三百三》第二百一十三首:"改头换面孔,不离旧时人。"

睡梦中,自我控制松懈,潜意识中各种受压抑的观念与冲动浮出水面,希望能得到满足。但是,由于理智没有完全消失,潜意识只得改头换面,以伪装的形式表现出来,从而掩盖其真实含义。因此,以象征形式出现的梦最为常见。通过凝缩、加工和修饰等过程,把杂乱无章的内容,整合成离奇的梦境。释梦就是要揭开梦境的象征意义,剥离其层层伪装。例如:旅途代表死亡;小动物代表儿童;骑马或跳舞代表恋爱;偷了女友的戒指,意味着爱上她的丈夫。

扑朔迷离 · 梦的心理过滤

扑朔迷离　扑朔:雄兔两脚乱动。迷离:雌兔两眼眯起。比喻事物错综复杂,难以认清真相。北朝 · 无名氏《木兰诗》:"雄兔脚扑朔,雌兔眼迷离。双兔傍地走,安能辨我是雄雌?"

为什么梦会复杂离奇、扑朔迷离？弗洛伊德列举出四种梦的加工方式，称作梦的心理过滤。第一种加工方式是凝缩，指将几个人物、事件或物体糅合到一起。梦中的人可能外貌像老师，行为像父亲，说话像母亲，穿着像老板。这个形象是生活中各种权威形象的浓缩版本。第二种加工方式是移置，指将重要的情绪或活动的矛头，转移到安全的方向，以掩盖自己的真实意图。对上司心怀不满者，可能梦见自己打伤了上司的宠物，从中获得快感。第三种加工方式是视像，指用图像而非文字表达心中的愿望。第四种加工方式是润饰。回忆梦境时，人们有着使梦更完整和更符合逻辑的心理倾向。润饰越完美，梦的记忆就越清晰。

夜深人静·白天活动的延伸

夜深人静　夜深了，没有人声，非常安静。宋·杨万里《平望夜景》："夜深人静无一事，画烛泣残人欲睡。"

对梦的解释众说纷纭、莫衷一是。其实，梦并非神秘莫测，也并非可有可无。从本质上说，梦是白天大脑活动的延伸，起着补充和补偿的双重作用。大脑在认知上存在着局限性，大脑堆积着太多的矛盾和冲突，大脑压抑着大量内心的渴望，这一切都需要在夜深人静时予以审视、清理和释放，以完善大脑功能、扫除情绪垃圾、发掘大脑潜能、修复心理创伤、发出安全警报，使个体在生理上和心理上保持健康。于是，潜意识便自告奋勇，以做梦的方式继续工作，补充白天大脑活动的不足，完成白天未了的任务，化解内心的冲突和压力。

拾遗补阙·梦的补充作用

拾遗补阙　阙：空缺。拾取遗漏，弥补空缺。汉·司马迁《报任安书》："次之又不能拾遗补阙，招贤进能，显岩穴之士。"

梦是对白天大脑活动的补充，起着拾遗补阙的作用，以弥补大脑认知能力的不足。白天，大脑处理大量信息，处于超负荷运作状态。很多信息来不及整理，很多信息被遗漏或难以觉察，很多问题得不到解决。对白天杂乱无章的信息，人们在梦中重新予以筛选和整理，将其区分为重要的和次要的，以节省大脑的认知能量；由于选择性注意，绝大多数信息白天都被视而不见，只有在梦中，才会得到关注；有些信息太微弱，如疾病预兆，无法引起警惕。在梦中，大脑才有足够的敏感性，把这些信息放在显微镜下反复审视；人类的思维存在着惯性，面对全新的、难度大的问题时，往往思路闭塞，束手无策。在梦中，由于约束和限制较少，容易摆脱思维惯性，对信息做出新的组合，从而拓展思路，获得顿悟和灵感。

迎刃而解·梦是解决问题的手段

迎刃而解　比喻处理事情、解决问题很顺利。《晋书·杜预传》："今兵威已振，譬如破竹，数节之后，皆迎刃而解，无复着手处也。"

哈佛大学的芭瑞特认为，无论是清醒时还是做梦时，我们都想解决问题。做梦起初可能是为了其他目的，但在进化过程中，做梦开始承担起双重责任：重新启动大脑，帮助解决问题。在实验中，大学生充当被试，完成一项家庭作业。芭瑞特要求，每晚睡觉前都要想它。一周之后，大约一半学生梦到这个问题，四分之一学生在梦中给出问题的答案。这表明，人们能够在梦中解决一些问题。芭瑞特还广泛查阅了文献资料，发现从数学到艺术，任何问题都可在梦中迎刃而解。芭瑞特表示，做梦可能继续进化，让我们更好地解决问题。做梦利用的是额外的思考时间，当然会提高工作效率，但有些答案非常零散，需要进一步整理。

踏破铁鞋无觅处，得来全不费功夫·白领丽人的梦

踏破铁鞋无觅处，得来全不费功夫　比喻费很大力气找不到的人或物，却在无意中得到了。明·许仲琳《封神演义》第三十五回："晁田曰：'踏破铁鞋无觅处，得来全不费功夫。正要擒反叛解往朝歌，你今来的凑巧。'"

一些白天苦思冥想而不得其解的问题，有可能在梦中找到答案，正所谓"踏破铁鞋无觅处，得来全不费功夫"。一位白领丽人工作非常卖力，但付出远远大于所得。梦中，她挖了很多坑，每次都有少量硬币。后来，出现很多黑蚂蚁，爬得到处都是。她想，如果放一把火，这些蚂蚁都会被烧死。这个梦是象征性的。挖坑代表工作很辛苦，少量硬币代表回报与付出不成比例，黑蚂蚁代表工作中的烦恼，大火则代表解决问题的方案。由于该女士比较内向，因此适当发火或向上级表达自己的不满，可以让别人认识到自己工作的价值，使目前的处境得到改善。

轻装上阵·梦的补偿作用

轻装上阵　作战时不披盔甲。比喻放下思想包袱，全身心地投入。杜卫东《败军之帅》："或许是肩头已无沉重的包袱，可以轻装上阵。"

所谓梦的补偿作用，是指在梦中，通过对白天的情绪进行梳理，以缓解压力、满足心中的愿望、减轻内心的矛盾和冲突，从而得以放下包袱，轻装上阵。哲学家哈特曼说："人生的一切忧虑皆出现于梦中。"威德和哈母勒统计，人们所做的梦，愉悦的只占 28%，烦恼和痛苦的多达 72%。阿德勒说，梦最关注的，是人们最关心、体验最深的经历，是引起心理冲突与矛盾的经历。荣格提出，梦的功能主要是补偿性的，总是强调对立的一面，以维持心理平衡。

如释重负·梦中疗伤

如释重负　释：放下。形容解除某种负担后，心情轻松愉快。《穀梁传·昭公二十九年》："昭公出奔，民如释重负。"

在白天的工作和生活中，人们产生了太多的欲望，承受着太多的压力，感受着太多的矛盾冲突。这一切，都转变为强烈的情绪反应，累积成巨大的心理能量。如果不能及时

清理和释放，人就会身心交瘁、心理失衡。梦能够清理情绪垃圾，修复心理创伤。加州大学伯克利分校的研究人员发现，做梦期间，即快速眼动睡眠期间，与压力有关的神经化学物质如肾上腺素明显降低。大脑在这种安全的环境下，重新处理以前的情绪经历，可以减弱由不愉快记忆带来的痛苦，让人如释重负。这种独特的夜间治疗，有助于抚平人们心灵的创伤。

茹毛饮血·200万年前的记忆

茹毛饮血　茹：吃。生吃鸟兽。描绘原始人的生活。《礼记·礼运》："未有火化，食草木之实、鸟兽之肉，饮其血，茹其毛。"

美国心理学博士帕特里夏·加菲尔德曾公布一项研究成果：无论国籍、性别、贫富、贵贱、宗教和文化背景，全世界60多亿人只做12对梦。这表明，人类具有可以追溯到200万年前的共同行为模式。这些梦是集体潜意识的自然流露，反映了人类远祖的生存经验，有助于个体更好地应对周围环境。12对梦中，最常梦到的是追赶，其次是迷路，再次是从高处坠落、裸体和受伤。各类事件威胁程度的大小，决定了这些梦出现的不同频率。在茹毛饮血时代，被猛兽或敌人追赶最可怕，追赶的梦出现频率最高。原始人对小群体依赖性极大，迷路的梦出现频率也很高。由于长期在树上度过，所以从高处坠落也是人类常做的梦。

成败得失·梦是情绪的反应

成败得失　成功与失败，获得与失去。鲁迅《两地书》之九："孙中山虽则未必是一个如何神圣者，但他的确也纯粹'无拳无勇'的干了几十年，成败得失，虽然另是一个问题。"

不管什么梦，都是某种情绪的反映，是在现实生活中被忽略或压抑的真实情感的释放。美梦代表着积极、正面的情绪，代表着获得和成功，既可以是真实情况，也可以是心中的愿望。噩梦代表着消极、负面的情绪，代表着失去和失败，既可以是真实情况，也可以是心中的担忧。同样一种现实，同样的成败得失，可能带来美梦，也可能带来噩梦。如果看到事物的光明面，或者充满希望，就会拥有积极、正面的情绪，美梦就会出现。如果看到事物的阴暗面，或者缺少信心，就会拥有消极、负面的情绪，噩梦就会出现。噩梦未必有害。白天的焦虑、恐惧等情绪，在夜间通过噩梦得到释放，能够调节自身情绪，起到心理平衡的作用。更重要的是，对噩梦的分析，有助于我们认清自己，积极调节白天的情绪。

南柯一梦·美梦和噩梦

南柯一梦　南柯：朝南的树枝。指一场大梦。唐·李公佐《南柯太守传》载：淳于棼梦入大槐安国，娶公主为妻，任南柯郡太守，享尽荣华富贵。后出征战败，公主也死了，国王疑忌他，将之遣回。梦醒后方知，大槐安国不过是大槐树下的蚂蚁洞，南柯郡即大槐树最南的一枝。

淳于棼的南柯一梦，可以分为两段。第一段为美梦，淳于棼娶公主为妻，任南柯郡太守，春风得意，名利双收，充分满足了控制欲。第二段为噩梦，淳于棼出征战败，公主死，国王疑，乐极生悲，得而复失，体验了控制缺失带来的痛苦。此梦反映了人们普遍存在的矛盾心理。一方面，是对权力、金钱、名声和地位的强烈渴望和拼命追求。另一方面，一旦拥有这一切，又满怀对失去既得利益的担忧。缺少时想"得"，反映在美梦中。拥有时怕"失"，反映在噩梦中。

练兵秣马·噩梦的意义

练兵秣马　今作厉兵秣马，训练士兵，喂饱战马。指做好战斗准备。宋·苏洵《几策·审敌》："将遂练兵秣马以出于实，实而与之战，破之易尔。"

噩梦中的场景，常令人痛苦不堪、惊恐万状。然而，噩梦有助于人类的生存。研究显示，四分之三的梦是负面的。某些进化心理学家认为，做噩梦是人们对现实中遇到的危险事件的演习。这种演习很安全，你既可以学会如何应对突发事件，又能使自己不受伤害。芬兰学者安蒂·雷冯索指出，这些梦与原始人的生存需要有关。我们的祖先也做梦，旨在训练自己的头脑，练兵秣马，以便更好地应对明天。他们生活在充满各种致命危险的环境，他们的记忆会变成我们今天的噩梦，警醒我们，迫使我们在梦中经历这些模拟性的危险事件。这样，当我们在醒着的时候遇到类似的危险事件时，就有足够的心理准备，有能力生存下来。

不祥之兆·噩梦与疾病

不祥之兆　不吉利的预兆。清·袁于令《西楼记·邸聚》："小弟初会时，以玉簪赠我，投下跌成两段，原是不祥之兆。"

德国睡眠研究机构的研究指出，噩梦不仅与消极情绪有关。如果频繁做噩梦，可能是不祥之兆，意味着健康出现了问题。梦见从高处坠落，可能是心脏病先兆；梦见房屋着火，可能要发高烧。经常做同一个梦，而且伴随着某个器官的疼痛，可能预示着这个部位确实有健康隐患。有位男士梦见自己吞下一块烧红的煤炭，喉咙感到灼热。去医院检查，医生说没有问题。几天后，他梦见针刺在自己喉咙里。几周后，检查出甲状腺癌。这表明，有些疾病早期难以检查出来，身体却可以觉察到，并通过梦境发出警告。有时，噩梦并非预示着真实的病灶，只是反映了人对患上某些疾病的担忧。例如，怀疑自己患了肝炎，梦中便觉得肝部隐隐作痛。

防微杜渐·梦是风险预警

防微杜渐　渐：事物的开端。在错误或坏事萌芽时及时制止，不让它发展。晋·韦謏《启谏冉闵》："请诛屏降胡，以单于之号以防微杜渐。"

梦是对未来风险的预警。白天，我们接受了太多的信息，大脑处于疲惫状态，很难觉察一些非常微弱的信息。在夜间，大脑比较轻松，对信息反应较为敏感。那些受到忽略的信息,此时得以强化和放大。白天难以觉察的蛛丝马迹,此时得以凸显。因此,梦可以在一定程度上预测疾病和未来,以便我们防微杜渐,逃离或化解风险。例如,工作、生活中面临的危险,在白天未曾受到重视,在梦中变得清晰可辨,让人印象深刻,足以让人吓出一身冷汗,被迫在醒来后采取对策。所谓追赶的梦,反映的就是这种情况。又如,所谓疾病预报,反映的其实是对身体微小变化的反应,放大了清醒状态下很难觉察到的刺激。据报道,一位心脏病患者出现自觉症状前的某天夜里,做了一个胸绞痛的梦。

日有所思,夜有所梦 · 梦的预见性

日有所思,夜有所梦　白天想什么,夜晚就梦见什么。巴金《春》三:"二表妹,你把心放开一点,不要总想那些事情。人说日有所思,夜有所梦,你何必这样自苦!"

人们常常把焦虑带入梦中,借助梦境化解冲突和压力。带有预测性的梦境,反映的其实是白天重复见到的某些景象,曾经引起人们的担忧和焦虑,只是人们未曾觉察到罢了。日有所思,夜有所梦。它们在梦中被集中、放大,进一步转化成灾难预警。曹操曾梦见三匹马同槽进食,苦思良久,方才得到结论:司马懿、司马师、司马昭父子三人将要篡夺曹(槽)氏江山。他警告曹丕,必须对这三人引起注意。司马氏父子足智多谋,凭曹操的能力足以驾驭,他的子孙就未必了。这些疑虑沉淀在曹操内心深处,通过梦境集中体现出来。

暗箭难防 · 林肯遇刺

暗箭难防　比喻暗中伤害人的阴谋手段难以防备。元 · 无名氏《独角牛》第二折:"孩儿也,一了说,明枪好躲,暗箭难防。"

林肯是美国历史上一位著名总统。在位期间,他颁布《解放黑人奴隶宣言》,维护国家统一,最终因触犯南方奴隶主利益在歌剧院被暗杀。遇刺前,林肯曾梦见自己遇刺。看上去,这场梦颇有预见性。其实,就职典礼刚结束,林肯的助手就破获了一起暗杀阴谋。一次外出时,刺客开枪射穿了林肯的帽子。此外,林肯还收到几次暗杀警告。对于这些死亡的威胁,林肯虽然置之不理,非常镇静,但对暗杀的焦虑并没有消失,潜意识把它隐藏起来,在梦中发出警告。

忧心忡忡 · 预见灾难的梦

忧心忡忡　忡忡:忧虑不安的样子。形容忧虑不安,十分担心。《诗经 · 召南 · 草虫》:"未见君子,忧心忡忡。"

20 世纪 60 年代,英国南威尔士的艾伯凡镇附近建成一座煤矿,产生的废弃物堆积如山,在一场大雨下形成泥石流,吞噬了镇上的小学,39 名学生和 5 名教师因此而丧生。精神病学家约翰 · 巴克收到很多信件,说他们在梦中预见过灾难的发生。一对夫妇说,他们在灾难中死亡的女儿前一天做梦,说"学校没有了,黑乎乎的东西把房屋掩埋了"。其实,小镇居民的预言梦是有铺垫的。3 年前一位工程师曾经忧心忡忡,写信警告当局说,

在暴雨冲刷下，煤矿渣很容易引发泥石流，对生命财产造成巨大损害。居民们的梦，实际上就反映了这种焦虑。

判若水火·如此释梦

判若水火　判：区别。比喻两者截然不同，互不相容。清·钱泳《履园丛话·谭诗·总论》："沈归愚宗伯与袁简斋太史论诗，判若水火。"

由于梦的象征性和含糊性，很多所谓预见性的梦，都可以做出判若水火的两种解释。战国时，赵孝成王梦见自己乘龙冲天，未达天庭而坠落，见金山、玉山各一座。大夫赵禹说，此为吉梦，值得庆贺。大王必有拓疆、增财之喜。占卜官敢说，乘龙坠落，表明事情有变。金玉成山，可看不可用，徒有虚名罢了。这是凶梦，大王必须慎重。当时，秦国强大，六国皆有畏惧之心。作为诸侯，赵王又胸怀开疆拓土、攫取财富的野心。欲望和现实的冲突，使赵王内心充满了担忧和焦虑。事物的变化，本来就存在着各种可能性，究竟向哪个方向发展，就要看运气和未来的变数了。关于此梦的含义，唯一能确定的就是赵王的担忧和焦虑。

事在人为·梦的警示作用

事在人为　指在一定条件下，事情成功与否要看人的主观努力。《吴越春秋·勾践阴谋外传》："道出于天，事在于人。"

曹操、林肯的梦与赵王的梦类似，并不具有预见性，只是反映了当事者的担忧和焦虑。未来的发展存在着多种可能性。如果运气好一点，曹操后代的才智强一点，司马氏未必能吞灭曹魏。同样，如果运气好一点、防范严一点，林肯也未必会遇刺。因此，我们不必迷信梦的预见性，但必须重视梦的警示作用。事在人为。倘若看到梦所预示的"吉"的一面，增强了信心，朝着好的方面努力，就可以美梦成真。与此同时，也不可回避梦所预示的"凶"的一面。若能对事物有可能向坏的方向发展高度警惕，防微杜渐，就可以逢凶化吉。

05 第5章 潜意识与人类思维

不假思索·直觉

不假思索　假：凭借。不用思考就做出反应。宋·黄榦《复黄会卿》："戒惧谨独，不待勉强，不假思索，只是一念之间，此意便在。"

直觉是直观的认识，是一种不假思索，无需观察和推理便可立即领悟的能力。它可以使人很快得出答案，但也可能导致错误。丹尼尔·卡尼曼说："直觉思维是感觉型的、迅速的、不费力的，逻辑思维则是推理型的、批判的和分析的。"在一项实验中，被试观看13个陌生老师的录像剪辑。看完开始、中间和结束等各占10秒钟的片段后进行评分，包括自信心、活跃度和热情度等指标。与听过这些老师一年课程的学生相比较，被试的评分有着高达72%的相关性。如果讲课剪辑是三个2秒钟，所得结果相同。这表明，直觉可在瞬间完成，而且有较高的准确度。这也意味着，第一印象不是武断的，在很大程度上是可以信赖的。

毫不犹豫·直觉的价值

毫不犹豫　犹豫：迟疑。一点儿也不迟疑。毛泽东《井冈山的斗争》："第二次杜修经、杨开明来，主张红军毫不犹豫地向湘南发展。"

约翰·巴奇说："我们对任何事情都是在1/4秒钟内做出好坏评价的。"直觉是人类祖先在进化过程中形成的能力，有高度的适应性。遇到陌生人或大动物，人们必须立即做出判断：他是朋友还是敌人？会不会伤害自己？只有毫不犹豫，快速做出判断的人，才有可能生存下来，留下自己的基因。因此，作为他们的后代，我们能够在瞬间读懂生气、害怕或高兴的面部表情。而且对于同一张面孔，许多人的反应基本一致。直觉有时会成为错误的来源，但在生活中是非常有价值的，以至于抵消了由此而带来的损失。我们时刻都在判断和决策，如果将过多时间花费在解决日常琐事上，我们将错失良机，并贻误对重大问题的思考。

聪明睿智·战略直觉

聪明睿智　睿智：英明，有远见。形容洞察力强，见识卓越。《周易·系辞上》："古之聪明睿智，神武而不杀者夫。"

纽约哥伦比亚商学院的比尔·达根在研究大脑活动的基础上，将直觉划分为三种类型：普通直觉、专业直觉和战略直觉。普通直觉指身体直觉，如感官产生的即时反应。日本学者江木园说，与人交往留下的印象中，55%来自相貌、表情、视线等视觉信息，38%来自声音、语速、语调等听觉信息。专业直觉指基于专业知识和个人经验产生的即时判断，如专业棋手可同时与多人对弈。战略直觉指顿悟，是脑中突然闪过的洞察力，能解决长期受困扰的问题。达根教授说，拿破仑就具有非凡的洞察力，即超乎常人的战略直觉。事实上，古往今来的伟大科学家、军事家和企业家，都表现出这种战略直觉。他们聪明睿智，富有远见。

茅塞顿开·爱因斯坦看直觉

茅塞顿开　茅塞：被茅草堵住。比喻豁然领悟、明白了。《孟子·尽心下》："山径之蹊间，介然用之而成路；为间不用，则茅塞之矣。今茅塞子之心矣。"

爱因斯坦对直觉做出高度评价："真正可贵的因素是直觉。"爱因斯坦晚年说："直接引导我提出狭义相对论的，是由于我深信：物体在磁场中运动所感生的电动力，不过是一种电场罢了。"相信或不相信某个结论，凭借的是直觉而非逻辑。换言之，狭义相对论这一重大发现，决不是逻辑思维的成就。只有直觉和灵感，才能产生科学创造力。历史上很多重大发现，如拉马克的进化论思想、拉瓦锡的氧化理论、康德的星云假说，都是科学家在长期思考后茅塞顿开，产生直觉，获得新感悟，并据此创立新概念，把握住事物内在的、本质的联系。

相反相成·直觉和逻辑

相反相成　指相互对立的事物有相互依赖、相互促成的一面。《汉书·艺文志》："仁之与义，敬之与和，相反而皆相成也。"

爱因斯坦认为，在认识世界、寻找事物之间的联系和区别时，通常采用逻辑方法。但是逻辑方法不是万能的。在逻辑方法不起作用的地方，直觉可以有效地发挥作用。按照他的说法，直觉和逻辑是相反相成的，逻辑的作用表现为推理，直觉的作用表现为领悟和理解。如果缺少实验证据和逻辑理由，直觉就可以成为理由。这种作用，在整个科学史上都表现得非常明显。他与别人争执不下时会说，"我相信直觉"。1951 年参加量子力学的争论时，他就是这样做的。爱因斯坦在悼念居里夫人的演讲中说，居里夫人首先依赖的是大胆的直觉，然后通过艰苦卓绝的努力，进行实验和推理，对那些由直觉形成的假设进行验证。约翰·凯恩斯说："牛顿的卓越应该归功于他少有的直觉天分。"72 个诺贝尔奖获得者众口一词，暗示了直觉对他们成功的影响："像有一只手在牵着我们。"胡适提出的"大胆地假设，小心地求证"，高度概括了直觉与逻辑推理的关系。

突如其来·巴顿的第六感觉

突如其来　出乎意料，突然到来。《周易·离》："突如其来如，无所容也。"

"二战"时，美国的巴顿将军以具有第六感觉而著称。巴顿说：我取得军事成功，是由于我一直确信我的"军事反应"是正确的。这里所谓的"第六感觉""军事反应"，体现的正是直觉的力量。有一次，巴顿与德军在卢森堡作战。凌晨 3 点，巴顿无缘无故醒来，一个念头突如其来，让他无法入睡：德军就要进攻了！一小时后，巴顿喊来秘书，让他马上传达进攻命令。几乎在美军发动进攻的同时，德军也展开进攻。由于略占先机，巴顿掌握了主动权，成功地击退了敌人。事后，巴顿就此事发表议论："我不敢说我知道敌人要来进攻，但以往的每一个战术思想几乎都是这样突然出现在我的脑海里，而不是有意识地苦思冥想的结果。"

当机立断·高效率的决策

当机立断　当：面临。在关键时机立即做出决断。三国魏·陈琳《答东阿王笺》："拂钟无声，应机立断。"

利用直觉做出决策，是高效率的，节约了大量时间和心理能量。直觉让我们凭借经验，估计某种结果出现的可能性，不必做烦琐的计算和推理，只求获得近似值，得到比较满意的答案。在大多数情况下，受时间和心理能量的限制，我们不可能深思熟虑。直觉源于长期积累的经验，形成了应对复杂环境的心理模式，使我们能够当机立断，有效地进行决策，及时化解突然降临的危险。运用直觉思考问题，尤其是复杂问题，能够在瞬间看出问题的实质，做出比较准确的判断。在外界刺激下，记忆受到激发，并在潜意识状态下进行重组，从而产生直觉。识别罪犯、猜出谜语、选购商品，都是由潜意识自动决定的。听了一个陌生乐曲的片段，音乐家会说：我从没有听过，但知道是莫扎特的。它听起来就像是莫扎特的。

兵贵神速·直觉思维的特点

兵贵神速　用兵贵在行动迅速。泛指处理问题贵在迅速、果断。明·罗贯中《三国演义》第二十六回："（绍怒曰）皆是汝等迟缓军心，迁延日月，有妨大事！岂不闻兵贵神速乎？"

直觉思维是从总体上认识和把握事物的性质、特点，并据此分析和判断。逻辑思维是先研究事物的各个部分，然后认识、归纳事物的总体特征。直觉思维速度极快。问题的出现和解决，几乎是同时发生的。逻辑思维不同，在掌握大量信息的基础上，进行认真、缜密的分析和推理。在商场、战场上，压力大、线索多，瞬息万变，直觉的重要性尤为明显。兵贵神速，为了驾驭复杂的环境，及时把握最佳战机，必须依靠直觉做出决策。在一个虚拟战场上，华尔街交易员与海军陆战队士兵对决，获胜的居然是交易员。原因在于，交易员直觉很强，能够嗅出危险并立即采取行动。士兵虽然实战经验丰富，但他们遵循严格的规则，较少依赖于直觉。体育比赛也是如此，直觉使运动员灵活多变、反应迅速。

先斩后奏·先行动再解释

先斩后奏　旧时指先杀了犯人，再向皇帝报告。比喻先把事情处理了，造成既成事实，再向上级报告。引申为先行动，再解释。《汉书·申屠嘉传》："吾悔不先斩错乃请之。"颜师古注："言先斩而后奏。"

我们的态度具有双重性：内隐态度和外显态度。内隐态度是潜意识的，反映了直觉。

外显态度是有意识的，反映了理性。喜好和偏见是由内隐态度决定的。很多官员爱听赞颂，不爱听批评。尽管他们很清楚，拍马屁的往往是小人，怀有个人目的。比较起来，内隐态度的改变更加困难，因为你意识不到它们的存在。在情感作用下，大多数时候我们先斩后奏，在直觉和内隐态度引导下行动，再由理性思维对行为做出解释，赋予它们以某种意义。例如，我们先从个人偏好出发，对一个问题表示赞成或反对，然后为这种立场寻找可以自圆其说的理由。

师出有名·挑选海报

师出有名　师：军队。名：名义，理由。泛指做事有正当理由。《陈书·后主本纪》："智勇争奋，师出有名，扬旆分麾，风行电扫。"

蒂莫西·威尔逊在多次实验中发现，可以通过内隐态度预测个体行为，外显态度则不具有预测性。直觉比理性更能反映人们的真实感情和真实关系。在一个实验中，被试在两张海报中选择一个带回家。一部分被试需要说明，为什么要做出这种选择。另一部分被试不需要做出任何解释。前者选择的，一般是比较幽默的海报，以便师出有名，解释起来令人信服。几周后，这些人对自己的选择表示后悔。威尔逊据此提出假设，潜意识指导着我们的行为。倘若寻找行为的原因，顾及别人的看法，就会背离内心愿望，让我们的选择出现偏差。

化险为夷·经验系统的优势

化险为夷　险：险阻，危险。夷：平坦，平安。原指变险阻为平坦，后指转危为安。清·曾朴《孽海花》第二十七回："以后还望中堂忍辱负重，化险为夷，两公左辅右弼，折冲御侮。"

卡尼曼认为，大脑中有两个决策系统：理性系统和经验系统。经验系统自动、迅速和高效率地加工信息。理性系统加工信息时，要经过逻辑分析，并以语言为主要媒介，速度慢、程序化。相对而言，经验系统经历长期进化，很好地适应了环境。而且，经验系统受情绪支配，使我们能够更加有效地保护自己，化险为夷。危险来临时，情绪的反应比意识的反应要早得多、快得多。如果不是依靠直觉行事，而是反复思考和论证，人类和任何哺乳动物都将不复存在。当然，理性系统并非无足轻重。解释或分析来自直觉的决策后，理性系统会纠正经验系统的疏忽和失误。两个决策系统的观点，丰富和发展了双重信息加工系统理论。

见多识广·专家的直觉

见多识广　比喻见识广，阅历深。明·冯梦龙《喻世明言》第一卷："还是大家宝眷，见多识广，比男子汉眼力倒胜十倍。"

经验系统是直觉和创造性的来源。专家通常能显示出这种直觉。经过反复学习，吸取经验教训，他们将知识区分成各种模块，以整体的、紧密联系的方式储存信息，而一般人储存的信息是混乱的、相互独立的。透过大量信息，见多识广的专家看到了清晰的画面，可以立即做出决策。一般人看到的只是一堆乱麻。身经百战的将军或几经沉浮的企业家，能够从千头万绪的信息中，排除无关细节的干扰，一下子抓住问题的要害。因此，在有着时间压力，或者信息缺乏、不确定性强等恶劣条件下，他们仍然能够从容不迫，迅速做出判断和选择。

阅人多矣·林金山的眼力

阅人多矣　指与各种人物打过交道，很有眼力，能看出人的好坏优劣及其发展方向。明·冯梦龙《东周列国志》第九十九回："胜阅人多矣，乃今于毛先生而失之，胜自今不敢复相天下士矣。"

新加坡建国元勋林金山在识别人才时用直觉多于用理性，却准确无误。他阅人多矣，能透过一个人的表情、声音和肢体语言，窥测到隐藏在其后面的真实品质。这种本领来自他的从商经验。他说：做生意时，有很多机会做人格上的判断。第一印象通常很重要。嘿，这个人有些方面我很不喜欢，我的判断通常不会错。有时候，我跟一个人握手感到不自在，想马上甩开他的手。有些人觉得奇怪，为什么第一次跟某人会面，我就不喜欢。然而，每次我的判断都不会错。

恍然大悟·顿悟

恍然大悟　恍然：猛然清醒的样子。悟：明白。一下子完全明白了。明·冯梦龙《醒世恒言》第二十六卷："当下少府恍然大悟，拜谢道：'弟子如今真个醒了！'"

顿悟或灵感指的就是战略直觉。苦思良久恍然大悟，而且答案简明清晰。顿悟或灵感在科学发现中的意义，爱迪生阐述得非常清楚。他说，"天才是1%的灵感加上99%的汗水"，"但那1%的灵感是最重要的，甚至比那99%的汗水都重要"。罗伯特·斯德伯格和简尼特·大卫德森指出，顿悟涉及三种能力。第一种是选择性编码的能力，即选中有价值信息的能力。第二种是选择性组合的能力，即重新组合信息，使之变得有意义的能力，如门捷列夫发现元素周期表。第三种是选择性比较的能力，即找出新问题与已有信息或已解决问题之间联系的能力。如阿基米德洗澡时突然产生联想，解决了金王冠难题，发现了浮力定律。

安闲自在·灵感的产生

安闲自在　安静清闲，自由自在。形容清闲无事。明·李贽《焚书·早晚礼仪》："有问乃答，不问即默，安闲自在，从容应对。"

美国印第安纳大学的研究人员发现，心理压力小时，联想力和概括力更强，从而增进了创造力。因此，在时间或空间上距离问题越远，就越容易找到答案。有人调查过821名发明家，发现他们安闲自在时，产生灵感的比例最高。遇到难以解决的问题时，我们不妨休息一下，甚至胡思乱想，让潜意识重新整合和更新已有信息。这些整合和更新，是我们的意识所无法想象，并竭力予以排斥的。德国物理学家赫尔姆霍兹说："我的许多巧妙设想，不是出现在精神疲惫或伏案工作的时候，而是在一夜酣睡之后的早上，或者是天气晴朗缓步攀登树木葱茏的小山时。"勃拉姆斯因作曲带来巨大压力，发誓再不会写出一个音符。他隐居到乡下，享受着轻松的、无忧无虑的生活。音乐灵感犹如泉涌，一发而不可收拾。

不辱使命·史蒂文森的梦

不辱使命　指不辜负别人的托付，出色地完成了使命。高阳《清宫外史》下册："想来想去，只好重托赫德斡旋，赫德总算不辱使命，调解出来一个结果。"

距离问题最远的时候，应该是做梦时。进入睡眠之后，意识的力量渐渐减弱。摆脱了意识的强有力约束，潜意识就顽强地浮现了出来，于是有了梦。斯提克戈德教授指出，大脑经常为一些难题所困扰，便在睡梦中将记忆、事实与感情结合起来，像拼插玩具一样重新进行组合，而且转换成我们可以理解的形式。换言之，做梦时，大脑以一种新的方式学习和思考。英国作家史蒂文森说，他的大部分创作灵感来自梦境。他习惯于睡前与潜意识交流，以便未完成的故事能在梦中延续下去，醒后再将梦境一一记录。他说，潜意识是一群专为自己服务的小精灵。找不到创作灵感时，就将问题交给他们，向他们说出自己的要求。他们也不辱使命，很快会帮助自己实现目标。在梦的协助下，他完成了20多部畅销小说。

野马无缰·梦中的思维状态

野马无缰　没有拴上缰绳的野马。比喻任意行动，不受约束。清·名教中人《好逑传》第四回："天机有碍尖还钝，野马无缰快已迟。"

在科学史上，很多伟大的发明或发现都是拜梦境所赐。化学家奥古斯特·冯·凯库勒花了几年时间研究苯结构。后来，他梦见一条蛇盘成圆形，由此发现了苯的环状化学结构。爱迪生睡觉前默诵自己想要发明的东西，以及遇到的困难，然后安心入睡，让梦境为他寻找答案。物理学家玻尔爱说一句话，叫"枕着问题睡觉"。为什么梦会带给我们那么多启示和灵感？因为做梦时，我们摆脱了白天萦绕于脑中的"可能与不可能""合理与不合理""逻辑与非逻辑"的纠缠，有如野马无缰，进入一个超越理性、恣意妄行的思维状态。我们穷尽了通常认为是不可能、不合理、非逻辑的情况，从平素受到疏忽的侧面，对问题进行全方位的考察和综合性的思考，从而获得无限的智慧和无穷的力量。

瑕不掩瑜·直觉的局限性

瑕不掩瑜　瑕：玉上的斑点。瑜：玉的光彩。比喻事物的缺陷无损其整体的美。《礼记·聘义》："瑕不掩瑜，瑜不掩瑕，忠也。"

为了应对时间压力，大脑形成了专门化的心理捷径，如直觉。在多数情况下，直觉比理性思考更有优势，简单、快速，具有很强的适应性。不过，直觉也有局限性，主要表现在以下三个方面:首先,直觉依赖于经验。一旦环境变化,直觉很容易失灵。其次,经验具有独特性。根据直觉做出的决策,贯彻时会产生交流上的困难。更重要的是,直觉可能导致一些系统性偏差的出现,如代表性直觉、可获得性直觉、相关性直觉等。直觉产生的错误,是我们简化信息加工、增强适应性的副产品。这些直觉有时会把我们引入歧途。但是瑕不掩瑜,它们可以帮我们做出高效而迅速的决定。它们之所以存在,是因为有利于人类的生存和繁衍。

一叶知秋·代表性直觉

一叶知秋　从一片树叶的凋落,知道秋天的到来。比喻通过个别细微的迹象,可以看到事物的发展趋向与结果。汉·刘安《淮南子·说山训》:"以小明大,见一叶落而知岁之将暮。"

在判断可能性大小时,由于任务比较复杂,人们常采用有限的线索简化计算过程。无数次实验表明,人们依据不同的首选法则,在高度不确定的情况下快速做出决策,代表性直觉就是其中的一种策略。什么是代表性直觉?特沃斯基和卡尼曼认为,人们通常会根据A在多大程度上能代替B,或者说A在多大程度上与B相似,以及A在多大程度上反映了B的特征,来判断事件发生的可能性。A指的是样本,B指的是总体。例如人们普遍认为,树叶凋落代表着秋天的到来。于是,就有了"一叶知秋"这个成语。决策时,人们习惯于依赖这种直觉,无论依据的信息是否充分。从某种意义上说,代表性直觉是运用刻板印象做出的决策。决策时,人们仅需将某项选择的特征,与归纳了某一群体特征的刻板印象作比较,看它们的相似程度究竟有多大。例如,我们在大脑中普遍储存着罪犯形象。如果一名犯罪嫌疑人的特征,看似符合罪犯的一般脸谱时,我们倾向于认为他有罪。

主客颠倒·违反概率的基本原则

主客颠倒　比喻事物的轻重、大小颠倒了位置。施蛰存《滇云浦雨话从文》:"由此,从文有了一个固定的职业,有月薪可以应付生活。但这样一来,写作却成为他的业余事务,在他的精神生活上,有些主客颠倒。"

代表性直觉的最大弊病,是主客颠倒,违反了概率的基本原则。在一项实验中,被试需要回答,未来10年中最可能发生的事件。选项A:美国和俄罗斯之间将爆发一场全面核战争。选项B:美国和俄罗斯之间将爆发一场全面核战争。但是,一开始两国都不想动用核武器,只是在卷入一场局部战争后,才被迫使用核武器。实验显示,绝大多数人都看中了选项B。选项B反映的是特殊事件,选项A反映的是一般性事件。一般性包括了特殊性,因此有更大的可能性。特沃斯基和卡尼曼指出,相对于一般的、抽象的描述,具体的、描述生动的事件,似乎有着更大的可能性。原因在于,人们觉得它真实感很强,更具有代表性。

不可偏废·忽略基本比率

不可偏废　偏废：因重视一方，而忽视另一方。不能因强调一方，而忽视另一方。《朱子语类》卷一四："知与行，工夫须著并列。知之愈明，则行之越笃；行之越笃，则知之愈明。二者不可偏废。"

代表性直觉的另一个弊病，是忽略了事件的基本比率，即事件发生的概率大小。在一个实验中，卡尼曼和特沃斯基给出70名工程师和30名律师的简历，被试可以随机抽取一个人，判断此人是工程师的可能性。例如，迪克30岁，已婚，没有孩子，能力强，工作积极性很高，富有进取心，深受同事欢迎。请问：迪克是工程师的可能性有多大？这种判断要分两步走。先看迪克与哪种职业更吻合，即考察其代表性，然后再看某种职业的基本比率，二者不可偏废。然而，人们高度关注代表性，却对基本比率视而不见。大多数被试认为，迪克为工程师的可能性为50%。因为在这段描述中，看不出明显的职业偏向。他们忽略了，工程师和律师的基本比率为70∶30。因此，迪克是工程师的可能性应该是70%。

麻雀虽小，五脏俱全·小数定律

麻雀虽小，五脏俱全　比喻有些事物规模虽小，但却一应俱全。茹志鹃《如愿》："你别看我们那个生产小组小，'麻雀虽小，五脏俱全'。"

代表性直觉的又一种表现，是特沃斯基和卡尼曼所称的"小数定律"。统计学有一个"大数定律"，指从总体中抽取的样本容量越大，该样本的平均数与总体的平均数就越接近。小数定律是指从总体中随机抽取的任何样本都是类似的。换言之，麻雀虽小，五脏俱全，小样本同样能反映总体特征。这个所谓的定律是错误的。某镇有两家医院，大医院每天约45个婴儿出生，小医院每天约15个婴儿出生。婴儿中男孩约占50%，但逐日比例不同。你认为，一年内哪家医院男孩出生比率超过60%的天数更多？大部分人认为两家医院相同。大数定律指出，大样本更接近于总体的平均数，即50%的比例。因此，小医院男孩出生比率超过60%的天数，应该比大医院更多。多数人信奉"小数定律"，忽视了样本大小带来的差异。

风马牛不相及·赌徒谬误

风马牛不相及　风：雌雄相引诱。马牛不同类，不会因两性相诱而贴近。比喻事物之间毫不相干。《左传·僖公四年》："君处北海，寡人处南海，唯是风马牛不相及也。"

赌徒谬误指两个事件本来风马牛不相及，有人却认为前一个事件的结果，影响了后一个事件发生的概率。赌博机中随机吐出红球和黑球。吐出红球赢，吐出黑球输。某赌徒连续4次获得黑球后，仍不肯离开赌场。他相信小数定律，心想：出现这么多黑球后，下一次必定是红球。然而，第5次输钱的概率仍然有50%，因为这几次赌博之间没有任何关系。任何随机性事件都有这个特点。小品《超生游击队》中，一对夫妻接连生了几个女孩，他们确信下一个肯定是男孩。实际上，下一个孩子很可能还是女孩。于是，超生就不可避免了。在彩票市场,不获奖,或仅获小奖的背后,未必就有大奖等着,不必把身家性命都搭进去。

如坐云雾·我们都是概率盲人

如坐云雾　比喻头脑糊涂,不能辨析事理。北齐·颜之推《颜氏家训·勉学》:"及有吉凶大事,议论得失,蒙然张口,如坐云雾。"

人类不善于估量风险。从这个意义上说,我们都是"概率盲人"。美国联邦安全委员会 1991 年报告称,20 世纪 80 年代美国人出行同样距离时,汽车车祸死亡率是飞机失事死亡率的 26 倍。但是飞机失事引起的恐慌,却比车祸大得多。媒体的大肆渲染,使前者更加触目惊心。人们还害怕谋杀、电击、毒蛇叮咬等飞来横祸,尽管其发生的可能性微乎其微。人类拥有发达的大脑,为何会在基本的概率判断上如坐云雾?第一,数学概率出现的时间太短,人类还无法适应。第二,在几百万年的进化史中,雷轰电劈、部落战争与毒蛇袭击,是人类的最大威胁。尽管现代社会不再出现同样的场景,由此产生的恐惧却通过基因遗传下来,成为我们生命的一部分。第三,人们认为,一件事越引人注目,就越有可能发生。

耳熟能详·可获得性直觉

耳熟能详　听得多了,就能详细地说出来。宋·欧阳修《泷冈阡表》:"吾耳熟焉,故能详也。"

如果有些事例容易想起来,我们倾向于认为该事件经常发生,并据此做出判断和选择。这就是可获得性直觉,是一种我们经常使用的直觉。经验表明,如果容易从记忆中搜寻到相关事件,该事件通常是大量发生的。然而,有些事件更容易被想到,并非由于出现频率高,而是因为近期发生,或掺杂了感情因素,在脑中留下深刻印象。一名采购员选择了一家耳熟能详的供货商。后来他才省悟,之所以耳熟,是因为它涉嫌敲诈,最近被媒体反复曝光。卡尼曼和特沃斯基还认为,受生动性和可接近性的影响,我们倾向于高估不太可能发生的事件。目睹过燃烧的房屋,比从报纸上读到火灾报道,会更高地估计火灾发生的可能性。

触目惊心·鲨鱼吃人

触目惊心　看见某种严重情况,引起内心极大震动。明·无名氏《鸣凤记·二臣哭夏》:"李大人,闻言兴慨,触目惊心。"

可获得性直觉的误区,与记忆的特点有关。我们提取记忆时遵循的原则,是易联想、易接近和易比较。那些鲜明、生动的事件,可能被认为是经常发生的。在美国,哪种情况更容易致人死亡?是飞机上坠落的零件,还是大海中游弋的鲨鱼?实验表明,绝大多数人选择了后者。现实中,美国死于飞机零件坠落的人数,是死于鲨鱼利齿的人数的 30 倍。原因很简单,鲨鱼吃人触目惊心,是媒体的头条新闻,人们很容易想象出那种血腥场面。相比之下，飞机零件坠落事件就平淡得多，得不到报刊的关注，很难产生联想。因此，人们的直觉与统计数据恰好相反。

心头鹿撞·生动的信息

心头鹿撞　形容惊慌或激动时心跳剧烈。明·凌濛初《初刻拍案惊奇》第十一卷："王生听了，惊得目睁口呆，手麻脚软，心头恰像有个小鹿儿撞来撞去的。"

对于决策者来说，生动的信息影响较大，统计数据或者平淡、抽象的信息则影响甚微。在日常生活中，这种现象我们经常见到。广告商通过具体的事例，而非统计数据，来描述有关产品的性能。他们运用生动的形象、煽动性的语言，让消费者心头鹿撞，留下深刻印象。在课堂上，学生记住的是具体的案例和生动的口号，而不是抽象的数据和艰深的模型。在法庭上，罪犯或目击者对犯罪事实的具体描述，比起丰富翔实的报告和统计数据，更能影响法官的有罪判断。因为它们更容易勾起想象，更容易引起情绪波动，因而更容易进入法官的意识之中。

比肩而立·购物地图

比肩而立　比肩：并肩。比喻彼此距离极近。《战国策·齐策三》："寡人闻之，千里而一士，是比肩而立；百世而一圣，若随踵而至。"

某些事件易于从记忆中提取，也是可获得性直觉产生偏差的原因。研究者提问：以 K 为首的英文单词，和以 K 为第三个字母的单词，哪一种数量更多？约 70%的被试认为，以 K 为首的单词数量更多。实际上，后者的数量是前者的 2 倍。错误的根源在于，以 K 为首的单词位置醒目，人们更容易从记忆中提取。在同一条商业街，为何聚集了那么多奢侈品商店？在一百米范围内，为何分布了多家银行或大型超市？这是因为，消费者头脑中有一幅地图，标志着特定商品或商店的位置。它们越集中，从记忆中提取起来就越容易。为了迎合消费者的记忆特征，使客流量达到最大化，商店喜欢比肩而立，从竞争中赢得一份羹。

身经目睹·最清晰的记忆

身经目睹　睹：看见。亲身经历，亲眼看见。王西彦《真挚的心和为还债的书》(《随笔》1987 年第 3 期)："病情稍有好转，他就想到《随想录》的写作，就忍着痛楚慢慢地写了起来，真是一个字一个字地写，那困难的程度非身经目睹的人所能想象。"

可获得性还受个人经历的影响。对自己的经验或观点，我们的记忆更加清晰。罗斯在一项研究中，要求夫妻两人估计一下，他们在家庭活动中应该承担的责任，如家务劳动以及由此引起的争论。双方都认为，自己比对方更卖力、责任更大。例如，丈夫和妻子都说，自己应该对争吵负起 60%的责任。两人责任之和为 120%，显然很荒诞。原因在于，比起他人的经历，个体更容易想起本人身经目睹的事件。通常情况下，成功的决策者往往低估了风险，所谓"打死会拳的，淹死会水的"。失败的决策者往往高估了风险，所谓

“一朝被蛇咬，十年怕井绳”。

乱点鸳鸯·相关性错觉

乱点鸳鸯　比喻胡乱搭配。明·冯梦龙《醒世恒言》第八卷：“今日听在下说一桩意外姻缘的故事，唤做‘乔太守乱点鸳鸯谱’。”

判断事物的相互关系时，可能存在直觉上的误区。人类偏爱秩序，想从杂乱无章中寻求事物变化的规律性，以便理解和掌控世界。如果两个变量是共同变化的，可称为“相关”。如果两个变量并不相关，却被乱点鸳鸯，误认为相关，称为“相关性错觉”。相关性错觉在手热现象中有所体现。手热现象指运动员投中一个或几个球后，再次投篮时有较高的命中率。统计分析证实，这种说法并不成立，纯粹出于想象，投中下一个球的可能性，不受前几次战绩的影响。研究结果引起轰动，球迷们普遍认为，运动员有时手热有时手冷。教练为了对付对方球队手热的队员，会临时调整本队的防守战术。绝大多数心理学家把相关性错觉的产生原因，归结为可获得性直觉和代表性直觉。可获得性直觉指出，明显的或突出的配对，更容易进入记忆。因此我们高估了两种事件同时出现的概率。代表性直觉表明，我们相信一个事件是另一个事件的典型代表，从而推断出二者存在着相关性。

说曹操，曹操就到·注意偏差

说曹操，曹操就到　正谈到某人，他恰巧就来了。张恨水《金粉世家》第九十二回：“接着就听到梅丽说话的声音道：‘你们少奶奶的病好些了吗？’二姨太道：‘你瞧，说曹操，曹操就到了。’”

注意偏差也是产生相关性错觉的一个重要来源。所谓注意偏差，指只注意到部分信息，而忽视了其他信息。常言道，说曹操，曹操就到。似乎我们的谈话，与某人的到来存在着相关性。其实，我们只注意到“说曹操”和“曹操到”的同时发生，没有考虑到“说曹操”而曹操未到，或没有“说曹操”，曹操也到了。与前者比较，后者发生的频率要高得多，只是淡出了我们的视野。科学家研究事物之间的相关性时，会全面分析可能出现的各种情况。普通人只关注已经发生的事件，不介意尚未发生的、潜在的可能性，这就使判断带有很大的片面性。

顾此失彼·东德和西德

顾此失彼　顾了这个，丢了那个。形容无法全面照顾或穷于应付。明·李承勋《明经世文编·会议事件》：“万一羽檄交驰，巡历、督饷二事俱急，顾此失彼，可不虑乎？”

弗朗西斯·培根指出，大脑容易犯的最严重的错误，是顾此失彼，不考虑缺失的信息和事物。30 多年前对美国人做过调查。第一个问题是，哪两个国家更相像，是锡兰和尼泊尔，还是西德和东德？大部分人选择西德和东德。第二个问题是，哪两个国家的差别更大，是锡兰和尼泊尔，还是西德和东德？大部分人的选择还是西德和东德。看上去不可思议，同样两个国家，既是更相像的，又是差别更大的。矛盾来自注意偏差。判断相似性时，人们更关注两个国家的共性，忽略了其他方面。东德和西德隶属于同一个民族，比起锡兰和尼泊尔，这两个国家的共同点显然要多得多。判断差异性时，人们更关注两个国家的个性，忽略了共性。在政治、经济体制等方面，比起锡兰和尼泊尔，东德和西德存在着巨大差异。

自相矛盾 · 去哪儿度假

自相矛盾　矛：长矛。盾：盾牌。比喻自己的言行互相抵触。宋 · 王观国《学林 · 言行》："圣贤言行，要当顾践，毋使自相矛盾。"

假设有两个小岛。一个很一般，气候、沙滩和酒店都很寻常。另一个很极端，有最适宜的气候、最美丽的沙滩和最糟糕的酒店。你愿意去哪个小岛度假？大部分人选择了极端性小岛。如果预定了两个小岛，现在必须放弃一个，你放弃哪一个？大部分人又选择了极端性小岛。愿意去和打算放弃的，居然都是同一个小岛！如此自相矛盾的决策是如何产生的？原因在于，极端性小岛的优缺点都很突出。挑选小岛时，我们注意的是优点，选择了优点最明显的极端性小岛。排除小岛时，我们注意的是缺点，选择了缺点最明显的极端性小岛。理性的方法应该是，进行综合考虑，全面比较分析两个小岛的优缺点，然后再做出选择。

熟视无睹 · 父母的关怀

熟视无睹　熟视：看惯。睹：看见。经常看到，却像没有看到一样。形容对事物漠不关心。宋 · 林正大《括沁园春》："静听无闻，熟视无睹，以醉为乡乐性真。"

注意偏差还有一种截然相反的表现形式。如果某类事件发生频率很高，人们因为逐步适应了它，以至于忽视它的存在。例如，对父母的关怀体贴，平时熟视无睹，总觉得他们太啰嗦、太烦人。一旦父母离去，就开始后悔莫及。再如，中国人离乡背井时，总会有挥之不去的思乡情结，平素感觉不到的美丽、温暖和亲情，此时一一涌上心头，如同一杯美酒，让你深深地陶醉和留恋。又如，打死会拳的，淹死会水的。正因为会拳、会水，便放松了警惕，忽视了风险。

喋喋不休 · 戈培尔的伎俩

喋喋不休　喋喋：说话多的样子。休：停止。形容唠唠叨叨，说个没完。清 · 蒲松龄《聊斋志异 · 鸲鹆》："浴已，飞檐间，梳翎抖羽，尚与王喋喋不休。"

吉格瑞恩提出的频率-效度效应，指一个不熟悉但看似有理的论断，无论真伪，只要不断被重复，引起人们的高度注意，使人们忘却还存在着其他可能性，就会增加信任度。该效应得到广泛验证。德国纳粹宣传部部长戈培尔许诺，只要控制了电影、艺术、广播和出版物，就能说服德国人接受纳粹思想。他确实做到了，很多德国人被说服了。如果没有数百万人同谋，针对犹太人的大屠杀根本不可能发生。伊拉克战争开始时，美国人中的反战派人数是主战派的 2 倍。战争爆发后，在政府反复说服下，反战派人数已不到主战派人数的 1/3。

捕风捉影·不存在的联系

捕风捉影　风和影子不可捉摸。喻说话做事无事实根据。《朱子全书·学一》："若悠悠地，似做不做，如捕风捉影，有甚长进！"

相关性错觉还来源于偏见和刻板印象，它引导我们捕风捉影，看到根本不存在的联系。在实验中，大学生被试阅读一些资料。资料中，用害羞、富有、健谈等词汇，来形容会计、医生和推销员等专业人员。描述这些职业时，每个形容词出现的频率完全相同。但是被试认为，害羞的会计、富有的医生和健谈的销售员，是资料中最常见到的词组。在实验中，这种相关性根本不存在，只因为符合被试的刻板印象，便成为他们注意的焦点，相关性错觉就这样产生了。

积习难改·何谓习惯

积习难改　长期养成的习惯很难改变。巴金《谈自己的创作》："真是积习难改，拿起笔，就像扭开了龙头，水荷荷地流个不停。"

所谓"习惯"，是指长期形成、不易改变的生活方式，包括习惯性行为和习惯性思维。积习难改，习惯深藏于潜意识之中，总是不知不觉地表现出来。心理学家认为，在人的一生中，大约 95%的行为或思维是习惯性的，只有 5%是非习惯性的。威廉·詹姆斯指出，生命是习惯的集合体，而习惯来自神经系统的深化。人禀性难移，其性格缺陷、思维方式和看问题时的偏见，常常会保持不变。这个世界上的大多数人到了 30 岁，其性格就像石膏一样，再也不可能改变了。

积习成常·小毛病的好处

积习成常　长期的习惯做法，会成为不变的常规。北魏·郦道元《水经注·温水》："暑亵薄日，自使人黑。积习成常，以黑为美。"

在日常生活中，人们积习成常，都有一些习惯性行为，被亲友或同事视作"小毛病"。研究人员说，这些"小毛病"有助于提高工作效率。多数人表示，穿着自己喜欢的衣服参加会谈，更加自信，更加胸有成竹。约有四分之一的人表示，完成某项比较乏味、令人厌倦的任务后，奖励自己一块巧克力，可以逐渐化解抑郁的情绪。研究证实，很多人相信，工作中的习惯性行为，是控制局势和缓解压力的有效手段。它帮助人们增强安全感，满足控制需要，提高工作效率。

信笔涂鸦·小女孩的画像

信笔涂鸦　信笔：随便地书写。涂鸦：喻乱画。指随便涂画。唐·卢仝《示添丁》："忽来案上翻墨汁，涂抹诗书如老鸦。"

习惯性行为为警方破案提供了方便。法国有一部电影，描述一个杀人犯作案后打了一个电话。警察勘查现场时，发现电话旁有一幅小女孩的画像。警方分析后认定，画中人是凶手与昔日情人生下的孩子。以此为线索，警方迅速找到小女孩的母亲，使案件得以顺利侦破。原来，凶手打电话时，脑中下意识地浮现出女儿的形象，便信笔涂鸦，顺手画了出来。一般情况下，罪犯的作案手段有如一个人的笔迹，具有鲜明的个性，难以遮掩。这是寻找罪犯的重要线索。

兼收并蓄·接触新观点

兼收并蓄　兼收：把各种东西都收容。把各种内容或性质的东西都收罗进来。唐·韩愈《进学解》："牛溲马勃，败鼓之皮，俱收并蓄，待用无遗者，医师之良也。"

詹姆斯认为，人们接触新观点时，会依次经历抵制、协调和改造等三个阶段。第一阶段，人们常常抵制新观点，因为新旧观点的冲突使他们紧张。第二阶段，人们开始反思，认识到旧观点的局限性。为了消除紧张状态，人们试图修正旧观点，对新旧观点进行协调，基本原则是尽可能多地保存旧观点，在嫁接新观点后，不至于产生重大矛盾。第三阶段，改造旧观点，形成最终观点。最终观点要兼收并蓄，既能解释新事物，也能解释熟悉的场景。简言之，最终观点的形成，并不是新观点驱逐旧观点的结果，而是两种观点从冲突走向和谐的过程。

习惯成自然·雄辩的丘吉尔

习惯成自然　习惯了以后，就变成自然而然的行为方式了。《孔子家语·七十二弟子解》："少成则若性也，习惯若自然也。"

研究表明，每天重复操练一种举动或行为，21 天后就可养成习惯。任何行为一旦成为习惯，便从意识层面消失，而归潜意识管理。人们公认，英国前首相丘吉尔是位天才的演说家。在"二战"最艰难的时期，丘吉尔用充满爱国激情的广播演讲，唤起英国军民的信心和勇气。然而，丘吉尔自幼害羞，怕见陌生人，一说话就脸红。确定从政的目标后，他每天在镜子面前练习，对于讲演时的词语、语调、神态，都要认真推敲、反复锤炼。习惯成自然，丘吉尔终于战胜自我，成为英国历史上最雄辩的首相，不需刻意准备，就能让听众如醉如痴。

千锤百炼·富兰克林的散文

千锤百炼　比喻对文章多次精心修改，也比喻经历艰苦锻炼。唐·皮日休《皮子文薮》四："百锻为字，千炼成句。"

本杰明·富兰克林是美国历史上伟大的科学家和著名的政治家和文学家，他撰写的《穷人查理历书》，在社会上广泛流传，影响了整整一代美国人。富兰克林在自传中，详尽描述了自己是如何经过千锤百炼，掌握散文写作技巧的。他找出一些优秀范文，归纳出文章中每个段落表述的要旨，接着搁置几天。然后不看原文，用自己的语言，按照要旨将文章重新写出来。有时，他还有意打乱段落次序，学习怎样整理思想，使文章更具表现力。之后，他将自己的习作与范文进行比较，找出不足之处，并予以改进。在这样一个反复练习的过程中，他逐步掌握了大量词汇，熟悉了文章章法和语言表达方式，成为一位杰出的散文家。

墨守成规 · 思维定势

墨守成规　墨守：战国时墨翟善于守城，故称善守为“墨守”。成规：固有的规则、方法。指按老一套办，不求改进。《战国策 · 齐策六》：“今公又以弊聊之兵，距全齐之兵，期年不解，是墨翟之守也。”

习惯性思维又称思维定势，指人们墨守成规，按照习惯的、固定的思路去考虑和分析问题，体现了思维惰性，反映了人类节约心理能量的本能需要。在不断的学习和实践中，个体积累了丰富的经验，形成独特的认识世界、解决问题的方法和途径。环境不变或变化较小时，思维定势是一条捷径，有助于迅速处理问题。环境变化较大时，思维定势就会阻碍思维的开放性和灵活性，束缚创造性思维。思维定势有两种形式，一是直线型思维，由已知推导未知，不懂逆向思维和发散思维。二是复制式思维，照搬成功的经验，拒绝接受新观点和新事物。

耳听八方 · 应聘发报员

耳听八方　同时能注意到各方面的动静。清 · 钱彩《说岳全传》第十六回：“为将之道，须要眼观四处，耳听八方。”

总结经验教训，从中认识事物发展的规律性，是个人决策成功的重要条件。但是，倘若过于重视经验，为习惯性思维所束缚，就会使问题走向反面。科学家贝尔纳说：“构成我们学习的最大障碍是已知的东西，而不是未知的东西。”某大公司招聘发报员，大厅里人声嘈杂，几十个应聘者焦急地等待着面试。一位青年人倾听片刻，径直走进办公室。不一会人事经理宣布，发报员已经招到了，我们一直用摩斯密码发送一则信息：谁听懂了，请直接进入办公室。绝大多数应聘者遵循通常的招聘规则，专注地聆听考官的召唤，根本没有意识到，一种新的招聘方法正在进行之中。因为，他们没有耳听八方、捕捉周围信息的习惯。

隔年皇历 · 乞丐的愿望

隔年皇历　隔了年的历书。比喻过时的事物或陈旧的经验，在新情况下已经用不上。余非《故乡人》：“这些隔年皇历，还谈它做什么？”

人们喜欢守着隔年皇历，看待初次接触的新事物。100 年前，留学生向国人介绍自行车，被人讥为“胡说八道”。他们认为凡是车子，至少有三只轮子，两个轮子怎么能保持平衡？再说，没有牛马，车子从哪儿获取动力，怎么前进？更加叫绝的是富翁和乞丐的故事。某富翁没有子嗣，为一个身为乞丐的亲戚留下一大笔遗产。记者问：“继承遗产后，你想做的第一件事是什么?”乞丐不加思索,说道:“买一只好碗和一根结实的木棍,这样出去讨饭时方便一些。”

目不识丁 · 六祖惠能

目不识丁　丁:指简单的汉字。一个字也不认识。《旧唐书 · 张弘靖传》:“今天下无事,汝辈挽得两石力弓,不如识一丁字。”

佛教史上有一个著名的故事。五祖弘忍为挑选继承人,将众僧聚集在一起,令每人各作一偈,若深悟佛教真谛,可以继承自己的衣钵。高僧神秀学识渊博,作一偈曰:“身是菩提树,心如明镜台。时时勤拂拭,莫使惹尘埃。”惠能不识字,让人代书一偈曰:“菩提本无树,明镜亦非台。本来无一物,何处惹尘埃。”五祖大喜,说:“你就是禅宗第六代祖师。”惠能对佛教的领悟,显然高神秀一筹。二者境界高低悬殊,与思维定势有着密不可分的联系。神秀知识丰富,反受其累,形成思维定势,视角与一般僧人无异。惠能目不识丁,所知甚少,思想上不受任何束缚,故能从一个新的视觉,看到更深层次的东西。

另辟蹊径 · 单摆问题

另辟蹊径　蹊径:路径。比喻另创一种新风格或另找一个新途径、新方法。清 · 曾朴《孽海花》第三十五回:“那也是承了乾嘉极盛之后,不得不另辟蹊径,一唱百和,自然的成了一时风气了。”

迈尔的两根绳子问题,又称单摆问题,是讨论思维定势时一个经常引用的例子。从天花板上垂下两根绳子,要求把它们系在一起。绳子间相距甚远,任务不可能完成。通常的思路是利用手边工具,包括棍子、钳子、绳子等,设法延长其中的一根绳子。最巧妙的方法是系上钳子,使绳子轻轻摆动起来,就可以轻松地完成任务了。实验者似乎于无意之中,让一根绳子摆动起来。此时,被试倾向于运用单摆原理解决问题,虽然很少有人提到实验者甩绳子的动作。迈尔认为,实验者的暗示进入潜意识,促使被试另辟蹊径,找到解决问题的新思路。

见机行事 · 爱迪生的灯泡

见机行事　机:时机。形容看情况办事情。清 · 曹雪芹《红楼梦》第三十二回:“因而悄悄走来,见机行事,以察二人之意。”

年轻时,爱迪生与阿普顿住在一起。阿普顿毕业于普林斯顿大学数学系,看不起卖报出身的爱迪生。一次,爱迪生拿出一只梨形的灯泡,请阿普顿计算灯泡的容积。阿普顿列出数学公式,计算了很长时间,仍然没有得出结果。爱迪生在灯泡里装满了水说:“请倒进量杯。”阿普顿恍然大悟,为之折服。作为数学系的高才生,数学公式和数学计算,是阿普顿解决问题时的基本工具。他根本想不到,对付这种特殊的灯泡,高深的数学工具毫无用武之地。爱迪生不熟悉数学公式,迫使他见机行事,从实践角度考虑哪种方法最简便、最实用。

物尽其用·犹太老太太

物尽其用　尽:全。各种事物都能充分发挥它的作用。马烽《典型事件》:“这倒是人尽其才,物尽其用,两全其美。”

功能固着是思维定势的一种表现方式。功能固着指把物体的功能,看成是固定不变的。在“单摆问题”的实验中,绳子的功能就被固定化了,被试没有想到,绳子可以当作单摆。这种由经验形成的常识,成为新方法的桎梏。一位犹太老太太用一沓价值50万美元的票据作抵押,去纽约一家银行贷款。按规定,她可以贷款三四十万美元,但她只贷一美元,年息6%,经理很困惑。老太太说:我必须找个安全的地方存放这些票据。租用保险箱费用很高,放在你们这儿既安全,又能随时取用,一年只需6美分。老太太的高明之处在于,她摒弃了对抵押贷款功能的传统看法,真正做到了物尽其用,使之成为保存票据的最佳手段。

皆大欢喜·应该搭载谁

皆大欢喜　皆:都。大家都高兴、满意。三国魏·曹植《曹子建集·善哉行》:“来日大难,口燥唇干。今日相乐,皆当喜欢。”

有一道智力测验题:一个风雨交加的夜晚,某先生在乡村公路上发现有三个人在等公交车,一个是身患重病的老太太,一个是救过他一命的医生,再一个是他倾慕的女郎。然而,车上只有一个空位。应该搭载谁?这个选择很困难。老太太时刻存在着生命危险;医生是救命恩人;女郎是心上人。最终答案有点出人意料。某先生把车交给医生,让其送老太太去医院,自己则陪伴女郎,等待公共汽车,四人皆大欢喜。通常人们认为,车是某先生的,开车人就是他,可以改变的只能是乘客。如果换一个角度考虑,驾驶员也可以改变,我们就会茅塞顿开。

后生可畏·新手胜过专家

后生可畏　后生:年轻人。指年轻人能超过前辈。《论语·子罕》:“后生可畏,焉知来者之不如今也?”

运用思维定势概念,可以解释这样的问题:某领域的专家学者,对该领域非常熟悉,为什么难以提出新思想、新观点和解决问题的新方法?原因在于,专家碰到新问题时,想到的多为老经验和老方案。新手碰到新问题时,想到的却是无限多的可能性。有时候,他们的想法不着边际甚至荒诞不经。有时候,他们的想法却极有创见。后生可畏,科学家最重要的成果,通常是在其研究生涯的早期完成的。那时,他们还是新手。例如,牛顿发现微积分和万有引力,都是在25岁之前。他刚在剑桥大学获得硕士学位,因逃避鼠疫而返回家乡伍尔索普庄园。

不落窠臼·巴斯德的建议

不落窠臼　窠臼:旧框框、老套子。比喻不落俗套,有所创新。明·胡应麟《诗薮·

内编》四:“初学必从此入门,庶不落小家窠臼。”

19 世纪中叶,瘟疫在法国南部蔓延,大批蚕死亡,养蚕业几乎陷入绝境。法国政府请来著名昆虫学家法布尔。法布尔提出很多解决办法,无一奏效。万般无奈,法国政府请来化学家巴斯德。巴斯德不懂蚕,向法布尔请教有关蚕的基本知识。经过艰苦探索,巴斯德发现,病蚕与好蚕的唯一区别,是体内有一种细菌。巴斯德建议烧毁所有病蚕,只用好蚕的卵作为蚕种。经过六年努力,蚕病完全消失,法国的养蚕业重新焕发出生机。法布尔大惑不解,说:巴斯德连最起码的昆虫知识都没有,能把蚕从灾害中挽救出来,真使我大吃一惊! 难怪法布尔会想不通。受制于以往经验,法布尔的思维跳不出那些老套路。巴斯德就不同,正因为不熟悉治疗蚕病的惯用手法,他才能不落窠臼,发现问题的关键之所在。

班门弄斧·大胆的清洁工

班门弄斧　在鲁班门前舞弄斧子。比喻在行家面前卖弄本领。宋·欧阳修《与梅圣俞书》:“有诗七八首,今录去,班门弄斧,可笑可笑。”

法布尔和巴斯德都是专家,只是擅长的领域不同。多年前一家酒店发生的事,却是专家和真正的新手之间的对决。当时,酒店生意兴隆,必须增加一部电梯。专家研究后取得一致意见,在每层楼打一个洞,安装一部新电梯。一名清洁工说,动工时要把酒店关闭几天。专家不同意,这样会影响酒店生意。清洁工不知高低,居然班门弄斧,说:“如果我是你们,就把电梯安装在大楼外面。”专家一听,眼前为之一亮。于是,产生了近代建筑史上的伟大变革——把电梯装在楼外。新手与专家不同,面对双方都感到生疏的课题,他们没有经验,不懂固定套路,有如天马行空,不受任何约束。因此,他们常常妙思泉涌、出奇制胜。

老马识途·蜜蜂之死

老马识途　比喻阅历广,经验丰富。《韩非子·说林上》:“管仲、隰朋从于桓公伐孤竹,春往冬返,迷惑失道。管仲曰:‘老马之智可用也。’乃放老马而随之,遂得道。”

研究发现,经验一旦形成,就如同基因,暗中指导着人们的行为。经验决策的失败,常源于环境的变化。环境变化较小时,知识渊博者稳操胜券。环境变化较大时,知识浅陋者可能占据优势。前者有恃无恐,以不变应万变。后者心中无底,不断尝试着各种可能性。一位美国教授在玻璃瓶中装入几只蜜蜂和几只苍蝇,让瓶子躺在桌上,瓶底朝着亮光,瓶口朝着暗处。蜜蜂老马识途,经验丰富,迎着亮光飞行,让瓶底撞得头晕目眩,直到力竭而死。苍蝇愚昧,只知道乱冲乱撞,花了两分钟,就从瓶口处成功逃逸。蜜蜂之死,死于常识。通常的出口,总是光线最明亮处,岂知环境发生变化,经验反成为思维的桎梏。苍蝇活命,活于无知。它不知道光线与出口之间有什么关联,只是按着本能,为逃生而大胆尝试。

危在旦夕·危机意识

危在旦夕　旦夕:早晚之间,指时间极短。危险就在眼前。《三国志·吴书·太史慈传》:"今管亥暴乱,北海被围,孤穷无援,危在旦夕。"

动物学家将跳蚤放入容器里,上面盖着透明的玻璃。跳蚤生性爱跳,让玻璃撞得头痛欲裂。动物学家取走玻璃,跳蚤仍在跳跃,但高度要低于玻璃原来的位置。结果,容器虽然敞开着,却没有一只跳蚤能够逃掉。它们接受了惨痛的教训,已经形成一种固定的行为方式。接着,动物学家点燃酒精灯,容器很快被烧热。所有跳蚤都竭尽全力,拼命向上蹦跳。热水带来的肉体上的痛苦,远远胜过记忆中噩梦一般的玻璃盖。不一会,容器中已经看不到一只跳蚤。这表明,在特殊条件下,尤其是危在旦夕时,改变习惯并非难事。通用电气公司CEO(Chief Executive Officer,首席执行官)韦尔奇说:"要让员工认同改革的必要,唯有使其意识到危机,才能引发改革的动力。"

背道而驰·逆向思维

背道而驰　背:逆。喻彼此方向不同,或目标和方向相反。唐·柳宗元《杨评事文集后序》:"其余各探一隅,相与背驰于道者,其去弥远。"

逆向思维又称反向思维,是指从相反的方向思考问题。逆向思维是对传统、惯例、常识的反叛,是克服思维定势,突破僵化的认识模式的有效途径。魏王对孙膑说:"你能让我从座位上下来吗?"孙膑说:"大王坐着,我没有办法让大王下来。如果大王站着,我就有办法让大王坐上去。"魏王闻言站起身来,笑道:"我看你有什么办法能让我坐上去。"孙膑不由得哈哈大笑,说:"大王,我已经让您从座位上下来了。"孙膑知道,顺着"下来"这条思路行不通,因为魏王警惕性很高。相反,若是背道而驰,从"上去"着眼,魏王就防不胜防了。

拍案叫绝·错投的篮球

拍案叫绝　绝:极好,独一无二。拍着桌子叫好。形容特别赞赏。唐·田颖《博浪沙行序》:"不禁拍案呼奇。"

在一次欧洲篮球锦标赛上,保加利亚队遭遇捷克斯洛伐克队。比赛高潮迭起,交战非常激烈。仅剩8秒钟时,保加利亚队以2分优势领先。当时采用了循环制,胜者赢球必须超过5分才能出线。用8秒钟时间再赢3分,看上去几乎不可能。这时,保加利亚队教练请求暂停。接着的一幕,让所有观众大跌眼镜:一名保加利亚队员奋力运球,把球投入本队的球篮。裁判员宣布,双方已成平局,需要进行加时赛。这时,球迷们才恍然大悟,不由得拍案叫绝。保加利亚队看似荒唐,其实高明之极。在加时赛中,保加利亚队赢得了6分,如愿以偿地出线了。

反其道而行之·隐藏沙子

反其道而行之　采取与对方相反的办法行事。《史记·淮阴侯列传》:"今大王诚能反其道，任天下武勇，何所不诛！”

“二战”期间，苏格兰的琼斯教授研制不会被雷达发现的飞机。按照一般思路，应该从飞机本身着手研究，使之具有足够的隐蔽性。琼斯教授及其助手反复实验，尝试各种方法，均一无所获。最后，琼斯教授问自己：“怎样才能隐藏一粒沙子？”答案很简单，将沙子放进沙滩，融入无限多的沙粒之中。按照这种思路伪装飞机，不是隐藏雷达信号，而是反其道而行之，创造出成千上万个雷达信号，让敌人难辨真假。他据此提出的策略，是从诱饵飞机上倾倒碎金属片。在敌方雷达看来，每个金属片都仿佛是一个袭击者。当敌方飞机到达雷达指示的空域拦击时，一个真正的轰炸机机群已经悄然入境，按计划大肆轰炸敌方的军事目标。

革故鼎新 · 创造性思维

革故鼎新　鼎：建立。革除旧的，建立新的。多指改朝换代或重大变革。《周易 · 杂卦》：“革，去故也；鼎，取新也。”

逆向思维被视为创造性思维的主要表现形式之一。从某种意义上说，科学史上的每一次飞跃，都是逆向思维的结果。开创科学新纪元的科学家，都是从怀疑旧理论出发，从相反的方向对问题进行深入思考。他们革故鼎新，批判荒谬的、过时的理论，突破原有理论的限制，开拓和扩展新领域。哥白尼推翻了托勒密的地球中心学说，创立了太阳中心学说；牛顿推翻了亚里士多德的力学理论，创立了牛顿三大定律和万有引力理论；达尔文推翻了物种不变理论，创立了生物进化论；爱因斯坦突破了牛顿的经典力学理论，创立了适用面更广的相对论。

水火不容 · 两封电报

水火不容　容：容纳。双方根本对立，不能相容。汉 · 王符《潜夫论 · 慎微》：“且夫邪之与正，犹水与火，不同原，不得并盛。”

一家皮鞋公司向某小岛派出两个推销员。小岛上的居民都不穿鞋。推销员立即向公司发出水火不容的两封电报。A 说，这里的居民没有穿鞋的习惯，我们没有市场。我买了船票，准备立即返回。B 说，这里的居民不穿鞋，市场潜力很大。为了抢占先机，应该赶快在岛上设立分公司。公司老总采纳了 B 的建议，任命他为分公司经理。A 采用传统思维：不穿鞋意味着不需要鞋。实际上，岛上的人不穿鞋，是不知鞋为何物，不代表他们不需要鞋。B 用的是逆向思维：不穿鞋表明，这是一个很大的潜在市场。如果岛民知道鞋的用途，一定会踊跃购买。

转败为胜 · 失败就是机会

转败为胜　变失败为胜利。《史记 · 管晏列传》：“其为政也，善因祸而为福，转败而为功。”

人们渴望成功，害怕失败。只有少数人才把失败看成机会，从而转败为胜。某时装店经理烫熨衣服,不慎将一条高档呢料裙烧了个洞。如果采用织补法补救,很难瞒过细心的顾客。经理突发奇想,不但不修补原有的小洞,反而在周围又挖了许多小洞,经过精心修饰,取名“凤尾裙”。“凤尾裙”挂上货架,立即成为畅销品,该时装店随之名满天下。美国3M公司以向员工提供创新的环境而著称。3M公司认为,错误和失败,是创造和革新的正常组成部分。许多最初的大错误,后来都演变成最成功的产品。一位化学家失手把一种新化学混合物溅到网球鞋上。几天后,鞋面仍很干净。著名的斯可佳牌织物保护剂就此诞生了。

因循守旧·路径依赖

因循守旧　因循:承袭、继承。死守老一套,不求革新。康有为《上清帝第五书》:“若徘徊迟疑,因循守旧,一切不行,则幅员日割。”

我们为什么难以抛弃习惯性思维?原因很多,其中不乏合理的成分。第一,确定性。我们相信习惯性思维,因为它的效果是确定的,曾多次引导我们获得成功。新的思维方法却从未尝试过,其效果带有很大的不确定性。第二,节约性。人类12岁以后,大脑约有百万亿个突触,即神经细胞之间的连接。有些突触是自动形成的,有些突触是由经验刺激形成的。反复的经验刺激,使细胞之间的这种连接逐步固定了下来。因此,采用习惯性思维,几乎不需要耗费多少认知能量。第三,路径依赖。我们获得的经验和习惯,凝结了大量金钱、时间和精力,使我们难以舍弃。而且,这条路径曾经把我们一次次引向胜利,以至于产生了心理上的依赖。于是,我们固守着原有的思维模式,因循守旧,以不变应万变。

覆水难收·沉没成本效应

覆水难收　覆:翻倒。比喻事情已成定局,无法挽回。《后汉书·何进传》:“国家之事,亦何容易?覆水不可收,宜深思之。”

“路径依赖”是沉没成本效应的一种表现形式。沉没成本指已经发生,无论目前做出何种选择都无法收回的成本,包括投入的金钱、时间和精力。产生沉没成本后,表现出继续投入的强烈倾向,这就是沉没成本效应。按照传统理论,覆水难收,前期的投入不应该影响当前的选择。但是研究发现,决策者考虑问题时,常常受到先期投入的影响。沉没成本效应普遍存在。为什么那么多夫妻频频吵架、感情破裂而不愿离婚?因为当初投入得太多,尤其是最宝贵的青春年华。

前功尽弃·隐形飞机

前功尽弃　以前付出的努力全部白费。《史记·周本纪》:“今又将兵出塞,过两周,倍韩,攻梁,一举不得,前功尽弃。”

社会学认为,沉没成本效应的产生,是为了避免浪费。阿克斯和布卢默设计了两个实验。实验一:你投入1000万美元研制隐形飞机。项目完成90%时,另一家公司的隐形飞机进入市场，而且比你打算研制的飞机速度更快、成本更低。你会再投入 100 万美元完成这个项目吗？实验二：你准备投入 100 万美元研制一种隐形飞机，另一家公司的隐形飞机已进入市场，并且比你打算研制的飞机速度更快、成本更低，你愿意将这个项目进行下去吗？在实验一中，85％的被试选择继续投入。在实验二中，83％的被试选择放弃研制。这两个问题性质相同，都需再投入 100 万美元，产品都缺少竞争力。被试持不同态度，是因为他们认为，在第一个实验中，企业已投入大量资金，若弃之不顾，岂非前功尽弃！

再接再厉・消除损失的愿望

再接再厉　接：交锋。厉：通“砺”，磨砺。比喻一次又一次地努力，坚持不懈。唐・韩愈《斗鸡联句》：“一喷一醒然，再接再砺乃。”

我们可以运用前景理论，对上述两个实验进行解释。前景理论认为，与收益相比较，人们更重视损失。故而在决策时，决策者采取了“损失规避”原则，具有强烈的消除损失的愿望。前期没有投资时，为了回避损失，不如不投资。前期已有巨额投资时，如果再接再厉，继续投资，即使项目失败，损失也不会扩大多少。如果项目成功，就能消除损失并获得盈利。反之，倘若中止项目，损失永远无法消除。损失规避源于人类更为普遍的心理现象——消极偏向倾向，指个体评估事物时，消极信息的作用大于同等程度的积极信息。消极偏向倾向体现了安全需要，有利于趋利避害。因此，沉没成本效应具有适应性，很难消除。

言简意深・简单性原理

言简意深　言辞简练，含义深刻。清・赵翼《瓯北诗话・陆放翁诗》：“不在乎奇险诘曲，惊人耳目，而在乎言简意深，一语胜人千百。”

人们进行推理活动时，往往遵循一些基本原则，形成固定的思维模式。由于经常性的重复，这种模式已经成为习惯，进入潜意识之中。牛顿提出四条科学的推理法则，简单性原理被列为第一法则。牛顿说：“自然界不做无用之事，只要少做一点就成了，多做了却是无用，因为自然界喜欢简化。”毕达哥拉斯最早提出简单性原理。他说：宇宙具有简单性与和谐性，这些都来自数学的简单性与和谐性。简单性原理是科学研究的指导方针。爱因斯坦认为，如果你不能言简意深，以简单的方式解释一样事物，说明你并没有真正理解它！

以一持万・把握主要变量

以一持万　持：把握。形容抓住关键，就可把握全局。《荀子・儒效》：“法先王，统礼义，一制度，以浅持博，以古持今，以一持万。”

简单性原理是人类的基本思维法则。它不但源于节约认知能量的需要，而且源于人类控制周围世界的渴望。面对着复杂情况时，我们常常茫无头绪，深感无能为力。只有以一持万,排除次要因素,使主要变量之间的关系变得清晰起来,我们才能看清事物的发展变化趋势,拥有足够的控制力,努力解决手中的难题。简单性原理有很多表现形式:简化问题,形成简单假设;运用旧观点、旧方法处理新问题;解决可以简化的问题,搁置或拒绝那些难以分解的问题。

删繁就简·奥卡姆剃刀

删繁就简　去掉繁杂部分,使之趋于简明。明·王守仁《传习录》:"如孔子退修六籍,删繁就简,开示来学。"

天主教教士威廉·奥卡姆提出思维经济原则:对一个理论,应该删繁就简,只留下最核心、最重要的部分,把一切可有可无的东西,像多余的毛发一样剃去。对于某一现象或事件,最好的解释是那些最简单、只需要最少假设的解释。此原理被称为"奥卡姆剃刀"。"奥卡姆剃刀"是对牛顿提出的"简单性原理"的最佳诠释。威廉·詹姆斯指出,智慧的艺术,正是懂得哪些东西应该被忽略的艺术。拥有超凡的简化问题的能力,是一切伟大的政治家、军事家和科学家的共性。没有这种能力,他们早就被潮水般的信息所淹没,让瞬息万变的环境弄得晕头转向,根本不可能驾驭局势,将一切掌控在自己的手中。

举要删芜·福特的感悟

举要删芜　选取重要的,删除杂乱的、多余的。宋·王谠《唐语林·政事上》:"吾见马周论事多矣,援引事类,扬榷古今,举要删芜,会文切理。一字不可加,亦不可减。听之靡靡,令人忘倦。"

汽车大王亨利·福特对简单性原理有着深刻的感悟。福特说:"我一直是向着简单化方向努力的。普通人赚的钱很少,却要花很多钱去购买最低限度的生活必需品,因为每件东西都被我们制造得极为复杂。我们的衣服、食物、家具,所有这一切都可以举要删芜,做得比现在更简单,同时又更美观。"比尔·盖茨对其合作伙伴赞赏有加。盖茨说,沃伦提出了许多很好的建议,最有趣的建议之一是,如何让事情变得很简单。沃伦善于概括事物固有的某种模式,使事情变得简单化。他在认真考虑了基本情况后,只做那些真正有意义的事情。

十年磨一剑·画蛋

十年磨一剑　比喻多年刻苦磨炼。唐·贾岛《剑客》:"十年磨一剑,霜刃未曾试。今日把示君,谁有不平事?"

著名画家佛罗基阿是达·芬奇的启蒙老师,开始上课时,他只拿出一个鸡蛋,让达·芬奇日复一日地照着画。达·芬奇很厌烦,觉得浪费时间。老师说:"画蛋其实并不简单,世界上没有两个完全相同的蛋。即使是同一个蛋,由于观察角度不同,光线不同,它的形状也不一样。"绘画是非常复杂的工作,牵涉到很多知识和能力。但是,观察能力是其中最重要的能力。佛罗基阿把学画的复杂过程,简化为画一只普通的鸡蛋,以培养达·芬奇的观察能力。自此，达·芬奇静下心来，十年磨一剑，为今后掌握绘画技巧，取得辉煌成就打下了坚实的基础。

不知其所以然·凭直觉行事

不知其所以然　然：这样。不知道为什么会这样。《庄子·田子方》："（颜回曰）夫子不言而信，不比而周，无器而民滔乎前，而不知所以然而已矣。"

化复杂为简单，需要遵循几个基本原则：凭直觉行事；削减功能；分解目标；发现规律；抓住本质联系；寻找相似性。威尔逊和斯库诺要求被试品尝几种草莓酱，并按等级排列。第一组被试做味觉判断并说出理由，第二组被试只需做味觉判断，第三组被试是味觉专家。结果表明，第二组被试的评价与专家最接近。第二组被试的任务很简单，他们只凭直觉行事，直接说出答案而不知其所以然。第一组被试的任务比较复杂，要对判断加以说明，这就牵涉到很多知识和推理。一般情况下，直觉很有效。但是遇到重大事情时，我们必须三思而后行。对于新问题，我们还没有赖以形成直觉的经验。这时，就要依赖其他手段了。

去粗取精·削减功能

去粗取精　除去杂质，留取精华。毛泽东《实践论》："将丰富的感觉材料加以去粗取精、去伪存真、由此及彼、由表及里的改造制作工夫。"

要简化一个系统，最简单的方法就是去粗取精，削减功能。福特认为："真正的简单意味着优质和实用。"应该在产品中剔除无用的部分，再把不可缺少的部分变得简单，这样就削减了制造成本。一般人设法使生产成本变得低廉，却不知道简单化是达到这个目标的最佳途径。除了削减功能，浓缩也可以实现真正的简化。随着科学技术的进步，新材料和新方法层出不穷，一切物体都能缩小和简化。集成电路的出现，不但使个人电脑，就连手机也拥有越来越强大的功能。

各个击破·分解目标

各个击破　把对方逐个攻破。毛泽东《中国的红色政权为什么能够存在》："集中红军相机应付当前之敌，反对分兵，避免被敌人各个击破。"

将大目标分解成若干小目标，然后各个击破，也是化复杂为简单的重要途径。个体在一段时期内，只需集中精力处理一个问题，无形中任务便简单了许多。1984 年，在东京国际马拉松邀请赛中，日本选手山田本一夺得世界冠军。不久，在意大利国际马拉松邀请赛中，山田本一再次荣获冠军。他介绍的成功经验是"凭智慧战胜对手"。10 年后山田本一在自传中透露，每次比赛前，我都研究比赛路线，描绘沿途比较醒目的标志，如学校、红房子、大树等。比赛一开始，我立即以百米速度冲向第一个目标。此后，又以同样的速度冲向第二个目标。由于 40 公里的赛程被分解成多个小目标，他就可以轻松地跑完。起初，他也把目标定在终点线。那么遥远，想想就害怕，刚跑十几公里已精疲力竭。

生死攸关・防弹钢板

生死攸关　攸：所。关系到生死。指生死存亡的关键所在。柯灵《辛苦了，老水手！》："革命是千百万群众生死攸关的事。"

发现事物发展变化的规律，有利于简化问题，把握主要矛盾。"二战"时，美国轰炸机常遭德国人反击，损失惨重。美国空军打算焊上防弹钢板，以增强飞机的防御能力，但不知道应该在哪个部位焊上钢板。数学家亚伯拉罕・沃尔德来到机场。他发现，飞机遍体鳞伤，唯独尾翼和飞行员的座舱，几乎没有弹孔。沃尔德说，这种差异暗示着问题的关键。如果座舱中弹，飞行员就会牺牲。如果尾翼中弹，飞机就会坠毁。这两处确乎生死攸关。因此，返回的飞机中，这两处弹孔很少。他建议，只需给飞行员座舱和尾翼焊上钢板，就可以确保安全了。

庖丁解牛・抓住本质联系

庖丁解牛　庖丁：厨师。解：剖开。比喻技艺熟练，发挥起来得心应手。《庄子・养生主》："庖丁为文惠君解牛，手之所触，肩之所倚，足之所履，膝之所踦，砉然响然，奏刀騞然，莫不中音。"

庖丁解牛之所以能够得心应手，是因为他对牛的内部结构了然于胸。经过多年实践，庖丁熟悉了牛身各部分的相互关系，尤其是骨节间的空穴，故能游刃有余，十九年刀刃如新。我们面临的世界是复杂的。事物的复杂性体现在，其组成元素之间有着错综繁杂的关系。要想发现事物发展变化的规律，以便理解它、把握它，就应该舍弃事物内部不太重要的关系，抓住其中最重要、最本质的联系，以此为基础制作相应的"模型"。模型具有多种表现形式，如概念模型、物理模型、数学模型等。一国的经济系统非常复杂，但可以简化成经济模型。没有这种简单化的处理，我们无法深入研究市场机制，无法得出哪怕是最基本的结论。

一步登天・保险营销高手

一步登天　一步就登上了青天。比喻一下子达到极高的境界或程度。也比喻人突然得志，爬上高位。清・陈天华《狮子吼》第二回："哪知康有为是好功名的人，想自己一人一步登天，做个维新的元勋。"

美国有位名叫贝特格的保险营销高手。初入保险业时，他曾踌躇满志，但业绩一直不佳，一度准备放弃。一天，他对工作记录进行回顾，发现在成交的业务中，70%的业务只需与客户洽谈一次，23%的业务与客户洽谈两次，7%的业务需要经过多次洽谈。正是这7%的业务，耗费了他的大部分时间。于是，他立即取消需要洽谈3次以上的业务，用节省下来的时间挖掘潜在客户。这一招果然很灵，在很短时间内，他的人均洽谈成交额就翻了一番。他也一步登天，一跃成为全美最著名的保险销售员之一。贝特格的成功，在于对复杂的问题进行分析，从千头万绪中寻找出最本质的东西，即洽谈次数与工作业绩之间的联系，让解决问题的途径变得一目了然。

乔装打扮·蝴蝶翅膀

乔装打扮　乔装:改换服装。指进行伪装,隐瞒身份。清·文康《儿女英雄传》第十三回:“自己却乔装打扮的,雇了一只小船,带了两个家丁,沿路私访而来。”

有些问题非常复杂,很难找到内在联系及其发展规律。但是,如果能找到该问题与某些简单问题的相似性,这些问题往往就能迎刃而解。苏联的卫国战争空前残酷,尤其是列宁格勒(今彼得格勒)保卫战。德国飞机的狂轰滥炸,使苏军处境艰难、损失惨重。一位苏军将领视察时发现,几只蝴蝶悠闲地飞翔,在花丛间时隐时现。将军心有所动,让蝴蝶专家斯万维奇设计蝴蝶式防空迷彩伪装。斯万维奇借鉴蝴蝶翅膀上的色彩和图案,综合运用了保护、变形和伪装等三种方法。苏军的坦克、军车等活动目标和机场、炮兵阵地、雷达站等固定目标,全部进行了乔装打扮。这一招很灵。当几百架德国轰炸机装满炸弹,如同乌云遮蔽了列宁格勒(今彼得格勒)上空时,飞行员四顾茫然,找不到有待轰炸的军事目标,只得胡乱丢下几颗炸弹,悻悻而归。

由此及彼·阿基米德的发现

由此及彼　由此现象联系到彼现象。清·夏敬渠《野叟曝言》第六十六回:“遇着通晓之人,就虚心请问,由此及彼,铢积寸累,自然日有进益。”

发现物体的相似之处,产生由此及彼的联想,是解决问题的一条捷径。阿基米德接到国王交付的任务时,陷入前所未有的困境。如何测试金王冠的纯度,并准确判断其中是否掺有白银?其复杂性是令人难以置信的。王冠的外形并不规则,按照通常的方法,不可能测量出体积大小。在洗澡池中,阿基米德获得灵感,问题顿时变得非常简单。他想,人体浸入水中,溢出的水应该与人的体积相等。与此类似,把王冠浸入水中,也会有相同体积的水漫出容器。我们不难理解,为什么阿基米德会赤身裸体跑出浴室,不断高呼道:“我找到了!我找到了!”

擒贼先擒王·世界是简单的

擒贼先擒王　捉贼先要捉住首领。比喻做事要抓住关键。唐·杜甫《前出塞》之六:“射人先射马,擒贼先擒王。”

世界上的万事万物看似复杂,本质上却是简单、和谐的。换言之,事物的内部联系千头万绪,但总有少数联系是主要的,影响全局的。擒贼先擒王,抓住这些主要联系和基本规律,就能使问题简化到容易解决的程度。数学家巴拉巴西发现,互联网有许多有少量联线的网站、少量具有中等联线的网站和为数极少的有大量联线的网站。这表明,互联网的结构被少数连线极多的网站所主宰。互联网无疑是最复杂的网络,却有一个最简单的规律:谁拥有最多的交互关系,谁就控制了这个网络。互联网这样的结构,不但存在于因特网之中,而且存在于生态学、分子生物学、计算机科学和量子物理等多个领域,广泛适用于很多网络。

众说纷纭·先救谁

众说纷纭　纷纭:多而杂乱。各种说法很多而不一致。宋·欧阳修《准诏言事上书》:“从前所采,众议纷纭。”

有时候,问题本身比较简单,我们却人为地把它复杂化了。大家都熟知这样一个有奖征答问题:如果你的母亲、妻子和儿子同时落水,应该先救谁?众说纷纭,理由都很充分。有人说,先救母亲,母亲是唯一的。有人说,先救妻子,有了妻子便有了儿子。母亲呢,该享受的都享受了。有人说,先救儿子,儿子小,尚未体验到人生的乐趣。令人大感意外的是,获奖者是一名 8 岁的孩子,他说,应该救离自己最近的人。为什么成人不能获奖,反而是小孩获奖?原因在于,成人考虑到各种人际关系和道德因素,把原本简单的问题,人为地复杂化了。当你为究竟救谁而左右为难时,机会正悄悄溜走。最终,你的亲人一个也救不上来。孩子没有成见,不受任何干扰,故而能一语道破,抓住问题的实质。

千丝万缕·简单和复杂

千丝万缕　缕:线。形容联系错综复杂或十分密切。唐·郑谷《柳》:“会得离人无限意,千丝万絮惹春风。”

科学家认为,复杂和简单并非事物的固有属性,而是体现在事物之间以及人类与它们的互动之中。生物学家托马斯说,即使集中全世界的实验室和超级计算机,全力研究澳大利亚的一种原生动物,也无法彻底理解有关它的全部信息。如果将某种生物从类似群体中抽象出来,作为孤立个体对待,似乎很简单。但是,事物之间都是相互关联的,要深入理解这种原生动物,就要搞清它的整个演化史、它所处环境的整个动态,这就使问题变得非常复杂了。总之,我们应根据实际情况行事,既不可把简单问题复杂化,也不可把复杂问题简单化。

以简驭繁·化复杂为简单

以简驭繁　用简单快捷的方法来处理复杂纷繁的事物。南朝梁·沈约《宋书·江秉之传》:“复出为山阴令,民户三万,政事烦扰,讼诉殷积,阶庭常数百人。秉之御繁以简,常得无事。”

为了认识人类和自然,我们采用了抽象的方法,舍弃了事物之间复杂的关系,忽略了事物之间的差别,使问题大大得到简化。这样,才会有自然科学和社会科学。但是,正因为如此,我们对事物的认识就具有相对性、近似性和片面性。在不同情境下,我们需要不同的近似度,并据此把问题简化到相应的程度。例如,同样是学数学,小学、中学、大学在复杂程度上就大不相同。化复杂为简单,与简单化不是一回事。化复杂为简单,指以简驭繁,抓住事物的本质特征及其最重要的联系,并根据问题的要求,将之简化到相应程度。简单化指看待问题片面、绝对,既忽略了事物间的关键联系,也忽略了问题本身对简化程度的要求。

决断如流・庞统断案

决断如流　形容决策、办事迅速果断。《南史・刘穆之传》:“穆之内总朝政,外供军旅,决断如流,事无拥滞。”

在三国演义中,庞统与诸葛亮齐名。庞统自视甚高,虽然怀揣诸葛亮的介绍信,却不愿意拿出来示人。初见刘备时,庞统因相貌丑陋,没有受到重用,只被任命为一个小县的县令。庞统到任后,终日饮酒作乐,不理政事。刘备大怒,派张飞前去视察。庞统宿酒未醒,扶醉而出,将百余日所积公务,全都取来剖断。公吏们怀抱案卷,原告、被告环跪阶下。庞统耳听原告、被告诉说,手中挥笔批复案卷,口中一一发落。判词曲直分明,没有半点差错。不到半天,将百余日公事,全部结清。张飞大惊,叹为神人。庞统之所以能决断如流,是因为抓住了每件案子的主要特征以及现象之间的本质联系,不被细枝末节所迷惑。

恒河沙数・国王的大米

恒河沙数　恒河:印度第一大河。像恒河里的沙子一样难以计算。形容数量极多。清・文康《儿女英雄传》第十七回:“大凡人生在世,挺着一条身子和世界上恒河沙数的人打交道。”

简单化思维的一个重要误区是,认为事物的发展是线性的,可延续的,可以从现在推断未来,从已知推断未知。有人发明了国际象棋,赠送给印度国王,国王大喜,许诺他从国库中任意选择一件自己喜欢的东西。发明者说,他要一些大米,遵循以下的规则:在棋盘的第 1 格放 1 粒大米,第 2 格放 2 粒大米,第 3 格放 4 粒大米。以此类推,直到放满棋盘上所有的格子。国王欣然答应。但是,计算得知,这些大米有如恒河沙数,国王无法满足要求。棋盘 64 个格子,仅仅是最后一个格子,就需要 2^{63} 粒大米,约重 1530 亿吨,可以装满 3100 万只轮船。故事中,每个格子放的大米都是前一个格子大米的 2 倍,属于指数增长,是非线性增长中的一种。如果是线性增长,每次都增长相同数量。显然,线性增长比指数增长要慢得多。人们习惯于估计线性增长,故而大大低估了非线性增长。

非此即彼・单一思维

非此即彼　非:不是。不是这一个,就是那一个。张平《抉择》:“非此即彼,别无选择。”

我们习惯于单一思维,以绝对化和极端化的方式看待事物,陷入非此即彼的思想陷阱:不是好就是坏,不是成功就是失败。要发展经济,必然会破坏生态环境;要稳定社会,必然会限制民主;要改革政治体制,必然会经历社会震荡。

单一思维简化了问题,使人们易于理解和接受,并迅速采取相应行动。然而自然和社会是复杂的,始终处于动态平衡之中。非黑即白的决策,可能会带来灾难。中国改革开放以来,高度重视经济增长,忽视了生态环境、社会公平和幸福指数,在获得巨大经济成就的同时,生态环境遭到破坏,两极分化日趋严重,社会矛盾渐渐凸显。哲学家庞朴说:我年轻的时候容易冲动和偏激,但随着年纪的增长,经历的事情越多,越感觉到偏激是没有用的。不要把世界看成只有对立的两个面,还要有第三种选择:取长弃短,吸收两个面的优点,避免两个极端的缺点。

06 第6章　损失规避

不可捉摸·对待风险的态度

不可捉摸　捉摸：揣测，预料。不能预料或猜测。清·赵翼《瓯北诗话》第三卷："其实昌黎自有本色，仍在文从字顺中，自然雄厚博大，不可捉摸，不专以奇险见长。"

人们对待风险的态度不可捉摸，有时义无反顾，有时望而却步。卡尼曼和特沃斯基提出前景理论，并对此做出令人信服的解释。前景理论包括四大定律：定律一，正常人在面临获得的情况下是风险规避的，偏爱确定性结果。定律二，正常人在面临损失的情况下是风险喜好的，偏爱不确定结果。定律三，正常人对得失的判断由参照点决定。参照点是指判断和选择时，用作比较的标准。这表明，实际情况与参照点的相对差异，比实际的绝对值更重要。定律四，正常人通常是损失规避的，人们对损失的厌恶程度，比等量的获得带来的满足程度要大得多。

爱生恶死·损失规避原理

爱生恶死　恶：厌恶。喜爱生存，厌恶死亡。清·李汝珍《镜花缘》第二十六回："可见爱生恶死，不独是人之恒情，亦是物之恒情。"

前景理论指出：正常人通常是损失规避的，人们对潜在的损失比对潜在的获得更敏感。这就是损失规避原理。亚当·斯密对此早有觉察。他在《道德情操论》中指出："当我们从一个好的境况跌入一个更坏的境况时，我们感受的痛苦相对于我们从一个坏的境况转入更好的境况时，感受的快乐更强烈。"损失使我们失去安全感，获得使我们享受控制感。损失规避原理意味着与控制需要比较，安全需要更基本，更重要。在远古时代，资源极其短缺，环境极其恶劣，未来的不确定性极强。爱生恶死，保住当前拥有的一切，得以生存和繁衍下去，才是当务之急。在此基础上，才能逐步扩大战果，从非洲大草原走向世界各地。

结发夫妻·原配偶的优势

结发夫妻　结发：束发，指刚成年。刚成年结成的夫妻。现泛指原配夫妻。汉·苏武《诗四首》之三："结发为夫妻，恩爱两不疑。"

离婚了，缘分就尽了。但是，作为结发夫妻，原配偶留下的影响却挥之不去。据统计，离婚者再婚的成功率较小。原因在于，他们于无意识间，以原配偶为参照点。候补配偶的相对优势，被看成"获得"。候补配偶的相对劣势，被看成"损失"。人们更看重"损失"，故而离婚者特别注意候补配偶的缺点，对其优点则不太留心。他们喜欢拿新人和旧人比较，尤其是拿新人的缺点和旧人的优点比较。因而，在他们的眼睛里，原配偶总比候补配偶强。即使再婚前比较满意，再婚后也容易产生冲突。久而久之，自然会矛盾重重，出现家庭危机。

一扫而空·致命的病毒

一扫而空　一下子扫得干干净净。比喻彻底清除。唐·吕从庆《观野烧》："烈烈西风里，蓬芜一扫空。"

在前景理论中，隐含着确定性效应：与不确定性事件相比较，人们更偏爱确定性事件。这意味着，面对风险时，人们希望能将风险一扫而空，而不是仅仅降低风险。心理学家在实验中设计了两种情境。情境 1：你接触了一种罕见而又致命的病毒，传染率为 1/1000，而且无药可治。现在有一种可以阻止病情发展的注射液，你最多准备为它付出多少钱？情境 2：与上述情况类似，但病毒的传染率为 4/1000，现在有一种注射液，可以将危险降低到 3/1000，你最多愿意为它付出多少钱？调查表明，在情境 1 中，被试平均愿付 800 美元。在情境 2 中，被试平均愿付 250 美元。尽管在两种情境下，损失发生的概率同样减少了 1/1000。这表明，完全消除死亡的威胁，要比仅仅降低死亡的危险重要得多。

高枕无忧·虚假确定性效应

高枕无忧　垫高枕头，无忧无虑地睡觉。形容平安无事，无忧无虑。也比喻放松警惕。《旧五代史·高季兴传》："且游猎旬日不回，中外之情，其何以堪，吾高枕无忧。"

卡尼曼和特沃斯基还讨论了虚假确定性效应。在这里，确定性只是一种假象，看上去仿佛消除了某种风险，其实不然。现实生活中，虚假确定性效应不胜枚举。人们花钱安装防盗门、注射疫苗，自以为从此可以高枕无忧，远离盗贼和疾病。事实上，上述行为仅仅是减少了灾难发生的可能性，并不能彻底消除灾难。产生虚假确定性错觉后，带来的可能不是安全，而是更大的危险。安装防盗门后，人们麻痹大意，忘记盗贼有多种入室渠道，在房间里胡乱堆放贵重物品，为盗贼提供了更多的作案机会。接种疫苗后，人们放松了警惕，殊不知疫苗的有效率与疫苗本身质量和受种者体质有关，不能保证对每个受种者都安全有效。

利害得失·估算药价

利害得失　好处和坏处，得益和损失。《续资治通鉴长编·神宗元丰五年》："方于其时，莫有言者，而利害得失见于今日。"

芝加哥大学萨勒教授的实验，可以对损失规避理论做进一步说明。问题 1：如果你得了一种病，有万分之一的可能性突然死亡。一种药可以完全解除这种危险，你愿意出价多少？问题 2：如果你很健康，医药公司想找志愿者测试新药，服用后有万分之一的可能性突然死亡。医药公司至少需付多少，你才愿意充当志愿者？两个问题中，都面对着万分之一的死亡率，客观上没有什么区别，实验结果却大不相同。对问题 1，很多人愿意付出几百元买药。对问题 2，医药公司开价几十万元，也没有人愿意充当志愿者。被试是这样分析利害得失的：问题1中，服药是减少死亡的概率，是获得。问题2中，服药是增加死亡的概率，是损失。正常人通常是损失规避的，对损失的评价，远远高于对获得的评价。

得不偿失·得失不对称性

得不偿失　偿：抵补。得到的抵偿不了失去的。宋·苏轼《和子由除日见寄》："感时嗟事变，所得不偿失。"

有一个投掷硬币的游戏，正面为赢，背面为输。实验表明，直到投掷一次硬币的赢钱数多于输钱数的3倍时，大多数被试才愿意参加。否则，他们就觉得得不偿失。这说明，损失规避有一个非常重要的特性——得失严重不对称。在商场购物时，人们有完全相反的两种动力：希望获益和害怕损失。人们希望通过购买商品获得效用，改善工作或生活。与此同时，人们害怕上当受骗，担心商品不适用或使用时出现故障。根据投掷硬币实验，在销售过程中，工作人员应该把说服的重点放在可能产生的损失上，而不是可能产生的收益上。尤其对大件商品，强调可以退换、可以保修，比强调价廉物美意义更大，有着更强的吸引力。

因噎废食·不作为

因噎废食　废：停止。比喻因为出了点问题或怕出问题，把本来应该做的事情停下来不做了。《吕氏春秋·荡兵》："夫有以噎死者，欲禁天下之食，悖。"

有些人决策时为了做到没有损失，宁可什么也不做，这就因噎废食，忽视了不作为的危害性。在一项实验中，某疾病会夺去1万名儿童中10名儿童的生命。接种一种疫苗可以预防该疾病，但疫苗有副作用，会夺去1万名儿童中5名儿童的生命。结果，很多被试不愿给孩子接种疫苗，尽管这样做可以使死亡率降低一半。他们无法接受疫苗产生的副作用。为了避免受到损失，人们常常满足于维持现状，而不是积极行动以改善现状。虽然从短期看不作为似乎更好，可以减少事后的遗憾。然而从长期看，不作为有可能增大风险，产生更多的遗憾。例如，制药公司研制的疫苗有可能产生危害，公司因为担心法律诉讼不愿生产新疫苗。结果，有益的疫苗不能及时投放市场，许多病人得不到有效治疗。

权衡得失·富兰克林的决策技巧

权衡得失　权衡：比较、衡量。比喻考虑办一件事的成果和损失。《庄子·胠箧》："为之权衡以称之。"

本杰明·富兰克林设计了一种很受欢迎的决策技巧，事先对一项方案权衡得失，尽量用较小的损失换取较大的利益。他说："我将一张纸分成两半，分别写上优点和缺点。经过几天思考后，写下赞同或反对这个方法的不同动机，所有的优缺点便一目了然。之后，评估各个优缺点的比重，如果发现两边有对等的比重出现，就把它们划掉。如果一项优点等于两项缺点的比重，就把这三项都划掉。如果两项缺点等于三项优点的比重，我就把这五项都划掉。最后一定会总结出一个结果。再经过几天思考，如果没有其他重要事项，便能因此下决定。”

以柔克刚・犹太裁缝

以柔克刚　比喻避开锋芒，用温和的手段取胜。三国蜀・诸葛亮《将苑・将刚》：“善将者，其刚不可折，其柔不可卷，故以弱制强，以柔制刚。”

根据损失规避原理，通过损失和收益的转化，可以改变人们的行为。若能将收益变为损失，人们对某事物将由喜爱转向逃避。在一个反犹太人街区，有一位犹太人裁缝。一群孩子每天跑到店门口大叫，“犹太人！犹太人！”裁缝没有发怒，而是以柔克刚，使事情发生转化。一天，裁缝给每个孩子一毛钱。第二天，喊叫声更响亮。这次，裁缝给每个孩子五分钱。孩子们还是很满意。后来，裁缝给每个孩子一分钱，说，我付不起更多的钱了。孩子们生气了，大叫：“你只出一分钱，还想我们叫你犹太人？真是疯了！”最初，叫喊是一种游戏，孩子们获得很多快乐，快乐就是他们的收益。犹太人用金钱奖赏这种行为，使孩子们的认知发生了改变，叫喊转变为对金钱的追逐。金钱减少，意味着有了损失。只有一分钱时，损失就太大了，叫喊变得愚不可及。

勃然变色・小张的变化

勃然变色　勃然：突然。色：脸色，指脸上的神态、表情。突然生气，变了脸色。《孟子・万章下》：“（孟子）曰：‘君有大过则谏。反复之而不听，则易位。’王勃然变乎色。”

参照点不同，个体对“获得”与“损失”就要重新判断，对待风险的态度就会发生相应变化。不同的参照点，促使个体做出不同决策。小张加了工资，每月多 500 元。小张非常高兴，请同事吃饭。席间有人谈起，某人这次加了 800 元工资。论学历，此人远比小张低。闻听此言，小张勃然变色，连声高呼：“读书无用！”开始，小张以自己过去的工资为参照点，工资上升是“获得”，当然高兴。后来，小张以同事的工资为参照点，自己学历更高，却少涨 300 元工资，是“损失”，当然心中不快。在很多情况下，压力和心理不平衡，都是由比较产生。小张增加的工资额不变，变化的仅仅是参照点，他的心情却发生了 180 度的大转变。

刮目相看・改变认知

刮目相看　刮目：擦亮眼睛。改变老眼光，用新眼光看人。《三国志・吴书・吕蒙传》裴松之注引《江表传》：“肃拊蒙背曰：‘吾谓大弟但有武略耳。至于今者，学识英博，非复吴下阿蒙。’蒙曰：‘士别三日，即更刮目相待。’”

对于小张的困境，还可以从另一个角度去思考。小张只与自己比较时，加工资是“获得”，获得时损失规避，可能导致他满足于现状，工作上缺少创新。小张与同事比较时，加工资是“损失”。但是，遭受损失时喜好风险，可能反而激起他的斗志。他想，此人学历较低，但工作能力比我强。我一定要刻苦磨炼、大胆探索，迅速提高业务水平，用出色的业绩来证明自己,让领导和同事刮目相看。这说明,参照点不变,仅仅改变认知,也会对决策产生很大影响。

铤而走险·手术治疗

铤而走险　铤:快走的样子。走险:走向险处。指情急时采取冒险行动。《左传·文公十七年》:"铤而走险,急何能择!"

手术有风险,医生说服病人接受手术治疗,通常采用两种方式。第一种方式:如果做手术,存活率可以从80%上升到90%。第二种方式:如果不做手术,存活率将从90%下降到80%。两种方式都在说:手术能增加10%的存活率。但用不同的方式描述时,参照点改变了,病人的感受有所不同。以不做手术为参照点时,做手术提高了存活率,是"获得"。以做手术为参照点时,不做手术降低了存活率,是"损失"。人们面临"获得"是风险规避的,面临"损失"是风险偏好的。因此,在第二种情况下,病人更愿意铤而走险,接受手术治疗。

敝帚千金·赋予效应

敝帚千金　敝帚:破扫帚。比喻自己的东西很珍贵。《东观汉记·光武帝纪》:"一旦放兵纵火,闻之可为酸鼻。家有敝帚,享之千金。"

赋予效应是损失规避的重要表现形式之一。所谓"赋予效应",是指对于同一件东西,不属于自己所有时,不觉得有多么珍贵,一旦为自己所拥有,就觉得敝帚千金,价值很高,轻易不愿意放弃。老师拿了一批印有校名和校徽的杯子来到教室,售价4元,很少有人掏钱购买。老师来到另一个教室,将同样的杯子送给学生。不久,老师欲以每只6元的价格回收杯子。然而,很少有人愿意出售。买杯子时是"获得",卖杯子时是"损失"。我们对"损失"更敏感,故而卖出时索价更高。进化心理学认为,原始人常常断粮少炊,只有囤积食物等稀缺物品,才有可能生存和繁衍。因此,我们不愿轻易放弃自己拥有的东西。

孝子惜日·及时行孝

孝子惜日　珍惜与父母共处之日,及时行孝。汉·扬雄《法言·孝至》:"事父母自知不足者,非舜乎?不可得而久者,事亲之谓也。孝子爱日。"

在现实生活中,赋予效应十分常见。当我们拥有友情、爱情和理想的工作时,不觉得有多珍贵。然而,当我们失去这一切时,才会猛然醒悟:它们已是我们生命的一部分,是我们无法遗弃和割舍的。年龄越大,赋予效应表现得越强烈,因为有着日积月累的感情沉淀。父母在世时,我们嫌他们啰嗦,常常借口工作忙,与他们保持着距离。父母去世后,我们却有着刻骨铭心般的痛苦。父母的关怀、父母的挚爱,都成为我们心中永远的痛。孝子惜日,实为至理名言。

大难不死，必有后福·珍惜第二次生命

大难不死，必有后福　遇到巨大的灾难而没有死掉，将来必定有幸福。元·关汉卿《裴度还带》第三折："夫人云：皆是先生阴德太重，救我一家之命。因此遇大难不死，必有后程，准定发迹也。"

俗话说，大难不死，必有后福。此言不虚。其一，凡遇大灾大难，死里逃生者，回首往事，恍若隔世，对于第二次生命，肯定会格外珍惜。原来爱熬夜的，会注意生活的规律性。原来开车横冲直撞的，会注意遵守交通规则。其二，对于自己所拥有的一切，如亲人、朋友、事业，肯定会格外珍惜。原来一头扎在工作中的，会多一点时间和家人相聚。原来对工作敷衍塞责的，会提高自己的工作热情。其三，濒临绝境时，个体会回顾一生，总结经验教训，细察是非得失，冷静思考自己的长处和短处。决策起来，一定会更加慎重，更加重视反对意见。

敝帚自珍·赋予效应的根源

敝帚自珍　敝帚：破扫帚。比喻自己的东西虽然不好，对它却很珍惜。宋·陆游《八十三吟》："枯桐已爨宁求识，敝帚当捐却自珍。"

有心理学家认为，赋予效应的心理学根源是自尊。敝帚自珍，人们于无意识之中，高度评价与自己有关的人或事。芬奇和西尔丁设计了一个实验。实验者告诉第一组被试，他们的生日与某个臭名昭著的历史人物相同。实验者告诉第二组被试，他们的生日与这个历史人物不同。评价该人物时，第一组被试显得更宽容。在监狱进行的一项实验发现，那些认为彼此生日相同的犯人，表现出更多的合作行为。研究还发现，人们对观点相近的人更有好感。在一项研究中，一位陌生人对很多问题发表了看法。实验者请被试回答，是否喜欢此人，如果与他共事，又有什么感受。结果，被试的观点越是接近陌生人，对他的评价就越高。

视如珍宝·祥子的洋车

视如珍宝　形容十分珍爱。清·曹雪芹《红楼梦》第一百一十八回："当此圣世，咱们世受国恩，祖父锦衣玉食；况你自有生以来，自去世的老太太，以及老爷太太，视如珍宝。"

赋予效应更重要的来源是沉没成本。为了获得现在拥有的一切，人们曾经投入大量时间、精力和资金，对原有路径或物品产生了浓厚的感情，甚至心理上的依赖。要抛弃这些，就等于抛弃了曾经的梦想、付出和努力。在大多数情况下，人们无法接受这个残酷的现实。老舍的《骆驼祥子》对此有着精彩的描述。为了攒钱买车，他不吃烟，不喝酒，不赌钱，没有任何嗜好。病了，他舍不得花钱买药，自己硬挺着。整整三年，他凑足了一百块钱！在这辆新车上，祥子凝聚了三年的辛劳、三年的梦想，怎能不视如珍宝呢？后来，大兵抢去他的车，那种痛苦撕心裂肺，"祥子落了泪！不但恨那些兵，而且恨世上的一切了。"

坐失良机·忽视机会成本

坐失良机　观望等待，不采取行动，失去良好时机。宋·蔡杭《上殿轮对札》："虚掷岁月，坐失事机，则天下之势惟有日趋于危亡而已。"

赋予效应的误区之一是，因为高度评价自己拥有的东西而安于现状，不思进取。赋予效应的误区之二是，因为偏爱现状，忽视了机会成本。所谓"机会成本"，是指做出某项选择时，所舍弃的从其他选择中可获得的最大收益。例如，一块田地可种玉米、小麦或高粱，收益分别为2000元、3000元和1800元。如果种玉米，3000元就是种植玉米的机会成本。如果种小麦，2000元就是种植小麦的机会成本。再如，上大学就不能工作，工作所得就是上大学的机会成本。又如，倘若一国资源有限，制造大炮就不能生产粮食，制造大炮的机会成本就是粮食。决策前，人们一般比较客观，权衡各种选择。然而，决策后，由于更加重视"损失"，人们会固守现状，对机会成本视而不见，以至于坐失良机。

按图索骥·思维的框架

按图索骥　照着图像去寻找良马，比喻拘泥成法办事。多比喻依据线索去寻找东西。《汉书·梅福传》："今不循伯者之道，乃欲以三代选举之法取当时之士，犹察伯乐之图求骐骥于市，而不可得，亦已明矣。"

为了节省认知能量，人类通常是按图索骥，进行思维活动的。这个图就是框架，储存在我们脑中，有问题招之即来。框架是指帮助我们组织信息、加工信息的认知结构。框架通常以一个特定的事物或主题为中心，包括该事物的各种属性及其相互关系。例如，上课这个主题的框架，就包括老师讲课、师生互动、学生讨论等环节。框架的内容取决于经验、文化和环境的影响。文化不同，框架的内容可能有所不同。例如，在绝大多数文化中，描述雪的词汇都很少。但是，生活在加拿大北部的土著部落，至少用33个不同的词汇来描述雪，如坚硬的冻住了的雪、飘动的雪、小雪等。框架形成时，个人经历起着特别重要的作用。即使是同一主题的框架，对于不同的个体，也是内容不同、精彩各异。

提纲挈领·框架的意义

提纲挈领　纲：渔网的总绳。挈：提起。举起纲绳，提起衣领。比喻抓住要领。《韩非子·外储说右下》："善张网者引其纲，不一一摄万目而后得。"

已经形成的框架，对我们的思维和行为有着重要影响。框架有助于迅速加工信息，大大节约了时间和精力。倘若没有框架，遇到新情境或新面孔，人们会张皇失措、无从下手，在加工信息时，额外消耗很多认知能量。有了框架，人们可以集中注意力、缩小注意范围，使决策过程大大简化。通常，在自己擅长的领域，专家的决策比一般人更迅速、更准确、更科学。他们有那么多可以使用的框架，容易提纲挈领，抓住事物的要害，不必将时间和精力浪费在不相干的细节上。普通人就不同了，没有现成的框架，一切都是陌生的，有待探索的。他们不知道问题的关键，不知道事物之间的本质联系，让茫无头绪的信息弄得无所适从。

起死回生・名医的框架

起死回生　救活垂危病人。形容医术高明。宋・李昉《太平广记》五九引《女仙传》："起死回生，救人无数。"

合理的框架有利于简化问题，找到问题的关键及其本质联系，使复杂的问题变得清晰可辨。信息不完整时，我们还可以借助框架，补充缺失的环节。例如，面对疑难杂症，在一位名医的脑中，会浮现出很多相关框架，或抽象，或具体。对典型的病例，他可以直接利用对应的框架。对罕见的病例，他常常综合几种相关的框架，并针对患者的具体情况予以修正。在此基础上，比较容易做出一系列科学推理，包括分析病症、追溯病因和设计治疗方案。名医能起死回生，不仅是因为学识渊博、经验丰富，拥有很多有关疾病的框架，更因为观察敏锐、智慧过人，能够针对患者的具体情况，建立起有行之有效的独特框架。

易如反掌・自动产生推理

易如反掌　反：翻。像翻一下手掌那样容易。比喻做起来非常容易。《北史・裴佗传》："以国家威德，将士骁雄，泛蒙汜而扬旌，越昆仑而跃马，易如反掌，何往不至。"

框架还可以在潜意识状态下，自动产生推理过程。例如，你经常去旅游，储存了有关旅游的框架知识，熟知旅游的一般程序和注意事项。在旅途中做出判断和选择，简直易如反掌。对于你来说，旅游纯粹是一种享受。那些初次出门的人，则把旅游当作沉重的负担。遇到事情时，他们手忙脚乱，不知如何是好。二者的差别，主要来自有没有框架。一般情况下，前者利用现成的框架知识，让潜意识处理棘手的问题。后者则把大量时间和心理能量，耗费在整理新信息、建立新框架上。如此一来，自然身心交瘁。这种差异，也存在于专家和新手之间。

通权达变・和尚和木梳

通权达变　指能适应情况变化，打破常规，灵活办事。清・文康《儿女英雄传》第二十八回："只好通权达变，放在手下备用吧。"

一个合适的框架，在决策中起着至关重要的作用。框架决定了我们思考问题、解决问题的基本思路。然而，仅仅拥有框架不够，还必须拥有合适的框架。这就需要根据现实情况，通权达变，适时调整和修改已有框架，使之与具体问题相吻合。一家大公司招聘销售主管，应聘者必须把木梳卖给和尚，多多益善。大多数人觉得这个要求过于荒唐，最后只剩下三名应聘者，八仙过海，各显神通。A 来到一座山间小庙，一个小和尚买了把木梳，用来挠发痒的头皮。B 来到一座名山古寺，见山风很大，劝方丈备几把木梳，让香客梳理凌乱的头发，以示对佛的敬意。方丈买下 10 把木梳。C 来到一座深山宝刹，说："在木梳上刻上'积善'二字，赠给香客，可鼓励他们多做善事。"方丈大喜，买下 1000 把木梳。

别具只眼·最合适的框架

别具只眼　指具有独到的眼光和见解。宋·杨万里《送彭元忠县丞北归》:“近来别具一只眼,要踏唐人最上关。”

在木梳故事中,大多数人拂袖而去,是因为他们有关此类问题的框架太简单,只包括“和尚”“头发”和“木梳”三个概念。这三者之间似乎没有任何关联。A添加了新关系:用木梳挠头皮。B的框架更复杂,不但增添了“香客”概念,而且产生了新关系:用木梳梳理香客的头发。A和B的框架都受到经验限制,故销售非常有限。C的框架则别具只眼,思路更加开阔。他在框架中增添了若干新概念,并在和尚、香客、善事、赠品、木梳之间建立了错综复杂的关系。更可贵的是,这一切还与佛教的基本教义联系在一起,为普通的购买行为罩上一层神圣的光环。

原封不动·紧急状态下的框架

原封不动　原封:没有开封。完全是原样,一点也没有变动。元·王仲文《救孝子》第四折:“我可也原封不动,送还你罢。”

存在时间压力时,为了迅速做出判断和决策,只能原封不动,借助现有框架。在一项实验中,被试需要判断,应聘者更适合哪个职位。如果限制时间,无论男女被试,都倾向于歧视女性求职者。此时,他们启用了有关性别的刻板印象。如果不限时间,这种倾向性就会减弱。被试不会局限于已有框架,而是更多地关注求职者的个人信息。女性的个人能力,就有可能凸显出来。在社会生活中,我们常常会碰到类似情况。假设你要在某学术会议上发言,只有一天准备时间,你无暇搜集资料,只能直接运用关于这个主题的现成框架,简单地补充一些个人看法。若有一个星期准备时间,你会大量搜索相关信息,关注其他学者的观点和方法。在综合分析所有这些资料后,你将得出自己的结论,形成一个全新的框架。

画地为牢·框架的局限性

画地为牢　比喻限制了活动的范围。汉·司马迁《报任安书》:“故士有画地为牢,势不可入,削木为吏,议不可对。”

框架的优越性非常明显,框架的局限性也相当突出。框架是直觉、习惯性思维和简单化思维的根源。这些思维方式的弱点,都与框架直接相关。我们接受与框架相一致的信息,排斥与框架相冲突的信息。被框架排斥的大量信息,由于不受注意,显得模糊、暗淡,成为决策中的盲区。我们依据框架来补充不完整的信息,有时符合逻辑,有时纯粹出于想象。框架形成后,容易变得生硬僵化。我们常常画地为牢,凭借过时的框架,对当前情境做出错误的判断。在一般情况下,专家比新手强得多。但在环境变化较大,问题综合性较强时,专家可能比不上新手。昔日那些解释力很强的框架,将会演变成桎梏人们思维的枷锁。

故弄玄虚·空城计

故弄玄虚　玄虚:用来掩盖真相,使人迷惑的欺骗手段。故意玩弄花招以迷惑人。《韩非子·解老》:"圣人观其玄虚,用其周行,强字之曰道。"

诸葛亮故弄玄虚,大演空城计,为人津津乐道。司马懿对诸葛亮非常了解,已形成有关诸葛亮的详尽框架:一向谨慎从事,从不使自己陷入险境。"今大开城门,必有埋伏。"司马懿忽略了:生死存亡之际,人的行为模式能不随之而变吗?倒是其子司马昭,对诸葛亮所知甚少,脑中只储存一般将官行事的抽象框架,漠视了诸葛亮的个人特色,按照常理推测,反而能做出正确判断:"莫非诸葛亮无兵,故作此态?"诸葛亮的高明之处,在于他深知司马懿,预料司马懿将固守已有框架,陷入思维误区。事后,诸葛亮拍手大笑曰:"吾若为司马懿,必不便退也。"这就是说,诸葛亮若遇到类似情况,不仅会搜索已有的框架,还会纳入情境变化的影响,以更具适应性的框架,来应对复杂多变的外界环境。

自以为是·框架与刻板印象

自以为是　是:正确。认为自己正确。现多指主观、不虚心。《孟子·尽心下》:"居之似忠信,行之似廉洁。众皆悦之,自以为是,而不可与入尧舜之道。"

框架是偏见和刻板印象的来源之一。从本质上说,刻板印象是我们对某一群体形成的框架。我们接受与框架相一致的信息,排斥与框架相冲突的信息。种族歧视、性别歧视等之所以会存在,是因为我们自以为是,有关某群体的框架过于僵化,即使情况有变,也不肯修改相关框架。招聘启事上,常常打出只收男性的口号。就算没有公开表示,也会在行为上表现出这种倾向。虽然在招聘人员身边,不少女性工作起来不比男性差,有的甚至更加优秀。然而,他们会振振有词地说,这不过是特例。一般情况下,男性更肯干,责任心更强,麻烦事更少。

万变不离其宗·框架效应

万变不离其宗　宗:主旨、目的。尽管形式上变化多端,其本质或目的不变。清·谭献《明诗》:"求夫辞有体要,万变而不离其宗。"

框架可分为两种,一种是内部框架,一种是外部框架。内部框架就是前文所介绍的框架,指个体储存信息的表述方式,以特定的事物或主题为中心,包括该事物的各种属性及其相互关系,受到个体经验和认知水平的影响。外部框架是指外部信息的呈现形式,如语言描述、问题的结构等。特沃斯基和卡尼曼研究了框架效应,即由外部信息呈现方式所导致的决策差异。例如,用两种语言表述亚洲病问题时,虽然万变不离其宗,实际内容毫无二致,却对人们的决策产生了不同影响。根据定义,框架效应主要是针对外部框架而言的。

新瓶装旧酒·亚洲病问题

新瓶装旧酒　比喻用新形式表现旧内容。朱光潜《给一位写新诗的青年朋友》:"他们是用白话写旧诗,用新瓶装旧酒。”

特沃斯基和卡尼曼做过“亚洲疾病”实验,对同样一个问题,仅仅采用不同的描述方式,就对人们的决策产生了不同影响。他们先采取正面描述的方式:亚洲即将爆发一场疾病,可能导致600人丧生,实施方案A,能够挽救200人的生命。实施方案B,1/3的概率可挽回600人生命,2/3的概率救不了任何人。此时,72%的人选择方案A。他们再做出反面描述:实施方案C,400人会死亡(挽救200人的生命)。实施方案D,1/3的概率无人死亡(挽回600人的生命),2/3的概率600人全都死亡(挽救不了任何人)。此时,78%的被试选择方案D。第二个问题不过是新瓶装旧酒,仅用“死亡”一词取代了“挽救生命”,被试给出的答案就完全相反。“挽救生命”是获得,人们表现出风险规避,希望得到确定性的结果。“死亡”是损失,人们表现出风险偏好,宁愿赌一把。

屡战屡败·英雄和孬种

屡战屡败　屡:多次。每次打仗都失败。《晋书·桓温传》:“殷浩至洛阳修复园陵,经涉数年,屡战屡败,器械都尽。”

在现实生活中,框架效应普遍存在,对个体决策产生了重大影响。曾国藩初与太平天国交手,不熟悉洪杨的打法,屡战屡败。最惨重的一次,湘军折戟沉沙,风声鹤唳。曾国藩羞愧难当,愤然跳水自杀,幸为部下所救。上奏章时,他起先写的是屡战屡败,后改为屡败屡战。两种表述描绘了同一幅场景:每战必败。两种表述在字面上也完全相同,只是顺序恰好相反。就是这一点差别,救了曾国藩的命。屡战屡败,重点在败,从中看到的是一个孬种。屡败屡战,重点在战,从中看到的是不屈不挠、一片忠心,难怪会得到皇帝的欣赏。

换汤不换药·为苏丹释梦

换汤不换药　煎药的水换了但药却没有变。比喻只改变名称、形式,不改变内容、实质。蔡东藩《民国演义》第一百一十五回:“去了一个段派,复来了一个段派,仍然是换汤不换药。”

苏丹梦见牙齿掉光了,找人解梦。第一个解梦人说:“您将目睹全体家庭成员的死亡。”苏丹大怒,打50个鞭子。第二个解梦人说:“您将比所有家庭成员都更长寿!”苏丹大喜,赏50枚金币。有人向第二个解梦人请教:“你的解释换汤不换药呀!”“没错!不过,请记住这一点,重要的不仅仅在于你说话的内容,还在于你说话的方式。”两个释梦人说了同一件事,不过在表述自己的看法时,第二个人用“长寿”替代了“死亡”,用获得替代了损失。

寸步不让·劳资谈判

寸步不让　形容丝毫不肯让步、妥协。古立高《初恋》:“他本来想讨讨价钱,谁知主任死死咬住,寸步不让。”

框架在谈判中的重要性,可以从下面的劳资问题中看出。工会要求,必须把工资从每小时 12 美元涨到 14 美元。资方认为，工资高于每小时 12 美元无法接受。双方是达成协议，选择小时工资 13 美元的方案，还是诉诸仲裁？达成协议是确定性的解决方案，诉诸仲裁是有风险的解决方案。谈判者寸步不让，都把着眼点放在损失上。根据前景理论，他们应该偏好风险，愿意接受仲裁。如果框架变得积极一点，结果就大不相同。倘若工会把超过 12 美元的方案看作获得，资方把低于 14 美元的方案看作获得，他们就会规避风险，协商解决问题。

降格以求 · 积极的框架

降格以求　格：规格，标准。降低标准来寻求或要求。鲁迅《坟 · 灯下漫笔》："于是降格以求，不讲爱国了，要外国银行的钞票。"

谈判者拥有积极的框架，还是消极的框架，取决于参照点的选择。工会有几个参照点：去年的工资、资方的报价、工会的目标。如果降格以求，拿去年的工资做参照点，工资略有提高都觉得是获利。如果参照点上移，即使上调工资，也觉得获利在减少，直至演变为损失。这时，工会就会从积极的框架转向消极的框架。本例中，去年工人小时工资为 12 美元，工会目标为 14 美元。如果资方同意上调到 13 美元，与去年相比获利 1 美元，与目标相比损失 1 美元。以去年的工资为参照点，工会采用的是积极的框架，容易与资方达成协议。以工会的目标为参照点，工会采用的是消极的框架，最终结果只能是谈判破裂，诉诸仲裁。

权衡轻重 · 两种报酬方式

权衡轻重　权：秤砣。衡：秤杆。指比较利害得失的大小。《韩非子 · 六反》："圣人权其轻重，出其大利。"

有两种支付劳动报酬的方式，你不妨权衡轻重，看看哪一种更好。第一种是固定工资加奖金。你的工资为 3000 元，满勤可得 500 元奖金。第二种是固定工资。你的工资为 3500 元，缺勤需扣除 500 元。绝大多数人认为，第一种更好。从本质上看，两种报酬方式并没有区别。但在第二种情况下，缺勤时扣除，是损失；在第一种情况下，满勤可得 500 元，是获得。由于人们更加看重损失，故对第二种方式难以接受。企业一般采用第一种方式，以免引起员工反感。由此可见，利用框架效应，有助于说服别人按照自己的要求行事。对于同一件事，强调它带来的损失和成本，比强调它带来的利益和好处，能取得更好的效果。

一般无二 · 两个选项的结构

一般无二　形容完全相同，没有差别。明 · 吴承恩《西游记》第七十一回："跷蹊！跷蹊！他的铃儿怎么与我的铃儿一般无二。"

如何避免框架效应和赋予效应的不利影响，做出理性选择？为了避免框架效应，可以简化问题，使两个选项呈现出一般无二的结构。例如，在劳动报酬案例中，第一种方式可描述为：满勤时收入3500元，缺勤时收入3000元。第二种方式可描述为：缺勤时收入3000元，满勤时收入3500元。如此看来，两种方式没有任何区别，不必厚此薄彼。为了克服赋予效应，不妨换一个角度，考虑不同的甚至相反的情形。例如，可以在拥有东西时，考虑未曾拥有时的情况；在未曾拥有时，考虑已经拥有的情况。以杯子实验为例。卖杯子时想一下，如果现在买杯子，愿意付出多少？买杯子时想一下，如果现在卖杯子，打算索价多少？这样，有助于做出比较合理的选择，不至于卖时索价过高，买时出价过低。

泾渭分明・心理账户

泾渭分明　渭水、泾水合流时清浊分明。比喻是非分明、界限清楚。明・冯梦龙《喻世明言》第十卷："梅氏平生谨慎，从前之事在儿子面前一字也不提……守得一十四岁时，他胸中渐渐泾渭分明，瞒他不得了。"

如何看待获得和损失，不仅取决于认知和参照点的选择，还取决于心理账户的划分。心理账户是指人们在评估、追溯经济活动时，倾向于在心理上把相似的收入或支出归入同一个账户，并且将其锁定起来，不让预算在各个账户间流动。心理账户概念推翻了传统经济学中可替代性的观点，认为有着不同来源或不同用途的金钱，有时候是泾渭分明，相互间不可替代的。设置心理账户，是出于安全和自律的需要，以便更好地管理自己的财产。例如，为支出分设教育、娱乐等心理账户，可以兼顾教育、娱乐等活动，使每项支出都恰如其分，维持家庭生活的稳定与和谐。但是，过度关注心理账户的分割，可能会做出非理性的选择。

井水不犯河水・心理账户误区

井水不犯河水　比喻互不干扰，各管各的。清・曹雪芹《红楼梦》第六十九回："我和他'井水不犯河水'，怎么就冲了他？"

你花400元买了张音乐会的门票，出门发现门票丢了，你是否准备再买一张？同样是这场音乐会，你事先没有买票，途中丢了一张400元的电话卡，你是否还会买音乐会门票？实验表明，第一种情况下，大多数人表示不听音乐会了。第二种情况下，大多数人表示要买音乐会门票。两种情况下都损失了400元，为什么会做出完全相反的选择？这就是心理账户带来的误区。从经济学角度来看，每元钱都一样。对心理账户来说，不同账户的钱是有区别的，井水不犯河水。第一种情况下，娱乐账户损失400元，再次购买门票，损失就增加到800元，相当于音乐会门票价值的2倍。第二种情况下，通信账户损失400元，娱乐账户原封不动。是否听音乐会，与丢失电话卡无关，只取决于你对这场音乐会的兴趣。

吉人天相・赌徒的自负

吉人天相　吉：善。相：保佑，帮助。好人会得到上天帮助。元・无名氏《桃花女》第一折："你只管依着他去做，吉人天相，到后日我同女孩儿来贺你也。"

为何赌徒输了仍继续狂赌，赢了却挥金如土？一般人很难理解。研究指出，如果把当天的赌博划归统一的账户，前面的胜负就会影响后面的决策。如果把每次赌博分隔开，看成独立的账户，前几次赌博的胜负，对后来就没有影响。赌徒在输钱时想：吉人天相，我是幸运的，肯定笑到最后。他不容许账户上出现亏损，把当天的赌博都纳入同一个账户，期待着奇迹的出现。赌徒在赢钱时想：我比所有人都强，都优秀。为了维护自尊，证实这一点，他把赢的钱归入一个独立的账户，与失败的业绩断绝联系。他大肆挥霍，从中体验到强烈的优越感。

专款专用·支出的心理账户

专款专用　专门用于指定项目的钱款专项使用。柳青《创业史》第一部第九章："上级一再强调专款专用。"

划分心理账户带有随意性，可以粗分，也可以细分；可以流动性强，也可以流动性弱。从总体上看，心理账户可按支出、收入和投资进行划分。所谓"支出的心理账户"，是指根据支出分设不同的账户，专款专用，不可随便改变用途。支出账户又分为储蓄和消费两种，消费账户还可进一步划分为教育、交通、食品、服装、旅游等子账户。储蓄账户中的钱轻易不大动用。消费账户中的钱使用频繁、流动性较强。我们买早点时非常随意，购买房屋就不同了。我们会大量搜集信息，反复去现场察看，与家人、朋友一遍又一遍地讨论和研究。这是由于，用于小额消费的钱被列入消费账户，用于大额消费的钱被列入储蓄账户。与消费账户相比较，储蓄账户的流动性弱得多，必须经过慎重考虑，方能决定是否动用。

相差无几·司机的收入

相差无几　无几：没有多少。指二者差别不大。《老子》第二十章："唯之与阿，相去几何？"

收入的心理账户是根据收入来源或时间设置的。不同账户的收入，有着不同的消费倾向和风险偏好，相互间不可替代。一般而言，出租车司机的收入视天气而定，晴天收入平平，雨天业绩特佳。从经济学角度看，司机晴天早点下班，雨天晚点收工，效率会更高。加州理工学院的科林·卡普若发现，出租车司机的回答完全相反。他们的目标不是高效率，而是稳定性，希望每天的收入相差无几。因此，晴天生意不好，他们就多干几小时。雨天生意很好，他们就提早回家。对出租车司机来说，每天的收入分列在不同的账户里，相互间是不可替代的。

判若两人·风险偏好

判若两人　判：明显的区别。形容同一个人前后有了很大变化。清·李宝嘉《文明小史》第五回："须晓得柳知府于这交涉上头，本是何等通融、何等迁就，何以如今判若两人？"

考虑两种情形：第一种情形，某人拼命工作挣得10万元，朋友请他赌钱，他会去吗？

通常回答是“不”。第二种情形,某人赛马赢得10万元,朋友请他赌钱,他会去吗?通常回答是“是”。收入都是10万元,用途都是赌博,由于收入来源不同,在风险偏好和消费倾向上有着显著差异。在不同情境下,某人似乎判若两人,忽而吝啬,忽而大方;忽而保守,忽而冒险。人们珍惜工作所得,将其列入“血汗钱”账户,不愿随便花费,不愿冒风险。人们把赌博所得列入“额外收入”账户,使用时大手大脚,愿意冒风险。赌场老板深谙赌徒心理,不但诱使赌徒不断投下赌注,还设置很多高档消费场所,让他们大肆挥霍,直至口袋空空。

一拍即合·信用卡支付

一拍即合　拍:节拍。一打拍子就合乎乐曲节奏。比喻双方快速取得一致。清·李绿园《歧路灯》第十八回:“君子之交,定而后求;小人之交,一拍即合。”

对于不同来源的收入,会有不同的消费倾向。美国麻省理工学院的普雷勒克教授和斯蒙斯特教授做过一个实验。在拍卖活动中,出价最高者可以得到某著名篮球队参赛的门票。第一组被试付现金,第二组被试用信用卡支付。结果,第二组被试的平均出价是第一组的2倍。原因是,现金和信用卡被归入两个不同的账户。用信用卡支付时,被试感觉不到金钱的流失,不会惋惜和后悔,故而表现得更加大方,无形中增强了购买欲望。这就是商家喜欢信用卡支付的原因。当然,消费者也从中感受到快捷方便。双方一拍即合,使信用卡迅速得到普及。

意外之财·政府退税

意外之财　意料之外的钱财。清·李宝嘉《官场现形记》第十一回:“且说周老爷凭空得了一千五百块洋钱,也算意外之财,拿了他便一直前往浙江。”

为了刺激消费,政府可能采取减税政策。降低相同数额的税收,既可以减税,也可以退税。减税5%或税后返还5%,在本质上完全一样。然而,它们在刺激消费上作用不同。采用第一种方式,虽然减少了税收,但由于这笔钱属于“血汗钱”账户,人们舍不得花。因此,减税不会提高消费水平。采用第二种方式,返还的税款进入“额外收入”账户。使用这笔意外之财时,人们比较大方,较少顾忌,消费水平有所提高。因此,在刺激消费上,退税比减税效果更好。

显而易见·两种账户的差别

显而易见　非常明显,很容易看清楚。宋·王安石《洪范传》:“在我者,其得失微而难知,莫若质诸天物之显而易见,且可以为戒也。”

人们不仅按照收入来源分设不同的心理账户,还根据数额大小,把相同来源的金钱列入不同的心理账户:大笔奖金放进长期账户,小笔奖金放进短期账户。两种账户的差别显而易见。前者支出需做计划,后者支出时不受约束。经济学家兰兹伯格曾经研究,获得西德政府赔款时,以色列人是如何消费的。赔款数额差异很大,多的达年收入的2/3,

少的为年收入的7%。赔款多的家庭,消费率约0.23,每得到1美元赔款,就消费0.23美元,剩余的转为存款。赔款少的家庭消费率约2.00,消费时不但付出全部赔款,还要再拿出相同数额的存款。

不可分割·投资账户

不可分割 不能把整体或有联系的东西强行分开。茅盾《生活之一页》九:“但是我们一伙共八个,完全不可分割,我们的问题最好是整个解决。”

通常,人们不把投资活动看作一个整体,而是根据时间、盈亏、投资品种等因素,设置不同的心理账户。例如,昨天、今天的投资分设在两个账户;盈利、亏损的股票分设在两个账户;A股票、B股票分设在两个账户。人们的投资决策是针对不同账户进行的,没有做全盘考虑。这显然是一个误区,因为投资活动不可分割,人为地切断它的内在联系,分别进行决策,是违背客观规律的,必然会造成直接或间接的损失。假定盈利的股票和亏损的股票被列入不同账户:亏损账户里的股票不太愿意卖出,担心卖出后股价再度上升,自己追悔莫及。盈利账户里的股票希望尽快脱手,显示自己有眼光,有望得到尊重。这时的股票交易,完全陷入心理误区,与股票本身已毫无瓜葛,给投资带来很大的盲目性。

扪心自问·换一个角度

扪心自问 扪:按、摸。按着胸口,向自己发问。指自我反省。宋·宋祁《学舍昼上》:“扪心自问何功德,五管支离治獬人。”

为了减少设立心理账户后可能产生的不利影响,可以换一个角度思考问题:如果处于不同的,甚至相反的情境,应该如何决策?对于账面上亏损但又不忍割肉的股票,不妨扪心自问:若手中没有这只股票,是否愿意购买?答案是肯定的,就继续持有,否则抛掉。丢失音乐会的门票后,不妨想一想,若丢失的不是门票,而是现金或电话卡,会不会降低你对音乐会的兴趣?如果答案是否定的,说明音乐会很有魅力,应该再买一张门票。心理账户分得过细,有时毫无必要,甚至带来不良后果,有必要做一番清理。例如,将亏损股票和盈利股票纳入同一个账户,就会减少决策失误。有盈利股票做后盾,投资者不会因害怕而后悔,不愿抛售亏损股票;有亏损股票提醒,投资者不会因追求尊重,轻易抛售盈利股票。

争奇斗艳·女士的消费观

争奇斗艳 形容百花竞放,十分奇异艳丽。宋·吴曾《能改斋漫录·方物·芍药谱》:“名品相压,争妍斗奇,故者未厌,而新者已盛。”

通过重新划分心理账户,可以影响人们的消费偏好和消费决策。在这儿,需要遵循“分离收益、整合损失”的基本原则。购物时,得到效用是“获得”,付费是“损失”。如果不把二者分割开来,而是将其作为一个整体来考虑,就能提高满足程度。女士购买服装和化妆品时,表现得潇洒、大方。但在男士看来,未免过于奢侈。男士视“获得”与“损失”互不相干。他们只看到女士的“损失”,而没有看到女士的“获得”。相反,女性平时节约,轻易不愿花钱。此刻出手如此阔绰,是因为整合了购物的“获得”与“损失”。她们争奇斗艳,很在乎别人的评价,如果能让男人震撼,让女人嫉妒,花这么多钱并不冤枉。

礼轻情意重・礼品的魅力

礼轻情意重　礼物虽轻,但情意深厚。元・李致远《还牢末》第一折:“兄弟,拜义如亲,礼轻义重,笑纳为幸。”

为了达到营销目标,厂商采用各种措施,设法整合消费者的心理账户,使之不因付费而烦恼。营销有两种常见的方式,一种是直接降价,另一种是间接降价,即产品价格不变,销售时赠送一些小礼品。一般而言,间接降价更受欢迎。柜台前常常排起长队,只为领取低廉的小礼品。这时,商品和小礼品被纳入同一个心理账户。礼轻情意重,因付费带来的不快,让礼品所带来的快乐抵消了一部分。网上流行的免费产品,也遵循同样的原理。免费产品往往与配套产品或高附加值的服务捆绑在一起。免费带来了好心情,让人们在消费时减少了犹豫。

长痛不如短痛・整合心理账户

长痛不如短痛　忍受一次性的痛苦,比忍受长时期的痛苦好。高阳《状元娘子》下册:“洪三爷大概也看透了,将来绝没有圆满的结果,倒不如趁早撒手,俗语说,‘长痛不如短痛’,就是这个道理。”

整合心理账户,可以使消费者购物时更加大方。这方面例证很多:上网有两种计费方式,一种是包月,一种是按流量计费。大多数人偏爱包月方式。其实,按流量计费的话,他们可能付出更少。健身俱乐部通常出售季票或年票,很少按活动次数收费。信用卡结算包括多次消费,每次消费所占比例不大。整合起来的计算方式,只需结账时打开心理账户,只经历一次痛苦。分散的计算方式,需要一次次打开心理账户,经历多次痛苦。长痛不如短痛。因此,一次性结算不但对厂商有利,而且深受消费者的欢迎。在这里,双方找到了共同点。

连绵不断・脉冲式变化

连绵不断　连绵:连续不断的样子。形容连续不止,从不中断。清・石玉昆《三侠五义》第一百一十三回:“谁知细雨濛濛,连绵不断,刮来金风瑟瑟,遍体清凉。”

除了整合心理账户,分离心理账户也会产生重要作用。从经济学角度分析,由于边际效用递减,一个心理账户带来的效用,要小于分离为多个心理账户后带来的总效用。因此,分离心理账户可以使总效用增加。从生理学角度分析,分离心理账户后,一次性变化转化为脉冲式变化,可以产生更强烈、更持久的刺激。你愿意大笑一次,狂喜不已,还是连绵不断,不时心动呢?例如,你花 300 万元买了一套宽敞的住房,可以兴奋几年,自豪几年。但是几年一过就没有什么感觉了。如果你花 200 万元买一套较小的住房,100

万元用于每年的度假和旅游。自然景色和异国风情将一次次冲击你的眼球，让你充分体验到人生的美妙。

各取所需・劳资双方

各取所需　指每个人都得到自己所需要的东西。巴金《在尼斯》："读者们不是一块铁板，他们有各人的看法，他们是'各取所需'。"

分离心理账户产生的作用，在支付员工报酬上也有所体现。倘若你是 CEO，会选择哪种薪酬制度？第一种工资较高，但没有奖金。第二种工资较低，但常发奖金。而且，第一种制度下的报酬，高于第二种制度下的报酬总和。受到员工欢迎的，通常是第二种制度。此时，公司花的钱更少，资方当然满意，员工也满意，双方各取所需。员工之所以高兴，是因为把每笔奖金放在不同的心理账户中，使总效用有所增加。换言之，脉冲式的刺激，能带来更强烈、更持久的快乐。

07 第7章　控制的渴望

弄巧成拙・可怜的王先生

弄巧成拙　巧:灵巧。本想要弄聪明,结果做了蠢事,或把事情弄糟。明・许仲琳《封神演义》第五十六回:“孩儿系深闺幼女,此事俱是父亲失言,弄巧成拙。”

决策是为了解决不确定性,而不确定性是决策困难与决策误区之根源。

王先生结婚已有四五年,与岳父关系一直不佳,总想找机会缓和一下。老岳父过生日时,王先生狠狠心买了只乌龟,花去700元,谁知弄巧成拙,遭到一顿臭骂:“你骂我?过生日送我乌龟?”一怒之下,老岳父把王先生撵出家门。王先生的错误,在于这种表达方式带有很大的不确定性。乌龟既代表长寿,又代表“绿帽子”。王先生只考虑到乌龟象征长寿,没有考虑到其他含义。老岳父对王先生持有成见,只看到乌龟一词中“绿帽子”的含义。如果不是王先生,而是一个自己喜爱的人送乌龟,老岳父或许会笑逐颜开。他想:此人一向对我很好,肯定是真心祝我长寿。由此可见,不确定性对判断和选择产生了很大影响。

只争朝夕・中国人的浮躁

只争朝夕　抓紧一朝一夕,力争在最短时间内达到目的。明・徐复祚《投梭记・却说》:“今朝宠命来首锡,掌枢衡只争旦夕。”

中国人为什么那么浮躁?昔有“大跃进”“放卫星”“超英赶美”,只为摧毁资本主义世界。今有假冒伪劣产品、抄袭模仿行为,只为一夜暴富、一举成名。前者是国家行为,后者是个人行为,但结果都一样,以一时的成功,换来最后的失败。以眼前的喧嚣和个人的荣华,换来整个民族道德、产业、科技的长期受损。

中国人为什么那么浮躁?人人只争朝夕?原因很多。一是社会转型,政策多变;二是改革开放,机会多多;三是贫富悬殊,刺激强烈;四是社会动荡,不安全感强;五是陌生人社会,谁堪信任?一言以蔽之,未来的不确定性太强,难以预期。能够抓住和把握的,只有现在。故而多数人急于求成,纷纷寻找捷径。

反复无常・天气变化

反复无常　没有常规。形容变化不定。明・冯梦龙《喻世明言》第三十一卷:“萧何,你如何反复无常,又荐他,又害他?”

人们抱怨气象台,昨天说有大雨,今天却艳阳高照。昨天说天晴,今天却下雨。近年来,为什么天气预报的准确度大大下降?原因在于,天气异常情况越来越频繁,不确定性大大增加。气象系统是一个非常复杂的系统,很多因素相互作用,不但受到自然界的影响，而且受到人类行为的影响。人类对环境的摧残，使生态平衡受到破坏，气象系统偏离了原有的发展轨道，朝着人们不熟悉的方向变化。以往昔经验为基础的预测模式，已经难以应对反复无常的天气。

难以逆料·意外事件

难以逆料　逆：预先。很难预先料想到。三国蜀·诸葛亮《后出师表》："凡事如是，难可逆料。"

气候变化存在着一定的可重复性。因此，在预测较短时期、较近时期的天气状况时，天气预报的准确性还是比较高的。然而，很多重大事件都是不可重复的意外事件，没有经验可资借鉴，无法进行比较和推理，很难做出准确判断。凯恩斯说，我们无法判断一场战争爆发的时间，也无法确定 20 年以后铜的价格。罢工、金融危机、政治动乱等经济社会事件，都是不可重复、难以逆料的。对这种不确定性，我们几乎毫无办法。奈特认为，企业家必须承担由这种不确定性带来的损失，市场也回报以极其丰厚的利润。否则，谁还会冒着一夜间倾家荡产的风险？

顶礼膜拜·崇拜权威

顶礼膜拜　顶礼和膜拜都是佛教中的最高礼节。指对人或事物极端崇拜。清·吴趼人《痛史》第二十回："这句话传扬开去，一时轰动了吉州百姓，扶老携幼，都来顶礼膜拜。"

怎样应对不确定性，可能是人类面临的最早的社会问题之一。在一个充满变数的世界，生活有如奔腾不息的大海，个体有如一叶扁舟，不知道什么时候会被风浪吞没。这种不确定性，使恐惧在人群中蔓延。为减轻由此带来的痛苦和焦虑，人类求助于某些值得信赖的权威，如巫术、宗教、政府。无论是谁，只要能消除由不确定性投下的阴影，人们就会相信他，拥戴他，对他顶礼膜拜。巫术和宗教让人们相信，神拥有超凡的力量，能帮助自己辨明方向，踏平荆棘，无往而不胜。后来出现的政府则让人们相信，其能够主持正义，带领全体人民绕过急流险滩，战胜天灾人祸。这些信仰减少了疑虑与恐惧，使社会结构趋于稳定。

种瓜得瓜，种豆得豆·拉普拉斯妖

种瓜得瓜，种豆得豆　比喻有其因必有其果。清·尹会一《吕语集粹·存养》："种豆，其苗必豆；种瓜，其苗必瓜。"

近代科学的发展，使人们有信心战胜不确定性。牛顿力学指出：世界的未来，是由它现在的结构决定的。知道现在就可以准确地推知未来。拉普拉斯说，只要拥有足够的信息和能力，就能预测上至天体运动，下至原子运动的未来状态，这就是拉普拉斯妖假设。现代科学证明，种瓜得瓜，种豆得豆，只适用于简单系统，即成员数较少，且相互间关系简单的系统，如原子结构。现代社会出现了大量复杂系统。此时，决定论宣告无效。所谓

“复杂系统”，指成员数巨大，且相互关系纵横交错的系统，如经济系统和社会系统。初始条件略有改变，便导致完全不同的结果。而且，随着时间延伸和系统复杂性的增加，意外情况呈指数增长。

差之毫厘，谬以千里・初始状态的差异

差之毫厘，谬以千里　差、谬：错误。毫、厘：微小的计量单位。开始时差错虽然很微小，但结果会造成很大的错误。《汉书・司马迁传》：“故《易》曰：‘差之毫厘，谬以千里。’”

用“差之毫厘，谬以千里”来描述复杂系统的变化，再恰当不过了。技术上处于劣势的产品，也可能在市场上占据领导地位。1970 年代 Beta 与 VHS 录像带竞争激烈。虽然 VHS 在技术上略逊一筹，但到 70 年代末已居于垄断地位。原因是最初 VHS 的市场份额略高，商店和消费者都想购买主流产品，使 VHS 份额不断上升。最初小小的差异，在正反馈作用下迅速被放大。工业布局和城市兴起也遵循了类似规律：对于复杂系统而言，一切取决于初始状态。起初硅谷建立了少数计算机公司，取得惊人发展。其他高科技公司深受鼓舞，纷纷向硅谷汇集，终于将此地打造成世界信息技术的中心。与硅谷条件类似的地区，当时还有若干个。

变幻无常・新影片问世

变幻无常　常：常规，规律。变化不定，没有规律可言。明・蔡羽《辽阳海神传》：“气候悉如江南二三月，琪花宝树，仙音法曲，变幻无常，耳目应接不暇。”

根据传统经济理论，个人的嗜好是固定的，市场通过价格调整达到平衡状态。但是，电影业却变幻无常，无法预知消费者的喜好。即使有大明星和巨额广告预算，也无法保证好莱坞大片肯定成功。反之，一些低预算影片，有时却创造出意想不到的票房。与此类似，圣诞玩具业也存在着极端的不确定性。在美国，圣诞节是全民的节日，更是孩子们的节日。每到圣诞期间，玩具供不应求，远远满足不了需求。奇怪的是，尽管有前车之鉴，厂商仍无法准确预测销售量，事后悔之无及。社会是有生命的复杂系统，个人的选择不仅受制于自身偏好，而且受到他人和流行的强烈影响。这种影响的指向和强度，厂商事先一无所知。人与人之间错综复杂的互动，使整个社会系统的调节和走向，总是笼罩在云雾之中。

觅迹寻踪・蚂蚁觅食

觅迹寻踪　踪：迹，脚印。到处寻找别人的行踪。元・吴昌龄《张天师断风花雪夜》第一折：“却待要拄眼睁睛，觅迹寻踪，莫非他锦阵花营，不曾厮共，险教咱风月无功。”

20 世纪 80 年代，昆虫学家对蚂蚁做了一系列实验，获得很大启迪。在距离蚂蚁窝同样远的地方，放上两堆同样的食物，并不断补充，使之保持等量。试问，蚂蚁将如何分组，来搬运这些食物？对试验结果做出的解释，其意义远远超出了动物界，同样适用于人类经济社会的复杂性和无序性。显然，尝到甜头的蚂蚁，下一次还会再来。它们留下的足

迹含有化学分泌物,吸引了其他蚂蚁觅迹寻踪。在某堆食物上觅食的蚂蚁越多,更多蚂蚁前来的可能性就越大。个别蚂蚁行为的结果,因其他蚂蚁的效仿而不断加强,这就是正反馈。最初几只蚂蚁的随机选择,对整个蚁群产生了决定性的影响。蚁群到某堆食物取食的比例产生随机波动,从 80∶20 到反向的 20∶80。有时候,这种变化不仅很大,而且很迅速。

大起大落·蚂蚁觅食的波动性

大起大落　形容变化幅度大,速度快。祁智《陈宗辉的故事》:“陈宗辉的情绪被冯勤生弄得大起大落。”

经济学家艾伦·柯曼研究了这项实验。他认为,在类似蚂蚁实验的条件下,总体的结果是由个人间的互动,以及他们彼此诱导所引起的行为变化而产生的,从单独的个人来推断群体的行为是不可能的。爬出蚁窝的蚂蚁有三种可能性:到原先去过的那堆食物取食;受返回蚂蚁的影响,到另一堆食物取食;出于好奇,到另一堆食物试一试。用这个假设可以解释,到两堆食物取食的比例,为什么会大起大落,出现复杂的波动现象。若改变行为的倾向很高,蚂蚁在两堆食物中取食的分布比较均匀。若改变行为的倾向很低,蚂蚁都到 A 堆或都到 B 堆取食。许多社会经济现象都具同样的特征:短期不可预测,长期表现出规律性。

不相上下·两党政治

不相上下　分不出高低。形容水平、程度相当。唐·陆龟蒙《蠹化》:“橘之蠹……翳叶仰啮,如饥蚕之速,不相上下。”

用蚂蚁模型可以解释西方的两党政治。在蚂蚁模型中,若改变行为的倾向很高,蚂蚁在两堆食物中取食的分布就比较均匀。两党制投票行为模型显示,对 A、B 两党支持的比例不相上下,在 50∶50 左右,这与国家层次上的现实情况相吻合。民意调查也得出相同的结果:个体变动很大,总体相对稳定。在蚂蚁模型中,若改变观点的倾向很低,蚁群就集中在某堆食物中取食,这与地区层次上的现实情况相一致。长期的政治传统,导致某政党在该地区占据主导地位。

晕头转向·影片是否叫座

晕头转向　指头脑昏乱,辨不清方向。周而复《上海的早晨》第三部五十:“巧珠奶奶听得晕头转向。完全出乎她的意料,儿子居然变了,而且变得这么快!”

一部影片是否叫座,事先往往难以判断。根据 1996 年的一项研究,美国最卖座的四部影片占票房总收入 20%,最不卖座的四部影片的票房占比则不到万分之一。这是正反馈机制发挥作用的结果。看过电影的人,向亲友和同事倾诉自己的观感。影评家的褒贬,对群众产生了进一步影响。类似于蚂蚁留下的足迹,传媒和人群间的交流,扩散着对这部影片的看法。传统理论指出,个人的偏好是已知的、不变的。实际上,消费者并不知道自己的真正偏好。在多种选择面前,在过多信息的狂轰滥炸下,他们晕头转向,不由自主地追随他人的意见和行为。

相仿相效·犯罪率的升降

相仿相效　指彼此相互模仿、效法。明·王守仁《传习录》中卷:“圣人之道,遂以芜塞相仿相效,日求所以富强之说、倾诈之谋、攻伐之计。”

怎样解释犯罪率的升降?经济社会是一个复杂系统,犯罪率与影响因素之间,不存在简单的线性关系。如果引入蚂蚁行为的基本原理,就能较好地解释犯罪行为。社会互动时,个体将相仿相效,跟随他人改变自己的行为,使得社会模型趋于复杂化。假定把人群分为三组:不可能犯罪的人;可能犯罪的人;活跃的罪犯。模型研究社会互动对当事人行为的影响,与传统经济学的研究方法完全不一样。就任一促成犯罪的外部因素而言,某组在群体中所占比例越大,人群流向该组的可能性就越大。这意味着,罪犯所占比例越大,转变为罪犯的人群比例就越大;守法公民比例越大,迫使罪犯发生转变的压力就越大。

提心吊胆·对不确定性的恐惧

提心吊胆　形容非常担心,十分害怕。明·吴承恩《西游记》第十七回:“众僧闻得此言,一个个提心吊胆,告天许愿。”

人类对未来,总是充满了焦虑和恐惧。焦虑和恐惧来自不确定性,来自控制缺失。不知道将要发生什么,就不知道如何应对,就会深感无助和茫然。而那些确定性的或比较熟悉的东西,即使是负面的,人们也能很快适应。患上重病时,最痛苦的是就诊前和检查时。病人提心吊胆,总往最坏处设想。一旦得到明确的诊断结果,该住院住院,该手术手术,焦虑和恐惧就会大大减轻。遭遇死亡、恐怖主义威胁,因不确定性感到恐惧时,人们的安全需要特别强烈,倾向于更加保守。“9·11”恐怖袭击事件后对世贸大厦生还者进行的一项研究显示,事件发生的 18 个月内,政治倾向更保守的占 38%,更倾向于自由主义的占 13%。

七上八下·一只鞋

七上八下　形容无所适从或心神不定。明·施耐庵《水浒传》第二十六回:“那胡正卿心头十五个吊桶打水,七上八下。”

人类对于不确定性的恐惧,已经深藏在潜意识之中。单口相声《一只鞋》脍炙人口、令人喷饭。有个老大爷出租楼上的房间,条件是不要吵闹,他有心脏病,图静。一个小伙子来了,因恋爱晚归,脱下皮鞋,重重扔到地上。老大爷不得安宁,提出抱怨。那天小伙子甩下一只鞋后,突然想起老大爷的话,就小心翼翼地放下另一只鞋。第二天一早,老大爷怒吼:“你马上走人!原来等你扔完鞋,还可以睡一觉。昨天一宿没睡,心里七上八下,就等第二只鞋掉下来!”

鞭长莫及·无法控制的风险

鞭长莫及　鞭子虽长，不宜打在马腹上。比喻力量达不到。《左传·宣公十五年》："虽鞭之长，不及马腹。"

皮特·桑德曼比较了小概率的疯牛病和大概率的厨房病原体后，得出结论："人们通常不会对自己能够控制的风险感到恐慌，他们更害怕那些自己无法控制的风险。"例如，疯牛病是难以觉察到的，厨房里的灰尘却是可以清扫的。桑德曼的控制理论可以解释，为什么大多数人都害怕乘飞机，却很少有人害怕坐汽车，尽管汽车失事的概率远远大于飞机。他们说：我能控制汽车，使安全得到保证，对于飞机却鞭长莫及，一旦飞上天，只得听凭命运摆布了。桑德曼认为，那些能够为人们控制的因素，带来的恐惧感通常都非常有限。因此，恐怖袭击与疯牛病让人们极度恐慌。相比较之下，厨房病原体和心脏病就没有那样可怕了。

错综复杂·不确定性的来源

错综复杂　错综：纵横交叉。形容头绪繁多，情况复杂。《周易·系辞上》："参伍以变，错综其数。"

不确定性总是伴随着我们。不管我们如何努力，在社会生活和经济生活中，不确定性不但不会消失，还会越来越强。古代的不确定性主要源于人们的无知，现代的不确定性主要源于世界的复杂性。我们知道的越多，提出的问题和产生的疑问就越多。全球化和信息技术的发展，使得人与人、企业与企业、国家与国家之间的互动越来越频繁，越来越迅速。各种关系错综复杂，牵一发而动全局。自然界也不例外。自然系统本来就非常复杂，人类改造自然的活动，又平添了很多不确定因素。这一切，使自然、社会、经济等巨型系统的复杂性与日俱增。

山崩地裂·地震预报

山崩地裂　山崩塌，地裂开，多为地震引起。后形容巨大的声响，也比喻突然发生的重大变故。《汉书·元帝纪》："山崩地裂，水泉涌出。"

现以地震预报为例，感受一下自然系统和社会经济系统的复杂性。地震时山崩地裂，在自然灾害造成的人口死亡中占据首位。目前，我国年度地震的预测成功率在 20% 左右，短期地震的预测成功率在 10% 左右，这一水平已属世界前列。地震预报的困难主要有两个：一是地震的孕育与发生过程极其复杂，科研人员难以预测。二是预报意见形成后，如果政府不报，地震来了，必然造成公众和社会的巨大损失。如果政府预报，地震却没有来，停产将会造成巨大损失，并使百姓极度恐惧，影响社会安定。简言之，第一个困难来自地质系统的复杂性，第二个困难来自社会经济系统的复杂性。地震预报的双重复杂性，加剧了地震发生的不确定性。

源头活水・不确定性的价值

源头活水　比喻事物发展的源泉和动力。宋・朱熹《观书有感二首》之一:“半亩方塘一鉴开,天光云影共徘徊。问渠那得清如许?为有源头活水来。”

我们的决策,总是在前程未卜的情况下做出的。完全消除不确定性再做决策,不过是一厢情愿,我们将失去很多机会,甚至得到最糟的结果。再说,不确定性未必就是障碍,有可能成为前进时的强大推动力。不确定性是创新的源头活水和重要组成部分。如果一切都是确定的,人们就既不需要创造,也没有创造的激情。如果一切都是确定的,人生的意义和人类的生存价值,就要大打折扣了。美国作家爱默生说:“消除恐惧最好的办法,就是去做你所害怕的事情。”这里的潜台词是:一旦去做你所害怕的事情时,你就会慢慢熟悉它,不确定性逐步减弱,你的恐惧自然会逐步减轻。随之而来的,是你的信心和克服困难的勇气。

出人意外・意外后果定律

出人意外　意:意料。超出意料之外。清・吴趼人《二十年目睹之怪现状》第九回:“所以天下事往往有出人意外的。”

自然系统和社会经济系统的复杂性,使人类对未来缺乏预见。针对这个问题,社会学家罗伯特・弥尔顿提出意外后果定律。他指出,由于种种因素的干扰,我们的决策常常会产生出人意外的结果。早期的冰箱用二氧化硫做制冷剂,常因渗漏而夺人性命。后来,用无毒、高效的氟利昂取而代之。30 年后发现,氟利昂在阳光下分解,破坏地球臭氧层。据估计,氟利昂造成的损害,需要几十年时间才能修复。20 世纪 90 年代,转基因作物受到高度赞誉。例如,针对棉铃虫的转基因棉花,所需杀虫剂比普通品种少 70%。近来发现,棉铃虫受到抑制,引起其他害虫疯狂繁殖,农民被迫大量使用新型杀虫剂。进一步地,科学家和民间围绕着转基因作物有可能给人体带来的潜在危害,展开了持久而激烈的争论。

事与愿违・严惩德国

事与愿违　事实与主观愿望相违背。指不能达到预期目的。三国魏・嵇康《幽愤》:“事与愿违,遘兹淹留。”

掌握了意外后果定律,有助于我们在做出决策前更加审慎,充分考虑可能产生的所有结果,而不是一厢情愿,仅仅考虑我们希望出现的结果。

“一战”后,协约国决定严惩德国,让“一战”成为“终结所有战争的战争”。在《凡尔赛和约》中,要求德国裁军、放弃大片领土、支付巨额赔款。德国人坚持,和约内容太苛刻,将产生灾难性后果。一些经济学家也认为,这样做会事与愿违。但是协约国政府不予理睬。不久,德国因不堪重负,开始拖欠赔款。和约带来的痛苦和愤慨,使希特勒的扩张计划受到全民支持。希特勒于 1933 年顺利上台,开始了征服世界的历程。“二战”后美国接受教训,积极推行马歇尔计划,为包括德国在内的欧洲国家注入大量资金,使《凡尔赛和约》对长期和平的追求得以实现。

智者千虑，必有一失·克拉克第一定律

智者千虑，必有一失　指聪明人对问题深思熟虑，也难免出现差错。《史记·淮阴侯列传》："臣闻智者千虑，必有一失。愚者千虑，必有一得。"

不确定性增大了决策难度，给决策带来很大风险。主要风险之一是思维极端化。一种极端观点认为，未来是确定的，是现在的某种延伸。过度低估不确定性，使得企业和个人难以抵御突然出现的威胁，也无法利用不确定性中蕴藏的极大机会。不妨看几个真实的故事。1899年美国专利局局长说："所有能发明的东西都已经被发明了。"1906年著名天文学家西蒙·纽康教授说："……无法进行空气中长距离的载人飞行。"1907年法国指挥学院教授费迪南德·福煦说："飞机是有趣的玩具，但不具有军事价值。"著名科幻作家克拉克得到一个结论（克拉克第一定律）："当一位德高望重的老科学家宣布某事可能的时候，他几乎肯定是正确的。但是，当他说某事不可能的时候，却很可能说错了。"智者千虑，必有一失。依据经验和现有知识推断未来，很可能得出错误的结论。

不得而知·不可知论

不得而知　得：能够。不可能知道。唐·韩愈《争臣论》："故虽谏且议，使人不得而知焉。"

另一种极端观点认为，环境是不确定的，前景是无法预测、不得而知的。在新兴产业或经历革命性变化的行业中，存在着高度的不确定性。因此，在这些领域，不可知论的影响尤其大。由于信息不完全，由于变数太多，市场风险极大，模仿与投机便应运而生。这样既能避免落后，又能避免失误。模仿和战略趋同严重挫伤了创新的积极性，破坏了先行企业的获利能力，甚至摧毁了整个产业的前进动力。还有人在大变革面前惊慌失措，不做调查分析，单纯依赖于直觉，陷入盲目决策的误区。当环境复杂多变时，这种行为常常带来灾难性的后果。

坐失良机·不作为的后果

坐失良机　观望等待，不采取行动，失去良好的时机。宋·蔡航《上殿轮对札》："虚掷岁月，坐失事机，则天下之势唯有日趋于危亡而已。"

不作为是不确定性带来的另一个决策风险。人们在多种选项中进行选择时，都想向自己及他人证明，这个决策是合理的，这被称为"知觉合理化"。如果找不到能够说服自己的合适理由，宁愿不做决策。心理学家发现，对个体而言，虽然从短期看不作为似乎更好，可以减少事后的遗憾，然而从长期看，不作为有可能增大风险，使你坐失良机，带来更大的灾难。因此，很多决策都是凭直觉做出来的。不过，我们不能单纯依赖直觉，而是要尽可能详尽地搜集信息，认真地做出分析和研究，并且根据环境变化，及时调整和修正已经做出的决策。

忐忑不安·旅游需要理由

忐忑不安　指心里七上八下,心神不宁。清·曾朴《孽海花》第三十回:“正是人逢乐事,光阴如驶,彩云看了十多出戏,天已渐渐的黑了,彩云心里有些忐忑不安,恐怕回去得晚,雯青又要罗嗦。”

特沃斯基和夏飞报告了一项研究。他们让被试想象,购买去夏威夷的旅游票可以打折,优惠明天截止。他们还假定被试刚刚参加一场考试,考试难度很大。被试分三组。第一组被告知,考试过关了。第二组被告知,考试没有过关。第三组被告知,后天知道结果。结果,第一组绝大多数购买了旅游票,第二组大多数购买了旅游票,第三组32%购买了旅游票。一切都与不确定性有关。前两组被试知道考试结果,很容易决策。通过考试的人打算好好享受一下,作为对自己的犒赏。没有通过考试的人安慰自己:来日方长,何必自寻烦恼!不知道考试结果的人忐忑不安,找不到去旅游的合适理由。现实生活中确实如此。高考后,不论考得好坏,家长都倾向于带孩子旅游。不过,大多数旅游安排在考试成绩公布之后。

了然于胸·科学的使命

了然于胸　了然:清楚、明白。心里十分清楚。《晋书·袁齐传》:“夫经略大事……智者了然于胸。”

在一个充满不确定性的世界里,人们茫然、无助,失去了安全感和控制感,不知道怎样才能趋利避害,达到既定的目标。科学从诞生之日起,就以寻找确定性为己任。无论是自然科学还是社会科学,都是为了研究客观世界的变化规律,从一团乱麻中找到秩序和本质性的东西,使人们了然于胸,以认识世界、改造世界。换言之,科学是为了将不确定性减少到最小程度。正因为这样,数学的使用就成了衡量某门学科是否“科学”的主要依据。经济学被认为是“科学”,它大量使用数学模型,使未来变得可以预测,尽管这种预测常常是失败的。历史学被认为不是“科学”,因为历史的变迁充满了偶然性,难以用数学语言来描述。

拨云睹日·自然科学的作用

拨云睹日　比喻冲破黑暗见到光明。也比喻疑团消除,心里顿时明白。元·王实甫《西厢记》第二本楔子:“自别兄长台颜,一向有失听教,今得一见,如拨云睹日。”

科学可以减少不确定性,或在局部范围内消除不确定性,让我们拨云睹日,消除心中的困惑。自然科学比较容易做到这一点。气象学揭示了天气的部分变化规律,有助于做出比较准确的短期预测;物理学揭示了事物的物理性质和力学特点,有助于制造出汽车、飞机、航天器;化学揭示了物体的化学结构,有助于生产出药品和化工产品。在这里,不确定性变为确定性,事物变化的多种可能性变为一种可能性。正是这种确定性,才使得人类大有作为,成为地球的主人。

披沙拣金·电灯的发明

披沙拣金　披:拨开。比喻从大量事物中选取精华。唐·刘知几《史通·直书》:“然则历考前史,征诸直词,虽古人糟粕,真伪相乱,而披沙拣金,有时获宝。”

爱迪生发明灯泡时,主要难点是灯丝的选择,可用作灯丝的材料数以万计。为此,他进行了大量实验。爱迪生的发明之所以让人崇敬,不仅是因为电灯带来了光明,使人类最大限度地利用了夜晚的时间,开创了历史的新纪元,而且是因为发明灯泡是披沙拣金的过程,充满了艰辛和不确定性。为了找到合适的灯丝,他先后用过铜丝、白金丝等1600多种材料,还用过头发和各种不同的竹丝,最后将日本的一种竹丝燃烧炭化后,做成最初的灯丝。要对非常多的可能性进行尝试,不但是异常艰苦的劳动,更是对智力和毅力的巨大挑战。一项研究的不确定性越大,就越有价值,越有创造性,因为它需要更加高超的智慧和技巧。

可乘之隙·信息的价值

可乘之隙　乘:利用。可以利用的漏洞、空子。明·罗贯中《三国演义》第十四回:“小沛原非久居之地,今徐州既有可乘之隙,失此不取,悔之晚矣。”

美国学者申农称,信息是用以消除不确定性的东西。垄断利润的重要来源之一就是信息。剥离了事物的众多可能性之后,剩下的就是绝佳的商机。洛克菲勒坐船时,听说船上载有煤油,X城急等煤油点灯。中途轮船失事,被救上岸后,乘客都忙于晾晒衣服,洛克菲勒却看到可乘之隙,租了匹快马,飞驰到X城,以高价买下全城所有杂货店的全部煤油。第二天煤油就会运到,杂货铺老板有意清空仓库,对这项交易都很满意,同意洛克菲勒暂不提货。次日,得知轮船失事,居民纷纷抢购。杂货店老板以双倍的价格,买回洛克菲勒名下的煤油。当时,洛克菲勒只是一个普通职员,凭借对信息的高度敏感性,掘得了第一桶金。

物极必反·被信息所淹没

物极必反　事物发展到极端,便会向相反反向转化。清·纪昀《阅微草堂笔记·姑妄听之四》:“盖愚者恒为智者败。而物极必反,亦往往于所备之外,有智出其上者,突起而胜之。”

如今,我们正被信息所淹没。一份报纸的信息量,与几百年前一个人一生接触到的信息一样多。知识大约每10年翻一番。过去30年里产生的新信息,比5000年里产生的信息总量还要多。如此庞大的信息流,已经超出我们吸收数据能力的极限,更不用说去理解它们了。信息的作用,本来是减少不确定性。然而,物极必反,我们拥有的信息越多,就越难以看清事情的真相。为什么决策部门和咨询部门往往是分开的?这样做,决策者既能从咨询部门获得最重要、最浓缩的信息,又不必受过多细节的干扰,可以使思路更清晰,决策更果断。

值得庆幸的是,人类拥有足够的智慧,变不利因素为有利因素,破解一个又一个难题。对于近年兴起的“大数据技术”来说,海量信息是福而不是祸。通过做出假设、编制数学模型,可以对不计其数的信息进行整理、分析和预测。

心有余而力不足·无法消除的不确定性

心有余而力不足　心里很想做,但力量不够。清·曹雪芹《红楼梦》第二十五回:“我手里但凡从容些,也时常来上供,只是‘心有余而力不足’。”

决策之前,我们首先要做的,就是搜集信息,降低面临的不确定性,以满足三大基本心理需要,获得安全感、控制感和平衡感。但是,信息并非万能的。有时候掌握完备的信息,可以使我们成竹在胸。大多数时候,我们心有余而力不足,无论怎么努力,无论得到多少信息,都无法消除不确定性。例如,我们不知道别人对自己的真实看法,只能通过察言观色做出初步判断。我们无法准确预测一周后的天气,只知道大概的变化范围。在现代社会中,要想追求卓越、取得成功,必须能够在不确定的环境下,凭借不完善的信息做出判断和决策。

雾里看花·不确定条件下的决策

雾里看花　原形容老眼昏花,看不清楚。后比喻对事物看不真切。唐·杜甫《小寒食舟中作》:“春水船如天上坐,老年花似雾中看。”

有的不确定性可通过详尽搜集信息来消除,其特点是变化不大,由当前可推知未来,其决策相对比较容易。如在自行车、服装等传统行业,企业可以在市场调查的基础上,做出预测,决定对策。然而,大多数不确定性是无法通过搜集信息完全消除的,决策时有如雾里看花。其中,又可分为四个层次。对不同的层次,可采用不同的手段和思维方式,使决策更加贴近实际。结果存在着几种可能性的,是第一层次的不确定性。可根据信息和经验,估算各种可能性出现的概率。结果在一定范围内变化的,是第二层次的不确定性。可通过概率估计,缩小变化范围。前景不明确、无法预测的,是第三层次的不确定性,可以投石问路。纯属偶然,超出考虑范围的,是第四层次的不确定性,只能随机应变,利用一切机会。下面,逐一分析企业面临的不确定性。个人决策时面临的不确定性完全类似。

屈指可数·寡头垄断市场

屈指可数　屈:弯曲。形容为数不多。宋·欧阳修《唐安公美政颂》:“今文儒之盛,其书屈指可数者,无三四人。非皆不能,盖忽不为尔。”

在第一层次的不确定性中,企业的发展存在着几种可能性,但无法确知最后结果。寡头垄断市场就是如此。钢铁、汽车等行业,企业数量有限,屈指可数。一家厂商的行为,会对其他厂商产生重大影响。因此,必须认真研究竞争对手的策略。这些策略一般是观察不到、难以预测的。例如,具有规模优势的企业,会对行业定价和盈利水平产生显著影响。竞争对手会扩大产量吗?扩大多少?这里有多种可能性,但不知道哪一种会成为现实。只有根据信息和经验，估算各种可能性出现的概率，然后进行比较和选择，根据最可能出现的结果制定战略。

数不胜数 · 变化范围有限

数不胜数　数：计算。形容数量极多。闻一多《文艺与爱国》："爱国精神体现于中外文学里，已经是层出不穷，数不胜数了。"

进入新市场的企业，常常遭遇这种不确定性：可能性结果不是几种，而是数不胜数，但是变化的范围有限。决策者可以通过概率估计，进一步缩小变化范围，为决策提供较为可靠的依据。欧洲某消费品公司面临着是否进入印度市场的抉择。初步的市场调查表明，有 5%～30%的潜在客户。由于变化范围太大，公司很难下决心。如果搜集到更多的信息，得知客户渗透率接近于 30%而非 5%，公司就会采用积极的进入战略，花费较大的营销成本。反之，如果客户渗透率接近 5%，公司就会采取消极的进入战略，或者干脆放弃这个市场。新兴产业也存在类似问题。例如，在半导体产业中，厂商只知道潜在成本和性能属性的大概变化范围。

投石问路 · 微软的战略

投石问路　原指夜间潜入某处前，先投石子，借以探测情况。比喻行动前进行试探。清 · 石玉昆《三侠五义》第十二回："到了墙头，将身趴伏，又在囊中取一块石子，轻轻抛下，侧耳细听。此名为投石问路。下面或是有沟，或是有水，或是落在实地，再没有听不出来的。"

在一个崭新的、非常复杂的环境中，没有经验可以借鉴，事物间的相互作用扑朔迷离。而且，环境的变化非常迅速，令人猝不及防。面对着云遮雾绕、模糊不清的前景，决策的难度是可想而知的。在信息技术领域，谁最早行动，谁就有可能占据优势地位。然而，这是非常冒险的，很可能一脚踏空，万劫不复。微软不断投资信息技术的各个领域，不断进行各种尝试，以便尽早介入一个新市场，在利润最高的时候抢夺份额。单一项目的失败，无损于这种投石问路的随机性战略。由于在可能产生跨越式发展的众多领域撒种，让市场决定新产品的命运，微软才在信息技术的主要领域上，始终占有绝对优势和领先地位。

始料不及 · 意外和偶然

始料不及　指当初没有料想到。陈忠实《白鹿原》第十三章："黑娃和他的弟兄们也不知道该怎么办，这种场面是始料不及的。"

不少成功的事业都包含着意外和偶然。这种创新风险最小，成本最少。它们并非来自周密的计划，而是无意中的探索，甚至是运气。很多突破性的创新成果始料不及，可能只是某项实验的副产品。对这种不确定性，无法事先做出决策，只能随机应变，即时决策，充分利用意外和偶然提供的一切机会。把握这些机会，需要眼光，需要洞察力，需要创新的思维方式。强生公司某些新产品的出现,就得益于从偶然中挖掘出来的机会。1920年,员工狄克森看到太太被菜刀划伤了手,便急中生智,创造出一种药膏带,由小片纱布、外敷药和外科胶带构成。这样,药膏带不会黏在皮肤上,而且使用方便。营销人员将其推向市场,名为“邦迪”。经过不断改进,邦迪成为强生有史以来最畅销的产品。

转败为胜·失败就是机会

转败为胜　变失败为胜利。《史记·管晏列传》:“其为政也,善因祸而为福,转败而为功。”

多数人忽视意外。其实,意外蕴含着机会,最大的意外蕴含着最大的机会。

要把握意外带来的机会,必须容忍失败,把失败看成机会,从而转败为胜。某时装店经理烫熨衣服,不慎将一条高档呢料裙烧了个洞。如果采用织补法补救,很难瞒过细心的顾客。经理突发奇想,不但不修补原有的小洞,反而在周围又挖了许多小洞,经过精心修饰,取名“凤尾裙”。“凤尾裙”挂上货架,立即成为畅销品,该时装店随之名满天下。美国3M公司以向员工提供创新的环境而著称。3M公司认为,错误和失败是创造和革新的正常组成部分。许多最初的大错误,后来都演变成最成功的产品。一位化学家失手把一种新化学混合物溅到网球鞋上,几天后鞋面仍很干净,著名的斯可佳牌织物保护剂就此诞生了。中国缺少原创性科学技术,根本原因之一,就是急功近利,只允许成功,不允许失败。营造一个宽容、自由的氛围,是推动中国由制造大国走向创造大国的必由之路。

事出有因·因果关系原理

事出有因　事情的发生是有原因的。清·李宝嘉《官场现形记》第四回:“郭道台就替他洗刷清楚,说了些‘事出有因,查无实据’的话头,禀复了制台。”

牛顿把因果关系原理列为第二推理法则。因果关系是事物之间最基本的关系之一,受到科学家的高度重视。人们认为事出有因,通过探求因果关系,可以发现世界发展变化的规律性,并据此采取相应对策,使一切都在自己的掌握之中。

这是极具适应性的特点,有利于人类的生存、繁衍和发展。同时,这也是创造人类文明的最大动因。科学的发展、技术的进步,都归因于获得的丰硕成果。

对于类似情境或同一种行为,我们可能做出不同归因,产生截然不同的反应。有两个男人(一个信新教,另一个信天主教),看见一位天主教牧师进了妓院。新教徒内心窃喜,庆幸自己找到了抨击天主教的新证据:牧师太虚伪,说一套做一套。天主教徒却非常骄傲,庆幸自己找到了颂扬天主教的新证据:一位牧师敢去任何地方,哪怕是妓院,为的是拯救一个行将死去的人的灵魂。两种可能性都存在。由于所处立场不同,他们各执己见,其判断和选择存在着天壤之别。

变幻不定·股票市场

变幻不定　变幻:变化。形容变化多端,无规律可循。张承志《黑骏马》:“大雁在高空鸣叫着，排着变幻不定的队列。”

我们习惯于认为，一切事情的发生都有确定的原因，并把最明显、最符合常识的那一种，当作最终的解释。在现实中，引起事物变化的原因未必显而易见。有时候，事物变化错综复杂，难以理清头绪；有时候，原因存在着多种可能性，无法做出抉择；有时候，事物互为因果。例如，是鸡生蛋，还是蛋生鸡？甚至还有一种情况：一切纯属偶然，无所谓因果联系。在股票市场上，分析师热衷于分析股票价格的每一次波动，似乎他们可以“征服”市场。实际上，这种波动变幻不定，多为随机波动。研究表明，购买了标准普尔500指数大企业的股票，经历20世纪70年代的整整10年之后，回报率高于华尔街80%的股票经纪人。尽管如此，由于控制欲太过强烈，人类始终不愿放弃对因果关系的探求。

来龙去脉·因果判断

来龙去脉　本指山脉的走势和去向。现比喻一件事的前因后果。明·吾邱瑞《运甓记·牛眠指穴》：“此间前岗有好地，来龙去脉，靠岭朝山，种种合格，乃大富贵之地。”

海德认为，人类具有两种强烈的动机：理解世界和控制环境。如果世界是不可知的、取决于各种偶然因素，我们就无法实现预测和控制的目标。因此，我们假设世界是和谐的，事物之间存在着必然联系。我们无时无刻不做因果判断。大多数时候，这种判断是随意的、自动发生的，甚至缺少事实根据。如果汽车失事，我们想：司机大概酒喝多了，要不然就是在打瞌睡。如果遭到陌生人白眼，我们想：那人一定是疯子，要不然就是心理变态。随即，我们不假思索地采取行动。但是，对于我们特别重视的人物或事件，我们会予以额外关注。我们问：“究竟发生了什么？”我们搜集信息、反复思考，直至弄清来龙去脉，得出比较可信的结论。这时候，我们才会松一口气，产生安全感和对环境的控制感。

一言一行·判断他人意图

一言一行　每句话，每个行动。泛指一个人的言行。北齐·颜之推《颜氏家训·慕贤》：“凡有一言一行，取于人者，皆显称之。”

琼斯和戴维斯指出，我们常常通过别人的一言一行，来判断他们的目的和意图。第一个出发点是社会赞许性。从社会不赞许的行为，可以推断出个体的内在性格。例如，招聘推销员时，某人表现外向，我们很难判断，他是真的擅长与人打交道，还是刻意如此。如果某人应聘时非常害羞，我们就有把握说，他是一个内向的人。因为这种行为与应聘岗位的要求相冲突。第二个出发点是可选择性，即个体行为是否为环境所迫。在自由选择的情境下，个体行为能够透露出更多的内在特点。以前婚姻多由父母包办，新婚夫妻很难说是真心相爱的。现代婚姻多由自己做主，我们可以推断，在新郎新娘的心中，正燃烧着爱情的烈焰。

三百六十行·社会角色

三百六十行　对各行各业的总称。明·凌濛初《初刻拍案惊奇》第八卷：“三百六十行中尽有狼心狗行,狠似強盗之人。”

个体承担的社会角色,是解释个体行为的重要依据。三百六十行,行行都有自己的责任和义务。与社会角色无关的行为,能够揭示更多的个性特点。警察与歹徒搏斗,我们不能说他见义勇为,因为这是他的本职。普通人与歹徒搏斗,我们就可以推论,他品德高尚,为公共利益将生死置之度外。售货员笑脸相迎,主动介绍各种商品,不能据此判断,此人天性热情。如果在大山中迷路,有樵夫不辞辛苦,把你领到大路旁。你可以肯定地说,此人天性善良,乐于助人。

一反常态·个体行为

一反常态　完全改变了平时的态度。端木蕻良《曹雪芹》第二十五回:“原来桑家二丫头一直垂青于我,可是自从比剑之后,一反常态,被福彭的红豆子给勾引过去了。”

解释个体行为时,我们还常常运用脑中既有的框架,尤其是对于熟人。如果此人一反常态,其言行与既有的框架发生冲突,我们可以认定,可能发生了新情况。例如,一个人平日外向,突然间沉默寡言,我们推测,他一定碰到什么难题了。一个人平日内向,现在沉默寡言,我们就难以做出有价值的推论了。再如,某人一向衣着简朴,突然间着装时尚,我们猜想,他可能正在谈恋爱。反之,某人一向紧跟潮流,我们从他的华丽外表上,无法获得任何新信息和新结论。

溢美之词·扩大效应

溢美之词　溢:水满外溢,引申为过分。过分赞美的话语。《庄子·人间世》:“夫两喜必多溢美之言,两怒必多溢恶之言。”

如果存在两种原因,一种原因对某种行为起促进作用,另一种起阻碍作用,此时,前一种原因的重要性增加,这就是“扩大效应”。例如,性别歧视普遍存在,在职业生涯中,女性面临着更大的障碍。如果某女士成功了,人们常常有溢美之词,给予很高评价。人们认为,她必定才能卓越、毅力超凡。女性在创业上受到的阻碍尤其大。因此,一位站稳脚跟的女性创业者,比其他领域中的女性成功者更加令人瞩目。比较而言,男性创业者面临的阻碍较小,故而在归因上很少受到扩大效应的影响。人们的评价,比较接近他的实际情况。

等闲视之·折扣效应

等闲视之　等闲:寻常。把它看成平常的事,不予重视。明·罗贯中《三国演义》第九十五回:“此乃大任也,何为安闲乎? 汝勿以等闲视之,失吾大事。”

如果同时存在多种原因,我们降低其中一个原因的重要性,从而等闲视之,这就是“折扣效应”。例如,领导表扬你,夸奖你工作出色,你心里暗自得意。接着,领导交给你一项繁重的工作。你会心生疑虑:领导的夸奖未必出自真心,我的工作也未必出色。领导这样做,不过是哄骗自己挑重担罢了。再比如,在饭店里,侍者的服务非常周到,你十分满意。但是，知道这儿收小费后，你的好感就会减少。他如此热情待客，并非把顾客当成上帝，不过是为了多收小费！

车到山前必有路·乐观主义

车到山前必有路　比喻虽有困难，但事到临头总有办法。周立波《暴风骤雨》第一部："真是常言说得好：车到山前必有路，老天爷饿不死没眼的家雀。"

马丁·塞利格曼指出，个体性格影响认知，进而影响其归因方法。他把人分为两种类型：乐观主义者和悲观主义者。悲观主义者认为，失败来自一些长期存在的，无法改变的原因。他们对前途失去信心。乐观主义者认为，车到山前必有路。失败是暂时的，来自环境、运气、努力程度等可变因素。他们对未来充满希望。英国伦敦大学学院的研究表明，乐观者是天生的。他们处理信息时，总是注意到问题好的一面，过滤掉坏的一面。乐观主义者容易取得较大的成就。失利后，乐观的运动员通常表现更佳，悲观的运动员则失去信心、一蹶不振。

任凭风浪起，稳坐钓鱼船·仰面大笑的曹操

任凭风浪起，稳坐钓鱼船　比喻随便遇到什么险恶的情况，都信心十足，毫不动摇。毛泽东《在中国共产党第八届中央委员会第二次全体会议上的讲话》："我们有在不同革命时期经过考验的这样一套干部，就可以'任凭风浪起，稳坐钓鱼船'。要有这个信心。"

曹操是一个乐观自信的人，任凭风浪起，稳坐钓鱼船。董卓一度权倾朝廷，满朝文武无计可施，在王允生日宴会上痛哭流涕。曹操抚掌大笑："满朝公卿，夜哭到明，明哭到夜，还能哭死董卓否？"他有智有勇，提出献刀计并积极实施。每当受到重挫，曹操总是毫不气馁。在濮阳，吕布大败曹军。曹操身负重伤，诸将惶恐不安。曹操仰面大笑曰："误中匹夫之计，吾必当报之。"当即想出妙计，一举击败吕布。赤壁之战中曹操损失惨重，仓皇逃跑，数次路过险峻之地，在马上扬鞭大笑，说：我若是周瑜、诸葛亮，必在此处埋伏一路军马。直到晚年，曹操仍充满自信，说："如国家无孤一人，正不知几人称帝，几人称王。"

破涕为笑·老太婆的心事

破涕为笑　停止哭泣，露出笑容。形容转悲为喜。晋·刘琨《答卢谌书》："时复相与举觞对膝，破涕为笑。"

我们看到的世界并非客观存在，而是蒙上了一层主观色彩。萧伯纳说，同是桌上的半瓶酒，乐观主义者会惊喜地喊道："哇，还有半瓶酒呢！"悲观主义者却会沮丧地叹息："瞧，只剩下半瓶酒了！"有时候，只需认知发生改变，有如掀开薄纱，看到事物的另一面，哭会变成笑，笑会变成哭。一个老太婆有两个儿子，大儿子卖伞，小儿子卖盐。老太婆心事重，一年到头都发愁，从来没有看到她露出笑脸。天晴时，她担心大儿子的伞卖不掉，要发愁。下雨时。她担心小儿子无法晒盐，也要发愁。有人劝她："你换一个想法就快乐

了。天晴时，小儿子的盐晒足了太阳。下雨时，大儿子的伞脱销了。”老太婆终于破涕为笑。

塞翁失马·足球的魅力

塞翁失马　指坏事可变为好事。汉·刘安《淮南子·人间训》：“近塞上之人有善术者，马无故亡而入胡。人皆吊之。其父曰：‘此何遽不为福乎？’居数月，其马将胡骏马而归。人皆贺之。”

一位英国妇女向法庭控告，其夫迷恋足球，令人难以容忍，严重影响了夫妻关系，要求某足球厂商赔偿精神损失费 10 万英镑。这一指控看似无理取闹，却以该妇女的大获全胜而告终。原来，公关顾问很乐观，他劝慰沮丧的老板：这是塞翁失马，提供了一个大造声势的极好机会，必须好好加以利用。他们通过传媒，对这场官司大肆渲染，赞叹该厂生产的足球魅力无穷。该厂立即名声大振，销量翻了 4 倍。老板异常惊喜，仅仅花了 10 万英镑，就做了一次绝妙的广告。

居安思危·悲观者的决策

居安思危　处在安定的环境里，要想到可能出现的危险。《左传·襄公十一年》：“《书》曰：‘居安思危’，思则有备，有备无患。”

由于乐观者期望值较高，愿意付出较大的努力，故而他们更容易获得成功。但是，就决策而言，悲观者的决策似乎更加慎重、更加准确。在实验室，悲观者预测的数据，比乐观者准确得多。首先，悲观者居安思危，具有强烈的危机感，能保持头脑清醒，充分挖掘个体潜能。其次，悲观者对挫折有所预期，常常能未雨绸缪。还有，悲观者对痛苦无法忘怀，易于从中吸取教训。比较起来，乐观者缺少危机感，在灾难面前往往措手不及。而且，此时的尴尬、恐惧和教训，很快就会被他们遗忘。不过，悲观必须适度，过度悲观者视未来为危途，消极应付、无所作为。

咎由自取·基本归因偏差

咎由自取　咎：过失、灾祸。罪过或灾祸由自己招致。清·吴趼人《二十年目睹之怪现状》第七十回：“然而据我看来，他实在是咎由自取。”

一般的归因理论，把归因描述成理性的、逻辑的过程。但是大量研究表明，在现实生活中，归因存在着显著的偏差。天主教神父进了妓院，是自甘堕落，还是拯救他人灵魂？两个男人的归因中，掺杂了过多的成见和感情因素。

主要的归因偏差有基本归因偏差、自我服务偏差、公平世界偏差、简单化偏差、表面化偏差、相关性偏差等。例如，归因有一个普遍倾向：解释他人行为时，常常做出内在归因，低估环境因素，高估个人特质和态度造成的影响，这就是基本归因偏差。反之，解释自己行为时，通常会高估情境因素。若是别人受骗，我们会说，此人太愚蠢，不读书、不看报，咎由自取。倘若自己受骗，我们会说，骗子太狡猾，居然玩起高技术手段！或者说，那么多人帮腔，不由你不迷惑。如果男士迟到了，女士往往非常生气，认为对方不尊重自己，把约会不当一回事。实际上，男士可能因堵车而迟到，因救人而误点。研究表明，我们对他人行为的内在归因是自发的、无意识的，甚至是自动的。我们习惯于漠视情境因素。

引人注目・注意聚焦

引人注目　引起人们的注意。毛泽东《湖南农民运动考察报告・十四件大事》："也有敲打铜锣，高举旗帜，引人注目的。"

我们为什么会犯基本归因偏差？我们为什么会低估环境对他人行为的影响？心理学家做了大量实验后得出结论：产生基本归因偏差的原因之一是，人们喜欢在引人注目的地方寻找原因。事物越突出，看起来就越像有因果关系。作为行为人，个体对环境高度注意，否则寸步难行。作为观察者，个体对他人行为高度注意，因为人比环境更具吸引力。因此，个体将自身行为更多地归因于情境，将他人行为更多地归因于个性。在实验中，被试观看犯罪嫌疑人认罪的录像。如果摄影机聚焦在犯罪嫌疑人身上，被试倾向于认为犯罪嫌疑人认罪是可信的。如果摄影机聚焦在审讯员身上，被试倾向于认为犯罪嫌疑人认罪是被迫的。法庭上的大部分录像，都聚焦在犯罪嫌疑人身上。陪审团看后，几乎百分之百认为犯罪嫌疑人有罪。

不明底细・别人的行为

不明底细　不知道人或事情的内情。茅盾《生活之一页》四："为了某种原因的矜持，亦为了不明底细，更为了粤语的不高明，我们很抱歉，竟无一言为他们分忧。"

产生基本归因偏差的原因之二是，缺乏观察别人行为的机会。这种机会越少，就越容易归因于内在人格。对于亲友和熟人，我们更重视环境因素。既由于容易观察到，也由于偏爱。朋友犯了错误，我们体谅他，认为是环境所迫。我们对陌生人不明底细，不知道通常情况下，他是如何对外界刺激做出反应的，只能推断内在特质起着决定性作用。一位官员在同学儿子的婚礼上，巧遇当年的女同学。出来后，他们一起喝茶。突然有人跳水自尽，官员立即下水救人。此后，网络上充斥了他和女同学的照片。关注的重点，不是他如何奋不顾身、潇洒离去，而是这一男一女的关系，还有茶桌上那包高级香烟。其实，他与女同学是偶然碰上的，高级香烟是宴席上的赠品，这里既没有奢华，也没有桃色新闻。但是，谁又知道这些背景材料呢？于是，人们怀疑到他的个人品质，种种猜测随之而来。

自命不凡・自我服务偏差

自命不凡　自以为高人一等，很不一般。清・蒲松龄《聊斋志异・杨大洪》："大洪杨先生涟，微时为楚名儒，自命不凡。"

除了基本归因偏差之外，还存在很多归因偏差。一般来说，评价自己的行为时，人们倾向于对正性行为做内在归因，对负性行为做外在归因，即成功归于自己，失败归于他人或环境,这就是自我服务偏差。调查显示,人们都自命不凡。90%的大学教授,自我评价等级高于一般水平。大多数司机,包括造成严重事故的司机,相信自己比一般司机技术更好、开车更安全。戴夫·巴里说:“无论年龄、性别、宗教、经济地位或民族等,人类共有的特点是:在我们内心深处,都相信自己比一般人强。”自我服务偏差可能导致人际冲突,破坏正常的合作。

如饥似渴·期望成功

如饥似渴　形容要求非常迫切。明·冯梦龙《喻世明言》第十六卷:“吾儿一去,音信不闻,令我悬望,如饥似渴。”

为什么会产生自我服务偏差?认知模式认为,我们期望成功,是这种期望起了过滤作用,将正面结果归因于内部,将负面结果归因于外部。动机模式则认为,产生自我服务偏差与满足自尊需要有关。我们有强烈愿望,展示出更美好的自我形象。两种解释都有理。我们对成功如饥似渴,扭曲了认知,只能看到有利的一面。我们对自我尊严的敏感,增强了自我保护意识,只愿看到有利的一面。因此,我们很容易做出错误的归因。自我服务偏差的强度,也因文化差异而有所不同。研究表明,东方文化强调集体价值,自我服务偏差表现得较弱,如华裔美国人。西方文化强调个人价值,自我服务偏差表现得较强,如欧裔美国人。

自作自受·公平世界偏差

自作自受　自己做错了事,自己承担后果。《敦煌变文集·太子成道经变文》:“自身作罪自知非,莫怨他家妻及儿。自作孽时应自受,他家不肯与你入阿鼻。”

人们相信,世界是公平的,每个人收获的,都是他应该得到的。这就是公平世界假设。研究证实,这种信念导致人们缺少同情心,认为不幸者是自作自受:贫困源于无能、懒惰;成绩差源于愚蠢、不努力。实验中,被试观察一些无辜者遭受电击,然后解释他们遭受电击的原因。被试倾向于认为,电击没有错,错在他们自身。公平世界假设忽视了社会因素、环境因素和其他个人无法控制的因素,导致错误的归因和偏见。我们需要假设,这个世界是公正的、有秩序的。这样,我们将按照社会规范调整自己的思想和行为,拥有安全感,满足控制欲。否则,我们会觉得迷茫和无助,不知道怎样做,才能掌握自己的命运和前途。

公道合理·最后通牒实验

公道合理　指处理事情公正,符合情理。西戎《纠纷》:“工要评的公道合理,确实是件不容易的事。”

很多实验证实,人们深信世界是正义的,是公道合理的。最著名的是最后通牒实验。实验中,小组成员共同决定奖金分配。每两名被试一组,一人提出分配方案,另一人回应。如果回应者同意,方案执行。如果回应者拒绝,两人均一无所获。根据经济人假设,无论得到多少钱，回应者都应该表示同意，否则两手空空。其实不然，倘若所得少于总额的20%，回应者有50%的可能不接受方案。单方指定实验是一个类似的实验，不过回应者无权拒绝提议者的分配方案。结果同样出人意料。通常，提议者会分给对方一小部分钱，尽管他可以一毛不拔。

一叶障目·简单化偏差

一叶障目 比喻为局部现象所迷惑，认不清全局的、根本的问题。《鹖冠子·天则》："一叶蔽目，不见泰山。两豆塞耳，不闻雷霆。"

任何行为都取决于多种因素，而不是由单一变量引起。找到影响行为的某个因素后，就一叶障目，武断地得出结论，这就是简单化偏差。虽然很容易证明，某变量引起了某行为，但不代表这是唯一的因素，更不代表这是最重要的因素。例如，孩子的学业，受家庭环境、教学水平、学生努力程度等多种因素的影响。如果因某生成绩欠佳，不让他看电视、踢足球，实际上解决不了问题，因为个人努力只对成绩起部分影响。而且，它很可能是由其他因素派生出来的。例如，孩子情绪压抑、自暴自弃，可能是父母矛盾激化，冲突逐步升级的结果。因此，必须探讨所有变量的影响，进行综合考虑，才能对因果关系有比较清晰的认识。

相辅相成·交互作用

相辅相成 指两件事物相互辅助，相互促成，缺一不可。清·颐琐《黄绣球》第七回："有你的勇猛进取，就不能无我的审慎周详，这就叫做相辅而成。"

原因不但与结果有关，原因之间也是相互影响，相辅相成的。多种因素共同发挥作用时，对该行为的影响，与单独起作用时截然不同，这就是交互作用。努特综述了儿童精神疾病病因研究的大量资料后指出，长期压力来源中的任何一个，都不足以单独诱发精神疾病。例如，与没有家庭压力的儿童比较，那些有家庭压力的儿童，患精神疾病的风险并没有提高。然而，若任意两种压力同时发挥作用，患病风险就会上升4倍。若任意三四种压力同时发挥作用，患病风险更会增大好几倍。赖特等人研究了6～9岁儿童的助人行为。他们指出，由单独一种因素，是很难推断助人倾向的，必须进行综合考虑。例如，有同情心，能推己及人，又知道金钱价值的儿童，捐款的可能性是这些方面表现较差的儿童的4倍。

恻隐之心·怜悯杀人凶手

恻隐之心 恻隐：怜悯、不忍。对遭受不幸的人表示同情。《孟子·公孙丑上》："无恻隐之心，非人也……恻隐之心，仁之端也。"

偏见使我们忽视了原因多样性原则。美国有一位63岁的农场主，因负债累累，农场将被银行没收。农场主在绝望之中，先开枪打死银行经理，然后杀死妻子，最终饮弹自尽。邻居和传媒普遍认为，欠下的巨额债务导致农场主心理崩溃。人们都动了恻隐之心,认为在农场主身上体现了大多数美国人的优点:自食其力、勤俭诚实、崇敬上帝。理查德·科恩说,类似的杀人案如果发生在贫民窟,人们会谴责凶手本人,呼吁予以严惩。然而,当它发生在农场时,人们却怜悯凶手,归咎于外部环境。其实,任何杀人事件都取决于多种因素,包括外在因素和内在因素。科恩指出,用单一原因解释行为,容易巩固已有的偏见。

一见倾心·吸引力测试

一见倾心　倾心:爱慕。初次见面就十分爱慕。《资治通鉴·晋孝武帝太元九年》:"主上与将军风殊类别,一见倾心,亲如宗戚。"

有一种归因偏差称作表面化偏差,指归因时只着眼于某些表面现象,对真正的原因却漠然置之。因而,人们对自身行为的解释,有时非常荒谬。心理学家在实验中发现,人们可能并不清楚,对某人产生兴趣的真正原因。一名颇具姿色的女士走近男士,请他们填写问卷调查,并留下电话号码。一半男士在桥上遇见她,这座桥摇摇晃晃,高悬在两山之间。另一半男士过了桥,在公园长椅上碰到她。结果,走在桥上的男士65%打电话约会,坐在长椅上的男士30%打电话约会。同一个人在不同情境中,为什么会有不同的吸引力?说来有趣。走在桥上的男士,因恐惧而呼吸急促、直冒冷汗。见到迷人的女性时,也会产生类似的生理反应。因而,桥上的男士将自己的上述表现,归因于女士的吸引力,从而一见倾心。

井井有序·位置效应

井井有序　有条理,有次序。骆宾基《乡亲——康天刚》:"一切都是井井有序,和往常一样。"

很多行为是由潜意识决定的,人们对此一无所知,总是千方百计寻找容易观察到的因素来进行解释,尽管它们所起的作用可能微不足道。心理学家在商店柜台上摆放了四双尼龙袜,从左到右,排列得井井有序,让被试做出评价。袜子获得好评的百分比依次为12%、17%、31%和40%。其实,这四双袜子完全一样。这种现象称作位置效应,指人们仅仅根据物体摆放的位置做出判断。被试解释自己的评价时,最常见的理由是袜子自身的特点,没有一个人提到袜子的位置。这表明,人们往往不知道,自己究竟根据什么来归因,又根据什么来选择。

平淡无奇·向平均数回归

平淡无奇　奇,特殊。平平常常,没有什么出奇的地方。清·文康《儿女英雄传》第十九回:"听起安老爷的这几句话,说来也平淡无奇,琐碎得紧,又不见得有什么惊动人的去处。"

很多运动员进入巅峰后,为什么突然跌入低谷?诺贝尔奖获得者获奖后,为什么会毫无作为?这就是向平均数回归现象。向平均数回归是统计中存在的一种现象,指过高或过低的分数，往往伴随着平淡无奇、更加接近平均数的分数。由于不清楚这种规律性，人们很容易做出错误的归因，引起决策失误。飞行学校的指导员说，表扬一个成绩优异的飞行员，将导致他下次飞行成绩下降。其实不然。跟随一个出色的成绩，将是一个更加接近平均数的成绩，与表扬无关。指导员还认为，惩罚一个表现糟糕的飞行员，他下次飞行的成绩必然会提高。这种看法同样错误。实际上，这是向平均数回归现象的典型表现，与奖惩机制无关。

混为一谈・相关和因果

混为一谈　把不同的事物混在一起，说成是同样的。唐・韩愈《平淮西碑》："万口和附，并为一谈。"

人们常常混淆了相关关系和因果关系，把它们混为一谈，这就是相关性偏差。相关关系表示，事物之间有联系，可以运用一个变量，对同时变化的另一个变量做出预测，但是，这种联系未必是因果联系。例如，美国城市的教堂数量和酒吧数量存在相关性，酒吧越多的地方，教堂也越多。这并不意味着饮酒助长了宗教信仰，或宗教信仰推动了饮酒。真正的因果关系是城市人口越多，教堂与酒吧数量就越多。这表明，有相关关系的两个变量，有可能是同一根藤上结出的果。

面黄肌瘦・糙皮病流行

面黄肌瘦　形容人营养不良或虚弱有病的样子。明・施耐庵《水浒传》第六回："见几个老和尚坐地，一个个面黄肌瘦。"

20 世纪初，糙皮病袭击了美国南部，每年约 100 人死亡。据称，病人受到某种"来历不明"的微生物感染。人们是否患病，取决于卫生条件。约瑟夫・古德伯格独排众议，认为糙皮病是由营养不良引起的。南部居民较穷，蛋白质摄入严重不足，故而糙皮病流行。他认为，环境与糙皮病相关，但是不存在因果关系。拥有良好卫生设施的家庭不患病，是由于他们收入不错，可以食用足够的动物蛋白。古德伯格用实验来验证自己的理论假设，某监狱的犯人成为被试。第一组被试的食物是高碳水化合物、低蛋白质的，第二组被试的食物营养比较均衡。5 个月内，第一组被试面黄肌瘦，患上糙皮病；第二组被试没有出现病情。

巧舌如簧・决策是有效的

巧舌如簧　簧：乐器中有弹性的用以振动发声的薄片。形容能说会道，善于狡辩。《诗经・小雅・巧言》："巧言如簧，颜之厚矣。"

为什么会产生归因偏差？解释变量间的关系时，个体考虑的不是所有可能的因素，而是符合自己所偏爱的理论的因素。地中海国家的心脏病突发率很低。橄榄油生产商强调，橄榄油中的某些脂肪非常有效。酿酒商认为，酒有一定的治疗价值。社会学家说，那里空气清新、生活节奏慢、家庭关系密切，在现代社会极其稀有。1985 年，政治学家罗伯特·杰维斯说:“一旦你形成了某种信念,它就会影响你对其他所有相关信息的知觉。一旦你将某个国家视为敌人,你就倾向于将其模棱两可的行为理解为对你表示敌意。”无论结果如何,决策者都能巧舌如簧,证明决策是正确的。一个教徒日夜向上帝祈祷。倘若走好运,意味祈祷有效,得到上帝的保佑。倘若遭噩运,并非信仰有问题,而是祈祷时不够虔诚。

疑人偷斧·时空相邻性

疑人偷斧　比喻怀有成见,没有根据地怀疑他人。据《吕氏春秋》载:一个人丢了斧头,怀疑被邻家小孩偷走了。他暗中观察小孩,觉得他的一举一动都像是小偷。后来斧头找到了,再去看小孩,怎么看怎么不像小偷。

归因时产生谬误和偏差,还由于采用了简单的因果推理。一个人丢了斧头,为什么会怀疑邻家小孩?也许他平常表现欠佳,但更重要的原因是住得近。人们普遍认为,从时间和空间上来说,原因与结果相距不远。如果昨天价格上升,今天销售额下降,就认为前者是因后者是果。如果半个月前价格上升,今天销售额下降,就认为二者没有什么关系。根据时空相邻性原则寻找因果关系,有时会把我们引导到错误的方向。在社会经济系统越来越复杂的当今,这种错误倾向尤其值得重视。例如,阻碍我国发展的很多问题(如权力意识、创新不足、功利主义等),都可以从封建文化中寻找到根源。又如,全球化和信息化高度发展,西方打个喷嚏,就可能在东方掀起龙卷风。中国打个喷嚏,也会让欧美患上重感冒。

补偏救弊·减少归因偏差

补偏救弊　偏:偏差。弊:弊病。补救偏差疏漏,纠正缺点错误。《汉书·董仲舒传》:“先王之道必有偏而不起之处,故政有眊而不行,举其偏者以补其弊而已也。”

我们可以采取策略,以补偏救弊,减少归因偏差。对于基本归因偏差,首先要关注反映出共同性的信息。如果相同情境中,绝大多数个体都有类似行为,做出个性归因就是荒谬的。迟到能代表懒惰吗?如果大多数人都迟到了,只能归咎于堵车、暴雨等客观因素。其次,要换位思考,从行为者的角度看问题。假若自己迟到了,会是什么原因?这时你会意识到,很多外部因素都能影响出勤。自我服务偏差的弊病众所周知,认识到它的危害性,保持警惕,就能头脑清醒,既不会把成功全部归因于自己,也不会把失败全部归因于环境。在团体合作中,难免有人居功自傲、推卸责任。你不必愤愤不平。时间一长,清者自清、浊者自浊。

举一废百·关注突出的因素

举一废百　提出一点,废弃许多。指认识片面。《孟子·尽心上》:“所恶执一者,为其贼道也,举一而废百也。”

归因时,最突出的因素最容易引起关注。因此,寻找隐蔽因素,避免举一废百就非常重要。一声枪响，有人倒在血泊中。几个人站立在四周，其中一人手持枪支。此时，持枪者是最突出的因素，往往被当成凶手。不要忘记，还存在其他可能性：行凶者把枪塞到此人手中；行凶者藏起手枪或已经逃窜，持枪者不过是准备自卫。你必须考虑一切可能性并进行排查，才能得出最后结论。有时，措辞上细微的变化，都能影响信息的突出性，从而改变归因结论。请看两种表述："张三喜欢这只狗"和"这只狗张三很喜欢"。第一句话突出了张三，第二句话突出了狗。听了第一句，你可能将张三爱狗，归因于他的个性。听了第二句话，你可能将张三爱狗，归因于狗的可爱。这意味着，归因有很强的"可塑性"。

借水行舟・间接控制力

借水行舟　比喻凭借外力而达到自己的目的。清・石玉昆《三侠五义》第四十六回："我家老爷乃是一个清官，并无许多银两，又说小人借水行舟，希图这三百两银子，将我打了二十板子。"

控制力是指个体掌控环境、社会或个人命运的能力。控制力可以是直接的，即自身拥有的控制力，如权力、金钱、名声和地位。控制力也可以是间接的。间接控制力并非自身拥有，而是借水行舟，利用外在资源为自己谋求利益。间接控制力主要有三个来源。第一个来源是亲戚朋友的帮助；第二个来源是政府的庇护；第三个来源是迷信、巫术或宗教，把自己托付给那些神秘的力量。在中国，个体的社会关系，即所谓"人脉"，是间接控制力的重要来源。无论是政界还是商界，都把同乡、同学和战友关系，看作不可忽视的依靠力量。忙得晕头转向的企业家，之所以花费几万元甚至几十万元去读MBA（Master of Business Administration，工商管理学硕士），很大程度上是在扩展关系网。

略胜一筹・相对控制力

略胜一筹　筹：计数的筹码。稍微强一些。清・蒲松龄《聊斋志异・辛十四娘》："公子忽谓生曰：'谚云：场中莫论文。'此言今知谬矣。小生所以忝出君上者，以起处数语，略高一筹耳。"

既有绝对意义上的控制力，也有相对意义上的控制力。当一个人压力巨大，深感走投无路、万念俱灰时，就失去了绝对控制力。他们饱尝着无穷无尽、无法消除的烦恼，唯有死亡才能让他们得到解脱。相对控制力是指在权力、金钱、名声或地位上，相对于别人略胜一筹。相对控制力来自参照点的选择。与处长比较，科长权力有限，与科员比较，科长就说一不二了。金钱、名声、地位同样如此。还有，拿自己的短处与别人的长处比较，你会觉得自己缺乏控制力。反之，拿自己的长处与别人的短处比较，你就会觉得自己拥有足够的控制力了。

白日做梦・主观控制力

白日做梦　大白天做梦，比喻根本不能实现的梦想。元・白朴《沁园春・渺渺吟怀》："华表鹤来，铜盘人去，白日青天梦一场。"

控制力可以是实际的，也可以是纯粹主观的。想象中的控制力，有如白日做梦，具有很大的麻醉性，但它有利于心理平衡。小兵喝得大醉。长官训斥：你为什么醉成这样？如果不喝酒，你已经升到上等兵，说不定当上军官了。"报告上尉！"小兵回答，"只要一杯酒下肚，我就觉得自己是上校了！"阿Q的精神胜利法，描述的就是主观控制力。挨了一场毒打后，阿Q安慰自己：儿子打老子！这时候，他觉得自己比对方更强大。没有这种策略，阿Q早就崩溃了。

满怀信心·积极的态度

满怀信心　指心中充满信心。曲波《林海雪原》："战士们满怀信心地要走这条三关道。"

主观意义上的控制力，有可能转化为实际上的控制力。如果你为人乐观，看到事物积极的一面，你会觉得自己拥有很强的控制力，至少在某些方面如此。你将满怀信心，竭尽全力，使事情朝着你希望的方向发展。反之，如果你为人悲观，只看到事物消极的一面，坏结果就会如影随形。例如，你善于发现配偶身上的优点，对她充满爱恋。她也回报你，使你的幸福感与日俱增。反之，你只看到配偶身上的缺点，争吵和矛盾就会不断加剧。再如，领导批评你，你觉得丢人，很委屈，就会沉沦下去。如果认为领导批评你，是因为器重你，对你期望高，你就会不断自我完善，在事业上取得更大进展，在一定程度上掌握了自己的命运。

穷则思变·寻找控制力

穷则思变　穷：贫乏、困苦。指人在困境中，会想办法寻找出路，改变现状。《周易·系辞下》："穷则变，变则通，通则久。"

在这个充满不确定性的世界，为了缓解压力，掌握主动性，很多人穷则思变，采用种种手段寻找控制力，如努力工作、提高受教育程度，凭借个人努力和社会关系网络，来提升自己的控制力。也有人扬长避短，转移到足以发挥所长的领域。更有人自欺欺人，用精神胜利法使自己强大起来。此外，信奉宗教也是获得控制力的一种方式。世界上存在着大量的苦难和罪恶，信徒希望通过上帝的手，获得对外界的控制，变不确定的世界为可确定、可预测的世界，将自己从苦难中拯救出来。倘若个体认为合法渠道行不通，或认为通过非法渠道获得控制力速度更快、成本更小，就会运用盗窃、诈骗、卖淫、杀人、战争等不正当手段。

回天之力·控制错觉

回天之力　指挽回既成定局的力量。《新唐书·张玄素传》："张公论事遂有回天之力，可谓仁人之言哉。"

人们常常误以为自己有回天之力，能够影响偶然性事件的结果，这就是控制错觉。很多事情都带有偶然性。与异性偶然相遇，可能促成一段爱情佳话；一次偶然迟到，可能失去晋升的机会；路上偶然回首，可能重逢儿时的伙伴。我们喜欢解释这些事情，在原本没有联系的事件间寻找联系，把它们看成必然发生，并受到自己的控制。解释偶然性事件的倾向源于我们的控制欲。我们迫切希望认识事物发展变化的规律，从而把握它们、驾驭它们，使自己成为本人乃至这个世界的主宰。如果可以自由选择数字，个体对彩票中奖更有把握。如果可以自己掷骰子，个体对赢钱更有信心。直到 20 世纪 70 年代中期，美国各州才爆发出购买彩票的热潮。原因在于，新泽西州发明了售卖彩票的新方式，让购买者刮票中奖，或自行挑选彩票上的数字。人们相信，在自己的参与下，能多点中奖机会。

傲睨一世 · 希特勒的呓语

傲睨一世　睨：斜视。当代的一切都不放在眼里。形容极端狂妄自大。《宋史 · 沈辽传》："辽字睿达，幼挺拔不群，长而好学尚友，傲睨一世。"

对自身控制力的过高期望，使人们产生了控制错觉。末代君主、专制暴君，通常都是产生控制错觉的典型代表。他们迷信权力，误以为能够把人民捏在手心里任意揉搓。"二战"中，希特勒使欧洲陷入深重的灾难之中。他傲睨一世，把自己看作掌握世界命运的人，其天才和意志足以征服任何敌人。在欧洲战事捷报频传的时期，他对一名纳粹说，他是唯一进入"超人状态"的人，他的本性"更像是神，而不是人"。作为超人的新种族的领导者，他"不受人类道义传统的任何约束"。其实，专制者的控制越强，百姓的反控制也越强。专制者自以为已牢牢掌握生杀予夺的大权时，民间迸发的星星之火，正在蓄积能量，等待燎原。

求神问卜 · 迷信并没有消失

求神问卜　指拜求神佛，卜卦询问吉凶。明 · 冯梦龙《醒世恒言》第八卷："人事不省，十分危笃。吃的药犹如泼在石上，一毫没用。求神问卜，俱说无效。"

时至今日，迷信并没有消失，反而越演越烈。迷信是控制错觉的集中体现。感到未来不确定时，有些人就求神问卜，借助神灵或某些不可知的神秘因素，来增强自己的控制力，以便把握未来。尽管由此得到的只是虚假的控制感，但只要当事人相信它，就能获得主观上的控制力，产生战胜困难的信心和勇气，维持心理平衡。于是，很多人相信算命、风水或护身符。这一点，不取决于文化水平，也不取决于职位的高低，而是取决于对未来的认知和对不确定性的估计。个体越缺少自信，越觉得命运难测，就越容易陷入迷信之中而不可自拔。

官场如戏 · 迷信的官员

官场如戏　指官场像演戏一样变化无常。清 · 文康《儿女英雄传》第三十八回："安公子才几日的新进士，让他怎的个品学兼优，也不应快到如此，这不真个是'官场如戏'了么？"

国家行政学院程萍博士的调查指出，在县处级公务员中，具备基本科学素质的仅占

12.2%,一半以上或多或少相信迷信活动。其中,6%相信抽签,28.3%相信相面,13.7%相信星座预测,18.5%相信周公解梦。他们多为中共党员,教育背景良好,为何比不上一般百姓?原因很简单,他们面对的不确定性更大,心中的恐惧超乎常人。官场如戏,官运和财运能否降临,贪污腐败会不会暴露,都让他们寝食难安、忧心忡忡,他们希望借助风水先生和算命先生之力,来掌控未来,把握个人命运。每当地方党政机关换届时,党政干部就成了风水师的工作重点。

迁怒于人·转移目标

迁怒于人　不如意或受某人气时向他人发泄。《史记·魏其武安侯列传》:"迁怒及人,命亦不延。"

攻击行为是寻求控制力、满足控制欲的极端方式,谋杀是其最高表现形式。

约翰·多拉德及其同事认为,挫折总会导致某种形式的攻击行为。这里的挫折,指任何阻碍我们实现目标的事物。如果达到目标的动机非常强烈,现实与预期又存在较大差距时,挫折感便产生了。一般情况下,人们克制自己,不去直接报复引起挫折的根源,尤其当这种举动可能遭到反对或惩罚时。于是,他们迁怒于人,把敌意转移到相对安全的目标上。一个男人受到老板的羞辱,回家后对妻子怒吼,妻子向儿子咆哮,儿子踢脚下的小狗,小狗咬了送信的邮递员。"9·11"恐怖袭击事件发生后,美国人需要寻找宣泄愤怒的对象,萨达姆就成了替罪羊。

以暴易暴·暴力不能减少攻击

以暴易暴　易:替换。用残暴势力代替残暴势力。《史记·伯夷列传》:"以暴易暴兮,不知其非兮。"

社会心理学家认为,以暴易暴是不可取的。暴力不能宣泄愤怒情绪、释放攻击能量,即使战争也做不到。战争结束、硝烟散尽后,一国的谋杀率反而有上升趋势。敌意的表达会带来更多的敌意,引发更多的攻击,出现恶性循环。

控制攻击行为,应该从孩子开始。第一,研究认为,挫折产生愤怒和敌意,只要存在某些相关线索,就会激发起攻击行为。因此,消除攻击性线索,如减少电视、电影中的暴力,可以降低青少年的攻击倾向。第二,奖励和塑造非攻击行为,如与孩子加强沟通,奖励值得期待的行为,可以帮助他们提高道德水准,控制自己的情绪。第三,培养自控力,让孩子学会等待。犯罪学家和社会学家认为,自控力极低时,最有可能实施暴力犯罪,这就是激情犯罪。最新研究表明,如果有机会改善自我控制,攻击性行为就会减少。

杀身之祸·被害人

杀身之祸　危及生命的灾祸。明·许仲琳《封神演义》第二十回:"今日如不食子肉,难逃杀身之祸。如食子肉,其心何忍!"

一般认为,被害人完全无辜,杀人犯则非常邪恶,他们极其贪婪,虐待成性。鲍迈斯特经过研究指出，遭遇杀身之祸，杀人犯固然罪责难逃，被害人也有部分责任。大部分谋杀案的酿成，都源自挑衅与报复的循环升级。在50%家庭谋杀案中，双方都使用过暴力。多数情况下，罪犯自认为遇到不公正的待遇，通过谋杀进行自卫和报复。他们说，为了反击别人的欺骗或背叛，以便扭转局面、维护尊严，他们必须这样做。鲍迈斯特的发现，为遏制此类案件提供了一条新思路。

冠冕堂皇·大规模的杀戮

冠冕堂皇　表面上庄严或正大的样子。清·文康《儿女英雄传》第二十二回："他们如果空空洞洞，心里没这桩事，便该合我家常琐屑无所不谈，怎么倒一派的冠冕堂皇，甚至连'安骥'两个字都不肯提在话下。"

鲍迈斯特发现，暴力有四大成因：贪婪与野心、虐待狂、高自尊和理想主义。贪婪与野心引致抢劫类案件，虐待狂从伤害别人中体验快乐。大部分案件源于自尊心太强以及理想主义。自尊心过强导致极度自恋，小小的冒犯也会引起过激反应。它是小规模暴力事件的主要成因。大规模的杀戮事件，主要由理想主义造成。恐怖主义者的理由冠冕堂皇：他们的暴行是正义的，是追求理想的必要手段，为了理想可以任意妄为。他们无视法律，无视千千万万无辜者的生命。波尔布特统治柬埔寨仅仅三年，就让柬埔寨人口少了三分之一。他要建立一个理想社会：消灭城市、消灭货币、消灭文化。不符合他理想的人都要被杀掉。

穷途末路·自杀悲剧

穷途末路　穷途、末路：绝路、绝境。指陷入绝境，无路可走。清·文康《儿女英雄传》第五回："你如今是穷途末路，举目无依。"

自杀也是个体在控制缺失时，寻求控制力的一种极端形式，不过此时矛头不是对着他人，而是对着自己。如果个体觉得已到穷途末路，没有合法途径可走，又不愿通过伤害他人获得控制力时，悲剧就发生了。从本质上说，自杀是个体为了摆脱无助状态，寻求某种控制感的过程。个体向外界宣告，自己能在一定程度上控制自身命运，至少能左右本人生命的去向。自杀还是对他人的间接控制，如让自己愤恨的对象痛苦、内疚。被情人背叛了，痴情者往往采取这种手段。

天翻地覆·自杀的高危年龄

天翻地覆　形容变化巨大。也形容闹得很凶。唐·刘商《胡笳十八拍》："天翻地覆谁得知？如今正南看北斗。"

研究表明，自杀率较高的年龄高峰，一个在17岁至29岁间，一个在60岁以后。年轻人自我意识逐步增强，开始独立审视自我和世界，完成融入社会、找到自我社会定位的过程。60岁以后的老年人，身体功能和心理功能逐步弱化，渐渐退出工作、退出社会。这两个年龄段的人面临着天翻地覆的变化，心理上的波动在所难免。此时能否适应社会、保持心理平衡,就显得尤其重要。年轻人面对的,是寻找控制力,寻找具有潜在优势的领域,以应对各种挫折和挑战。老年人面对的,是补偿因年老引起的变化,多做有意义的、力所能及的事情,体验生存的价值。良好的外部资源和社会支持,有助于个体度过自杀的高危年龄阶段。

杀身成仁·"利他性"自杀

杀身成仁　泛指为了维护正义事业,不惜献出生命。《论语·卫灵公》:"志士仁人,无求生以害仁,有杀身以成仁。"

法国社会学家埃米尔·迪尔凯姆根据个体与社会之间的联系度,把自杀划分为利他性自杀、自我性自杀、失调性自杀和宿命性自杀。利他性自杀指在社会习俗或群体压力下自杀,或为某种信念而自杀。如志士仁人为警醒民众而自杀,痴情男女为殉情而自杀,疾病缠身者为避免连累家人而自杀。他们认为,死是有价值的,是自己的唯一选择。自杀者认为,自己已失去对群体或社会的影响力和控制力,只有通过自我毁灭、牺牲生命来维护群体利益。陈天华投海自杀,决心以死抗议日本、唤醒同胞。王国维沉湖自绝,马雅可夫斯基饮弹而亡。当政治理想彻底破灭时,他们无法力挽狂澜,不愿苟活,宁愿杀身成仁、慷慨赴死。

自寻短见·自杀的三种类型

自寻短见　短见:指自杀。自己认为无法活下去而寻死。清·曹雪芹《红楼梦》第六十六回:"人家并没有威胁他,是他自寻短见。"

除利他性自杀外,自寻短见还有三种类型。其中,自我性自杀是指个体失去社会约束与社会联系,因孤独而自杀,如离婚、无子女者的自杀。这类自杀在重视家庭的社会发生概率较低。失调性自杀是指个体与社会的固有关系遭到破坏,如失去工作、亲人死亡、失恋等。据日本警察厅统计,2009年因失业、生活困苦等经济不景气的原因,日本自杀者比例大幅度上升,其中,青壮年自杀比例达历史最高水平。所谓"宿命性自杀",是指个体在外界过度控制下,深感命运掌握在别人手中,活着了无生趣,没有任何意义,如失去自由的奴隶和囚犯。

形影相吊·独居者自杀率较高

形影相吊　吊:慰问。只有自己的身体和影子相互安慰。形容十分孤单。三国魏·曹植《上责躬表》:"形影相吊,五情愧赧。"

有关自杀的理论很多。迪尔凯姆提出社会约束理论,将自杀的原因归结到社会约束上。与社会联系越少、承担社会义务越少的人,越有可能自杀。迪尔凯姆发现,形影相吊的独居者自杀率较高,已婚者自杀率较低,已婚有小孩者自杀率更低。他得出结论:人们需要义务和约束,为自己的生命建立架构和意义。这表明,归属需要在情感生活中至关重要。有了归属感,人不但会觉得生命有了意义,还能通过强有力的社会支持,感觉到在一定程度上掌控了周围环境和个人命运。

舍己为人·自杀的进化理论

舍己为人　为了他人舍弃自己的利益。《论语·先进》:“夫子喟然叹曰:‘吾与点也。’”朱熹注:“曾点之学……初无舍己为人之意。”

丹尼斯·迪·卡顿拉罗提出关于自杀的进化理论。其核心观点是,当个体的适应能力急剧下降时,自杀行为最有可能发生。这里指预期健康不佳、慢性疾病、丢脸或失败、对成功的恋爱关系不抱希望,而且感觉自己已经成为家庭的负担。此时,个体传播基因的较好方式是舍己为人,让其亲属拥有更好的繁殖机会和条件。为了检验这个理论,卡顿拉罗展开问卷调查,包括给家庭带来的负担、在家中和社会上的重要性、是否有稳定的恋爱关系、他人如何对待自己,以及经济状况和身体状况等。结果发现,成为家庭负担与自杀念头的关系最为密切。而且,男性通常因为找不到配偶而产生自杀念头。老年人中,由健康状况带来的负担更受关注。

不堪一击·企业家的承受力

不堪一击　经不起一击。形容力量薄弱。姚雪垠《李自成》第二卷第二十三章:“谈到新近的白土关大捷,有人说不是官军不堪一击,而是大帅麾下将勇兵强,故能所向无敌。”

在社会上,企业家是承受压力最大的人群,头顶上笼罩的光环与残酷的现实形成极大反差。他们时时紧绷神经,一防形势有变,二防对手有诈,三防合作者和身边人背叛。一旦遭遇危机(有如压倒骆驼的最后一根稻草),他们自然是不堪一击。2011年,媒体披露了一份长长的清单,很多名噪一时的人物,带着曾经的辉煌走入人们的记忆。他们都是成功的民营企业家,没有令人羡慕的背景。企业家自杀可分三种类型:第一种因个人生活不幸而悲观厌世,如婚姻破裂、疾病缠身等。第二种是经营失败,深感挫折。在政策变化、国际环境恶化等因素困扰下,因充满无助感而自杀。第三种是陷入巨额债务纠纷而不可自拔。

悬崖勒马·阻碍自杀行为

悬崖勒马　勒:收住缰绳。在陡峭的山崖边上勒住马。比喻到了危险的边缘及时醒悟回头。清·魏秀仁《花月痕》第三十一回:“觉岸回头,悬崖勒马,非具有夙根,持以定力,不能跳出此魔障也。”

有研究表明,个性冲动的人更容易自杀。自杀者改变思维方式,就会重新看到光明。然而,自杀者通常会钻牛角尖,陷入自己营造的悲情氛围中而不可自拔,此时,他人的援助与开导是极其必要的。如果自杀行为受阻,多数人会通过自省或他人的帮助,重新拾起丢失的希望。因此,为自杀行为设置障碍,促使自杀者悬崖勒马,安然度过最危险的时刻,有助于降低自杀率。斯洛文尼亚颁布了一项法律,严格限制酒精销售的时间和地点,并规定18岁为最小饮酒年龄,减少了人们的冲动,显著降低了自杀率。丹麦精神病学家发现,严格限制枪支、家用天然气、巴比妥酸盐等的使用，与降低自杀率有关。在自杀频发地点设置物理障碍，也是阻止自杀行为的有效措施。例如，在南京长江大桥下设置防护网。

接二连三 · 自杀是种传染病

接二连三　指一个接一个，连续不断。清 · 曹雪芹《红楼梦》第一百零八回："可怜宝丫头做了一年新媳妇，家里接二连三的有事，总没有给她做过生日。"

2010 年期间，某公司的员工跳楼事件接二连三，前后共有 14 起。死者年龄在 18 至 24 岁之间，入职时间不到 1 年。据警方调查，心理问题是主要原因。专家认为，年轻员工抗压性差、经常密集工作且缺少关怀。选择自杀，是精神或情绪困扰，已经严重到"崩溃"地步的表现。2007 年至 2008 年间，某公司也曾发生过 4 起连环自杀案。2008 年到 2009 年间，欧洲第三大手机运营商——法国电信集团员工有 35 人自尽，12 人自杀未遂。分析认为，这与该公司"大幅裁员、转岗和重组"有着直接关系。这表明，自杀是一种"心理传染病"，有人选择自杀，有着类似境遇的人很可能进行效仿，这就是所谓的"维特效应"。

身心交瘁 · 新生代农民工

身心交瘁　交：一起。瘁：劳累。身体和精神都过度劳累，疲惫不堪。魏巍《地球的红飘带》二十五："他经常要写那种以黑作白，以无作有的文章，真是弄得呕心沥血，身心交瘁。"

对某企业跳楼事件的研究表明，新生代农民工在心理上存在很多障碍，而且长期得不到疏导。进入城市后，户籍、医疗、住房、社保等方面的差异，使他们很清楚，自己不是"正宗的城市人"。与第一代农民工相比较，他们在工作条件与生活条件上都有所改善。但是，由于他们怀揣梦想，更自信、更独立，对城乡分裂、收入不平等和社会排斥，表现得更加敏感，他们难以忍受歧视与边缘化，既感觉到与城市无缘，又不愿回到家乡。高密度、高强度的劳动，程式化的管理和缺少心灵关怀，进一步加剧了他们的挫折感和孤独感。而且，他们人际交往匮乏，过去的社会关系又失去意义，根本得不到社会支持。在这种情况下，他们必然会身心交瘁，甚至患上抑郁症。更有甚者，通过死亡来寻求解脱。

微不足道 · 丢失的个人尊严

微不足道　指意义、价值等非常微小，不值得一提。《穀梁传 · 隐公七年》："其不言逆，何也？逆之道微，无足道焉尔。"

年轻人在追求经济收入的同时，还希望得到社会的认同和尊重，实现自己的抱负。在富士康公司，他们无法获得那些梦寐以求的东西。公司实施"半军事化"管理，上千人吃饭的餐厅里几乎鸦雀无声。公司把员工当成流水线上的小小部件，只有严酷的管理条例和冷冰冰的上下级关系，没有恰当的沟通渠道，没有充满人情味的氛围，年轻人的负面情绪无从宣泄和消解，他们的人格得不到尊重，似乎低人一等，毫无优越感可言。他们觉得自己微不足道，不比一枚螺丝钉更有价值。于是，他们为破碎的理想而痛哭，甚至失去生存的勇气和希望。

08 第8章　寻求平衡

自得其乐·长寿老人

自得其乐　指对自己生活的环境或方式感到满足。元·陶宗仪《南村辍耕录·白翎雀》:"白翎雀生于乌桓朔漠之地,雌雄和鸣,自得其乐。"

健康教育专家洪昭光说:"人要想健康活到100岁,心理平衡的作用占50%以上,合理膳食占25%,其他占25%。"调查表明,长寿地区的人种、气候、食物、习俗各不相同,个体间的生活方式也有很大差异。有人嗜酒,有人滴酒不沾;有人爱吃肥肉,有人终生吃素;有人一天睡十几个小时,有人只睡三四个小时。但是无一例外,长寿老人都自得其乐。他们为人乐观,宽仁大度,心态平和。由此可见,心理平衡是人们的基本需要之一,其作用不容小视。

因果报应·行善和行恶

因果报应　据佛教轮回说法,善有善报,恶有恶报。唐·慧立本等《大唐慈恩寺法师传》卷七:"惟谈玄论道,问因果报应。"

一篇奇文在网上流传甚广,声称"善有善报,恶有恶报"是真正的科学。其根据是,存善念,行善事,会激发正向神经系统,令人长寿。存恶念,行恶事,会激发负向神经系统。真的有因果报应吗?行善确实有利于健康,此时人们轻松愉快,觉得自己的存在有价值,心理平衡导致生理平衡。为恶有损健康,是指当事者承认恶念、恶行绝不应该发生,心理上的纠结导致生理上失衡。真正的恶人做坏事时觉得理所当然,没有心理失衡,也就不会折寿了。他们照样活得很快乐,甚至很长久。社会很复杂,人生很复杂,不是一句话就能概括的。倘若我们不起来奋而抗争,恶人、恶行是不会自动消亡的。那些卖假药、假货的人,那些搞电信诈骗的人,真的会遭到报应吗?善良的人们啊,不要再被忽悠了。

违心之言·实验非常有趣

违心之言　违背自己本心的话。清·李汝珍《镜花缘》第八十八回:"且仙凡路隔,尤不应以违心之言,释当日之恨。"

列昂·费斯廷格提出认知失调理论。认知失调理论认为,当个体对事物的态度与行为之间出现不一致时,个体就会处于认知失调状态,感到不愉快和心理紧张。认知失调的程度取决于行为的诱因。诱因微不足道时,认知失调最严重。费斯廷格和梅里尔·卡尔史密将60名大学生分为三个小组,完成一项非常枯燥的实验。事后,被试须告诉外面的人,实验非常有趣。第一组完成任务后奖励1美元,第二组奖励20美元,第三组无奖励。最后被试须评价,实验是否真的令人愉快。结果,第一组成员的评价,比其他两个小组高得多。他们把乏味的任务说成有趣的,经历了认知失调:这项任务太无聊了,为1美元撒谎是不值得的。为了降低认知失调感,他们只能说服自己:实验很有趣。第二组成员报酬较高,不协调感较弱,违心之言不会带来负罪感,乐于承认实验枯燥。现实生活中也是这样。为了牟取暴利,那些骗子对自己的亲友都敢下手,而且觉得理所当然。

不打不成相识·兄弟会的学长和新生

不打不成相识　不交手较量,就不能深入了解,无法成为真正的朋友。指经过争斗、较量才能结识为朋友。明·施耐庵《水浒传》第三十八回:“你两个今番却做个至交的弟兄。常言道:‘不打不成相识。’”

费斯廷格运用认知失调理论,解释了想加入大学兄弟会的新生行为。按惯例,新会员必须接受严峻的考验,如当着众人面脱光衣服、吞咽难吃的东西等。费斯廷格让他们作为被试,接受学长轻重不等的欺负。与大多数人所预料的相反,不打不成相识。受学长凌辱最重的新生,对兄弟会的忠诚度最高。由于付出了巨大代价,为了不至于认知失衡,他们竭力说服自己:这些考验是有价值的,这个组织是值得尊重与信赖的,为很多新生所向往,它是值得我热爱和效忠的。

敞胸露怀·蒙古的摔角

敞胸露怀　敞开衣服,露出胸部。亦形容粗野,没有礼貌。清·文康《儿女英雄传》第三十四回:“被搜检的那些士子也有解开衣裳敞胸露怀的,也有被那班下役伸手到满身上混掏的。”

改变态度或行为,使它们相互间保持协调,可以消除认知失调感。蒙古盛行摔角。摔角手身穿特制的服装,上阵时敞胸露怀。过去的摔角服并非这样,为了不让女性参加,才做出如此改动。据说很久以前,一个大汗的女儿参加摔角,打败了所有的男性摔角手,赢得几万匹马。在这个通常由男性主宰的舞台上,大汗的女儿让男性丢尽了颜面。男性被女性打败,产生了严重的认知失调:一向受到歧视的女性,怎能让男性甘拜下风?如何解决问题?通过改变比赛服,来改变人们的行为,使男性只与男性对阵,当事人在态度上没有任何变化。

自我解嘲·酸葡萄和甜柠檬

自我解嘲　为避免别人嘲笑,自己强作辩解。《汉书·扬雄传》:“哀帝时,丁、傅、董贤用事,诸附离之者或起家至二千石。时雄方草《太玄》,有以自守,泊如也。或嘲雄以玄尚白,而雄解之,号曰《解嘲》。”

改变态度或行为时,通常会采用合理化措施,即寻找理由为自己开脱,以减轻内心痛苦,缓解紧张情绪,获得心理上的平衡。未达到预定目标时,人们或者贬低该目标的价值或意义,或者粉饰现实,夸大对现状的满足程度。前者称作“酸葡萄效应”,后者称作“甜柠檬效应”。狐狸吃不到葡萄时,就说葡萄是酸的,这是酸葡萄效应。如果狐狸除了酸柠檬，得不到其他任何水果，就会说柠檬是甜的，这是甜柠檬效应。通过自我解嘲，狐狸的心不再骚动不安，不再忧愁烦恼。

理直气壮·姗姗来迟的家长

理直气壮　理由充分，说话也就气势旺盛。明·冯梦龙《喻世明言》第三十一卷："我司马貌一生耿直，并无奸佞，便提我到阎罗殿前，我也理直气壮，不怕甚的。"

改变对事情的看法，使自己的态度或行为得到肯定，也可以消除认知失调感。心理学家在以色列的一家日托中心做了个实验。由于家长接孩子常常迟到，研究者采用罚款措施，试图减少这种现象，但效果不佳，甚至带来长期的负面效应。过去家长偶尔误点了，心中感到内疚，觉得对不起老师。内疚在以色列是很有约束力的。此后，他们会准时到达。然而，施行罚款制度后，家长因为已经付出代价，不再忐忑不安，不再有认知失调感，可以理直气壮地迟到了。

胯下韩侯·奇耻大辱

胯下韩侯　指汉初三杰之一的韩信，曾受胯下之辱。清·孔尚任《桃花扇·逮社》："看是何人坐上头，是当日胯下韩侯。"

在认知上，改变某事的相对重要性，也是消除认知失调感的重要方法。从别人胯下钻过，对于看重面子、看重社会舆论的中国人而言，是难以忍受的奇耻大辱。如果韩信拔剑而起，世上就少了一个叱咤风云、屡建奇功的大英雄。果真如此的话，中国历史就可能改写，既没有项羽自刎，也没有刘邦称帝。从韩信那儿，我们看不到普通人的认知失调感。在胯下韩侯看来，一时的面子，远远比不上自己的理想和抱负。众人的耻笑只是暂时的，建功立业却可以永垂青史。

偏听偏信·选择性认知

偏听偏信　片面地听信一方面的意见。《史记·邹阳列传》："故偏听生奸，独任成乱。"

所谓选择性认知，是指有选择地接受与自己观点相吻合的意见和信息。倘若偏听偏信，只接受支撑自己态度和行为的信息，个体不易产生认知失调。瑞士的《每日导报》论坛，当年刊载了大量有关越南战争的文章。支持美国对越政策的人，认为那些报道都是亲美的。反对美国对越政策的人，认为那些报道都是反美的。其实，该论坛上的越战报道，既有支持美国的，也有反对美国的。正如鲁迅先生所说，在《红楼梦》中，读者因眼光不同，看到了不同的东西：经学家看见《易》，道学家看见淫，才子看见缠绵，革命家看见排满，流言家看见宫闱秘事。

循常习故·反对速溶咖啡

循常习故　遵照旧规，沿袭先例，不愿变通。汉·仲长统《法诫篇》："又中世之选三公也，务于清悫谨慎，循常习故者。”

认知失调对判断和决策产生了重要影响。不协调包括决策前和决策后两种。前者影响的是决策本身，后者影响到决策后的行为。新事物出现时，由于与既有认知不一致，很容易产生认知失调感，遭到人们的反对和抵制，这是新事物遭遇重重阻碍的重要原因。20 世纪 50 年代推出的速溶咖啡，在家庭主妇那里受到冷遇，历经了几年低谷。她们循常习故，认为产品标榜的“饮用便捷”，是“一个不关心家庭生活的懒惰主妇”的代名词。当时很多打着“便利”“节省时间”旗号的新产品，如洗碗机、微波炉和自动洗衣机等，同样难以得到社会认同。再如，过去家庭主妇用肥皂水刷洗碗筷，把泡沫的多少作为添加肥皂的标准。洗洁精问世之初并不发泡，受到普遍质疑。后来，厂商加入发泡剂，才使之广为流行。

后悔莫及・低估放弃的选择

后悔莫及　事后懊悔已经来不及了。清・无名氏《毛公案》第六回：“姚庚、刘氏到此害怕，后悔莫及。”

决策后，几乎总会引起认知失调，让我们后悔莫及。面临多种可能性时，我们只能选择一种，遗憾在所难免。事后发现，放弃的选项优点很多，确定的选项弊端不少。为了减少认知失调带来的痛苦，我们会高估自己的选择，低估放弃的选择。杰克・布雷姆让大学女生评价 8 种物品，如烤面包机、收音机和吹风机等。然后让她们在评价非常接近的 2 件物品中任取一件。最后让她们重新评价这些物品。有趣的是，她们对选中物品的评价提高了，对放弃物品的评价降低了。

擦肩而过・银牌得主的遗憾

擦肩而过　擦着肩膀就过去了。指没有抓住机会。王群生《彩色的夜》：“不过，若没有这段使人难以忘怀的遭遇，会像多少擦肩而过，或迎面相逢的路人，在我们记忆的海洋里湮灭了啊！”

决策后是否遗憾，不仅取决于结果，也取决于参照点。梅德韦克等人指出，奥运会上的银牌得主，没有铜牌得主开心，这与常识相反。显然，银牌比铜牌含金量更高。但是，对运动员接受奖牌时的初始反应与面部表情进行编码后发现，铜牌得主表现得更加快乐。梅德韦克等人认为，铜牌得主因为得到奖牌而激动，银牌得主因为与金牌擦肩而过感到懊悔。由于距金牌得主较远，距未获奖运动员较近，铜牌得主选择后者作为参照点，自然感到快乐。由于距金牌得主较近，距未获奖运动员较远，银牌得主选择前者作为参照点，自然感到失望。

回心转意・改变态度

回心转意　改变原来的态度和想法。元・关汉卿《窦娥冤》第一折：“待他有个回心转意，再作区处。”

当人们有权自由选择，觉得应该对事件的后果负责，或为之付出了巨大努力时，决策后体验到的后悔最为强烈。这时，存在着改变态度以消除失调的强大动力，对今后的决策产生深远影响。某大学生对所学专业心生厌倦，成绩非常糟糕。如果是父母为他选择的专业，他不会经历认知失调。他会将学习上的失败，归因于父母的决策。如果是自己选择的专业，或曾经花费很多时间刻苦钻研，他会经历严重的认知不协调。为了消除不协调，他将回心转意，对这个专业由厌烦转变为热爱，希望通过刻苦努力，用优秀的成绩证明，当初的选择是正确的。

不容置疑·末日信仰团体

不容置疑　容：允许。不允许加以怀疑。形容绝对真实可信。宋·陆游《严州乌龙广济庙碑》："盖其灵响暴著，亦有不容置疑者矣。"

人们存在着这种倾向：一旦做出了决策，就会越来越喜欢自己的选择，越来越讨厌其他可能的选择。杰克·伯莱门披露，某末日信仰团体预言，世界将于某日毁灭，来自外星球的飞船将会拯救他们。对于该团体成员来说，这是不容置疑的。他们纷纷卖掉自己的财产，准备迎接世界末日的降临。但是，在预言的这一天，太阳照样升起。开始，团体成员深感震撼。继而，他们找到新的理由，为末日信仰进行辩护。他们认为，世界末日被推迟了，很快还会到来。而且，世界末日的推迟，是由于本团体付出了努力。他们积极招募新成员，壮大自己的队伍。这样做，是为了证明自己的信仰是正确的，从而减轻认知失调感。

文过饰非·自我辩解效应

文过饰非　文、饰：掩饰。过：过失。非：错误。用各种理由或借口掩饰自己的过失和错误。唐·刘知几《史通·惑经》："岂与夫庸儒末学，文过饰非，使夫问者缄辞杜口，怀疑不展，若斯而已哉？"

人们解决决策后的不协调的方法通常是自我辩解。如果某些行为愚蠢、不道德，他们会文过饰非，过滤掉不利的证据，只留下有利的证据。学生作弊时，明明知道这是不道德的，是违反校规的，仍然振振有词：别人都在作弊，我不作弊，岂非十足的傻瓜？作弊了可以拿个好成绩，不让母亲伤心。约翰·乔斯特对社会领域的自我辩解现象进行了研究。富人倾向于用个人努力和合法途径，来解释自己的财富来源，并以慈善活动为辩解。穷人则倾向于用道德优越感为自己的贫穷辩解。他们说，富人靠的是运气或不正当手段，并对富人嗤之以鼻。

造谣中伤·贬低受害者

造谣中伤　中伤：攻击、陷害。制造谣言，陷害他人。巴金《寒夜》："'那么我是在造谣中伤他！'母亲勃然变色道。"

具有讽刺意味的是，有些人残害别人，却自认为品行端正，有着足够的人性。为了减少认知失调感，他们会贬低受害者，不惜造谣中伤，把污水泼在对方身上。战争中，士兵经常滥杀无辜。他们说,这些人在帮助敌人,不消灭他们,就无法获胜。日本侵略者实施“三光政策”,不正是基于这样的理由吗?平时,日本人彬彬有礼,似乎非常文明。在侵华战争中,他们却如同野兽一样疯狂。在军国主义教育下,日本人视中国人为“支那猪”,是可以任意宰割的。德国纳粹疯狂屠杀犹太人,不也是把犹太人看成劣等人,给世界带来了灾难吗?

得寸进尺·得寸进尺效应

得寸进尺　得到一寸还想再要一尺。比喻贪得无厌。清·平步青《霞外攟屑·彭尚书奏折》:“乃洋人不知恩德,得寸进尺,得尺进丈,至于今日。”

得寸进尺效应是指先让人接受一些小要求,此后让他们接受较大要求的可能性就会增加,其根源在于决策后产生的认知失调。做出承诺后,如果不能答应进一步的要求,就会损害自我形象,经历认知失调的痛苦。研究者访问部分家庭主妇,请求她们在窗口贴上小标记,以维护交通安全、美化环境。她们都同意了。半个月后,研究者得寸进尺,要求在门前竖一块不太美观的维护交通安全的广告牌。此外,研究者向另一些家庭主妇提出同样要求。结果,前者有55%同意,后者有17%同意。原因是,已接受较小请求的人,认为自己助人为乐、关心环境,为了不破坏既有形象,为了讲信用,她们会答应研究者的第二次请求。此前未接到任何请求的家庭主妇,没有认知失调的痛苦,不愿意接受这样高的要求。

循序渐进·渐进式改革

循序渐进　序:次序。指按照一定的步骤、顺序,逐渐深入或提高。《论语·宪问》:“不怨天,不尤人,下学而上达。”朱熹注:“此但自言其反己自修,循序渐进耳。”

在社会生活中,得寸进尺效应得到广泛应用。它是说服别人、克服不良习惯的一件利器。孩子学习成绩不佳,家长不必操之过急,应该适当降低目标,让孩子有可能达到。如果厌学,只要肯走进课堂,就要鼓励他。如果不及格,只要考60分,就要称赞他,并提出65分的目标。如此循序渐进,就能使孩子增强自信,渐渐提高学业水平。学者们把中国的改革称为“渐进式改革”,把俄罗斯的改革称为“休克疗法”。国际社会公认,中国的改革比俄罗斯的改革成效更大,引起的社会动荡更小。渐进式改革的优越之处,在于它表现出得寸进尺效应。

鬼迷心窍·洗脑的过程

鬼迷心窍　窍:孔穴。古人认为心有好几窍,窍不通,人就糊涂。比喻被某种事物所迷惑,昏了头脑。清·李绿园《歧路灯》第六十回:“一时鬼迷心窍了,后悔不及。”

1978年,美国人民圣殿教900多人集体自杀。为什么这么多人鬼迷心窍,自愿结束生命?心理学家研究后发现,教主琼斯采用了得寸进尺的策略,说服信徒,对其进行洗脑,层层递进、步步紧逼,最终把所有人都驯化成温顺的奴仆。起初,琼斯让信徒捐赠

10%的财产，不久上升为25%，最后要求他们上交所有的财产。刚加入人民圣殿教时，信徒只需每周抽出几小时为社区工作。接着，要求信徒增加工作时间，直至每天工作11小时。此外，信徒还得学习社交课程、出席长时间的晚祷。前邪教成员回忆，琼斯取得成功的原因是，让人慢慢放弃一些东西，同时逐步忍耐一些东西，这些都是一步步进行的。信徒一旦迈出第一步，就身不由己，历经承诺、犹疑、自我肯定和做出更大的承诺，直至心甘情愿地献出生命。他们产生了控制错觉，以为不是琼斯，而是自己主宰了事情的全过程。

适得其反·理由不足效应

适得其反　适：恰好。指结果与预期相反。清·曾朴《孽海花》第三回："我们四友里头，文章学问，当然要推你做龙头，弟是婪尾。不料王前卢后，适得其反。"

所谓理由不足效应，是指很小的刺激，能促使人们对某项活动产生兴趣，并乐于继续进行下去。与常识相悖，有时报酬不仅不能增强行为的动机，而且会适得其反，带来完全相反的结果。对此有两种解释。认知失调理论说，如果外部刺激太小，不足以解释我们的行为，我们就会通过调整认知，来证明自己行为的合理性，以减少不协调感。自我知觉理论解释，如果支付较多的报酬，让人们做自己喜欢的事情，他们会归因于报酬，这就削弱了自我知觉，即自己是因为兴趣而这样做的。实验中，付钱让孩子们玩智力游戏。结果，他们以后玩同类游戏的兴趣会小于其他孩子。孩子们把游戏看成任务，从而降低了自己的热情。

论功行赏·报酬与兴趣

论功行赏　论：评定。按功劳的大小给予奖赏。《管子·地图》："论功劳，行赏罚。"

进一步说，如果论功行赏，针对人们的成就给予报酬，就会强化个体的动机。反之，如果报酬是为了控制别人，对方也将自己的努力归因于报酬，就会降低个体的内在兴趣。例如，父母给孩子以奖励，并告诉他，我们奖励你，是因为你很努力，克服了很多不良习惯，孩子就会加倍努力，激发起较大的学习兴趣。如果父母在奖励孩子时说，我们奖励你，是因为你听话，学习成绩提高了。孩子就会非常重视成绩、听话这些外在因素，并没有增强学习兴趣。为了有一个好成绩，他们可能不惜作弊；为了造成听话的好印象，他们可能伪装，甚至撒谎。

言行不一·健康菜单无人问津

言行不一　说的是一套，做的又是另外一套。《逸周书·官人》："言行不类，终始相悖。"

人类的行为和态度，受到社会环境等因素的影响。因此，二者往往是不一致的。在一次无记名投票中，美国众议院以绝对优势通过了提薪议案。但是，随之进行的记名投票，却以绝对优势否决了同一议案。议员们对署名有所忌惮，隐瞒了真实的观点。行为和态度不一致，也与习惯性行为有关。很多情况下，我们先有行为，然后才有合理的解释。这些行为是长期养成的习惯,没有通过意识层面,在一定情境下自动出现。一家快餐店准备推出健康菜单,提供低脂、低碳水化合物的食物。调查中顾客表示赞同。于是,餐厅推出一种符合健康要求的三明治,并投入几百万美元用于广告和推销。然而,健康三明治几乎无人问津。此处,顾客言行不一,态度和行为严重偏离。人们很清楚,健康三明治有益于身体,愿意用来取代传统的三明治。但是,快餐店的很多刺激,如炸薯条和高脂肪汉堡包的香味,唤起了美好的记忆。顾客来不及思考,就付钱购买了爱吃的食物。

安常习故·习惯性行为

安常习故　习:习惯。故:旧例。指按照常规和习惯行事。清·魏源《默觚·治篇七》:"彼安常习故之流。"

温迪·伍德博士做了大量研究后指出:"无论是大学生还是社区居民,被试每天记录的行为中,45%的行为会在同一位置重复出现。当被试的想法与当时的行为不一致时,我们可以将之看作习惯性行为。"习惯一旦养成,不再能通过态度预测消费行为。顾客是否购买某产品,与购买意向没有多大关联,很大程度上取决于过去购买这种产品的次数。我们安常习故,依据既有的框架,对外界刺激迅速做出反应。遇到熟人,我们下意识地微笑、打招呼。见到朋友的孩子,我们下意识地说:"这个孩子聪明、有前途。""他又长高了!"尽管有时与事实相悖。潜意识指导下的行为具有适应性,便于我们专心处理更重要的事情。

言行相符·态度可以影响行为

言行相符　言语和行动相符合。南朝梁·简文帝《与刘孝仪令》:"言行相符,始终如一。"

有着较强自我意识的人,其行为常受到态度的影响。为了保持言行相符,他们会较多地考虑到自己的态度。如果给被试一面镜子,让他们观察到自己的行为,就能强化自我意识。在一个猜字谜游戏中,研究者说,这个游戏可以测试智商,铃声一响就结束。如果在镜子前做题,并收听自己说话的录音带,7%的学生铃响后继续做题。如果没有镜子和录音带,则有71%的学生作弊。事先的调查表明,大学生几乎都认为,作弊是不道德的。有镜子时减少了作弊,是因为大学生能够观察到自己的行为,从而增强了自我意识。与此类似,如果在商店树立一人高的镜子,就会提醒顾客维护个人尊严、鄙视鸡鸣狗盗,使盗窃现象大大减少。

假戏真做·忘我的演员

假戏真做　事情本身虽是假的,却弄假成真。乐朋《穿帮马屁刍论》:"退位禅让之类本是一场假戏真做,为的好遮掩天下人耳目。"

态度可以影响行为,行为也可以影响态度。在斯坦福的模拟监狱中,大学生很快就进入角色,其所作所为类似于真正的狱卒或囚犯。津巴多说:"人们越来越分不清现实和幻觉、扮演的角色和自己的身份。”行为对态度的影响，在演员身上体现得最明显。一名优秀的演员真正进入角色后，他会忘掉自我，假戏真做。他能体验到剧中人物的真情实感，与自己扮演的角色有着同样的性格、同样的思维方法、同样的情绪波动。在《烈火战车》中扮演奥林匹克英雄的伊恩・查尔森说：“当我进入角色的时候，我的整个人格都改变了。”在一篇埃及小说中，一位扮演帝王的演员，演技无与伦比，在台下也想象自己颐指气使、权势无边。作为一个伟大的演员，他无法容忍现实生活中的平凡，最终把自己逼疯了。

染丝之变・贪官的形成

染丝之变　比喻环境对人或物的影响。《墨子・所染》：“见染丝而叹曰：‘染于苍则苍，染于黄则黄。所入者变，其色亦变。’”

我们扮演的社会角色，会重新塑造我们的态度。或许你处事低调、为人随和，鄙视那些为着一己私利，不惜逢迎上司、吹牛拍马者。然而，如果你当了官，渐渐就觉得自己高人一等，有点颐指气使、盛气凌人。你不再认为逢迎上司、吹牛拍马有何不妥，不过是官场的生存术罢了。更有甚者，你开始接受贿赂，认为理所当然，是别人的谢意和回报。你的胃口越来越大，行为越来越放肆。染丝之变源于环境，环境改变了行为，行为改变了态度，态度又对行为产生进一步的影响。简言之，行为和态度的相互影响、相互支持，使正直的人转变为令人憎恶的贪官。根子是环境，既包括形成贪官的社会土壤，也包括纵容贪官的制度安排。

弃明投暗・嗨！希特勒

弃明投暗　离开光明，投向黑暗。明・罗贯中《三国演义》第三十七回：“今凭一纸伪书，更不详察，遂弃明投暗，自取恶名，真愚夫也!”

行为对态度的影响，暗示着一种危险：极权主义可以通过强制性手段，向大众灌输某些可怕的信念，使他们弃明投暗，成为温顺的奴仆。20世纪30年代，很多德国人被迫参加纳粹集会，身穿纳粹制服，向元首挥手致敬，高呼“嗨！希特勒”。这些行为与他们的信念产生了深刻矛盾。由于敌对理论受到严格禁止，他们只有强迫自己相信，自己的作为是正确的，纳粹和希特勒是值得尊敬的，以此获得心理上的平衡。行为的改变，就这样转化为态度的转变。一个罪犯并非天生喜欢作恶。最初的不良行为，对态度产生些微影响。为自己辩解、消除内疚后，又产生进一步的不良行为。在态度和行为的相互作用下，邪恶逐步升级，良心逐步丧失，直至成为一个无恶不作的恶魔。他们贬低受害者，认为这些人罪有应得，而自己的行为是正当的，应该加以肯定。这是得寸进尺效应的典型表现。

情不可却・留面子效应

情不可却　却：推却。情面上不好拒绝。清・李汝珍《镜花缘》第六十回：“闺臣、红蕖众姊妹也再再相留，紫菱情不可却，只得应允。”

如何改变人们的态度？通常的策略是施加压力，但效果不好，对方口服心不服，甚至产生逆反心理，有意给你制造很多麻烦。说服是最有效的方法。首先是得寸进尺效应，其次是留面子效应。与得寸进尺效应相反，留面子效应是先提一个较大的要求，再提一个较小的要求，后者才是你真正想提的要求。谈判中常常使用这种方法。你准备出门旅游，担心家里的安全，请邻居帮你浇花、整理房间。邻居没有答应，因为他很忙。第二天你又去了，请邻居留心你家有没有异常动静。这一次邻居爽快地答应了。昨天拒绝你的请求后，邻居感到不安，乐于做出较小的让步，在心理上获得平衡。留面子效应的实质是，先让人内疚、心理失衡，然后提出要求。对方情不可却，只得应允。有些人深谙此道，先小恩小惠，让人过意不去，然后请人为自己办事。社会上流行的拉关系、请客送礼，皆源于此。

一言既出，驷马难追·虚报低价效应

一言既出，驷马难追　驷马：套四匹马的车。形容话说出来，就不能再收回。宋·欧阳修《笔说·驷不及舌说》："俗云'一言出口，驷马难追'，《论语》所谓'驷不及舌'也。"

说服人还有一个高招，就是虚报低价效应，即先提一个要求，等你答应后再改变要求。这时，你就难以拒绝了。例如，汽车推销员先报一个吸引人的低价，顾客同意购买后，就想方设法把价格抬上去。顾客一言既出，驷马难追，很难改口说"不"了。再如，有人向你借 100 元钱，答应明天就还，你借给他了。到第二天，他告诉你，手中紧张，1 个月后才能还。你怎么办？能不答应吗？有些旅行社也是这样，先用低价吸引客户，等你人在旅途，导游就强迫你去某某商店购物。很多人就这样被掏光口袋，买了些伪劣商品或不在预算中的商品。

动之以情，晓之以理·中心和外围

动之以情，晓之以理　用真情打动对方，用道理说服对方。刘绍棠《村妇》卷二："啭儿和秀子，比狗肉将军张宗昌那些驴脾气的侉子兵更难动之以情，晓之以理。"

佩蒂、卡乔波等人认为，说服别人有中心和外围两种途径。中心途径是让人们关注信息和论据。当人们动机强烈，能够全面、系统地思考问题时，就晓之以理，使用中心途径。如果信息和论据令人信服，就有可能说服他们。如果人们受到时间压力，无暇推敲信息中包含的内容，或不愿苦思冥想时，我们就动之以情，使用外围途径，让他们注意明显的外部线索，不必考虑论据是否充分。简言之，只需根据具体情况，动之以情，晓之以理，纵使顽石，也会点头。

情不自禁·明星代言

情不自禁　禁：抑制。感情激动，控制不住自己。南朝梁·刘遵《七夕穿针》："步月如有意，情来不自禁。"

广告商知道如何说服消费者。选购食品、饮料和服装时，消费者往往只凭感觉，不做逻辑思考。这些产品的广告,通常使用外围途径。酒广告的重点,不是提供饮酒的论据,而是明星代言,让人们感觉到亲切和愉快,情不自禁地掏出钱包。软饮料广告也是如此。可口可乐广告突出青春的活力,从感情上打动人心。然而,计算机广告很少出现明星。消费者关注计算机的价格、性能与技术水平。他们通常花费足够的时间,在这些方面进行比较和研究。计算机厂商需要做的,是拿出具有说服力的证据,充分展示价格信息和技术上的先进性。

言听计从·相信朋友和明星

言听计从　说的话都相信,出的计谋都采纳。形容对某人十分信任、依从。《史记·淮阴侯列传》:“汉王授我上将军印,予我数万众,解衣衣我,推食食我,言听计用,故吾得以至于此。”

中心途径能使个体态度的改变更加持久,并对行为产生更大的影响。如果经过深入思考,确信那些论据是令人信服的,个体就会心服口服,态度真正发生改变。尽管中心途径非常重要,但是出于节约原则,人们还是乐于利用外围途径,形成初步观点。在日常生活中,我们往往采取“相信明星”“相信朋友”等启发式策略,对他们言听计从。朋友的建议,常常是人们尤其是青少年的不二选择。明星的观点也容易引起大众跟风。一个出色的演说家,不是以充足的论据征服听众,而是以简洁的口号、生动的故事和富于魅力的声调来抓住人心。希特勒说,任何有效的宣传都必须限制在很少的几个点上,并且不断重复这些标语,直到每一个公众或成员都理解为止。他很清楚,论据在这种场合下并不重要。

各取所长·明星与专家

各取所长　善于运用事物或人本身所具有的长处。唐·吴兢《贞观政要》:“用人如器,各取所长。”

专家和明星、亲友相比,谁的意见更重要?如果涉及生活层面,感情因素占主导,我们熟悉的、喜欢的人,一般有更强的影响力。明星推荐的美酒、化妆品,亲友介绍的餐馆、服装店,都能让我们心动。如果涉及专业层面,理智因素占主导,权威人士更值得信任。选择营养品,我们请教营养师。选择理财产品,我们拜访理财顾问。他们不但告诉我们应该怎样做,还告诉我们为什么要这样做。此时,朋友或同事的意见只能作为参考。简言之,对明星和专家,我们各取所长。使用外围途径时,更看重明星和亲友。使用中心途径时,更看重权威人士。

因人而异·传递的信息

因人而异　因为人不同而有差别。茅以升《〈耕耘与收获〉序》:“自学的困难因人而异,但不外家务缠身、辅导无门、教材困难、信心不足等。”

说服别人时传递的信息,包括理智和情感,哪一种更具影响力?这要因人而异。文化程度高、勤于思考的人,对事实和证据更感兴趣。说服他们,应该多使用中心途径。在国际学术会议上,简洁的论断、确凿的论据和清晰的逻辑,是演讲成功的关键。对一般听众,应该多使用外围途径,以活泼的语言、动人的故事和良好的形象征服听众。美国大选前的调查表明,相对于政治才干和施政纲领,候选人的个人魅力对选举结果更具预测性。奥巴马的讲演生动形象,极具震撼力。他来自社会底层,有着传奇经历,这深深打动了美国民众,使之脱颖而出。

生龙活虎·肯尼迪的形象

生龙活虎　形容富有生气,充满活力。《朱子语类》卷九五:“只见得他如生龙活虎相似,更把捉不得。”

尼克松和肯尼迪在竞选中的电视辩论,很具有戏剧性。当时,尼克松是副总统,肯尼迪是资历尚浅的参议员。很多人认为,竞选没有悬念,前者肯定胜出。但是,电视屏幕改变了一切。尼克松面色苍白、一脸憔悴。肯尼迪肤色黝黑,生龙活虎。参加现场直播的桑德尔·范奴克回忆说:“副总统嘴唇附近满是汗渍,肯尼迪则非常自信,光彩照人。”观看直播的美国人均为肯尼迪所倾倒。一位新闻学教授指出,在第一场辩论中,肯尼迪已经确立了压倒性优势。

喜怒哀乐·情绪的作用

喜怒哀乐　泛指各种情绪。清·陈忱《水浒后传》第三十一回:“虽是海外之邦,不过言语不同,衣服有异,那喜怒哀乐的人情,原是一样的。”

听众的喜怒哀乐、情绪好坏,对说服力颇有影响。贾尼斯发现,让大学生边阅读资料,边享用花生和可口可乐,他们就更容易被说服。心情好时,情感占上风,个体决策更迅速,更多依赖于外部线索。心情不好时,理智占上风,个体会认真思考信息内容,寻找论据中的漏洞。你很可能将面临一场无休无止的争论。到最后,你甚至会忘记自己的初衷。因此,说服对方的一个重要策略,是让他们有一个好心情。家长和老师教育孩子时,应该从表扬开始。这样做,不仅能增强孩子的自信,还能引起他们的好感,使他们对你的观点产生兴趣。

不偏不倚·对立的观点

不偏不倚　倚:偏。原指中庸之道。后指公正,不偏袒任何一方。宋·朱熹《四书集注·中庸》:“中者,不偏不倚,无过不及之名。”

要说服人接受相反的观点,应该不偏不倚,从正反两方面论证,使对方相信你是公正的。“二战”临近尾声,德国人已投降,日本人仍负隅顽抗。为了提醒美国士兵提高警惕,霍夫兰等人设计了两段广播录音,论证太平洋战争至少还将持续两年。一段广播阐述了正面观点,另一段广播列举了正反两方面的观点。说服的效果取决于听众。若听众原来持赞成意见,单向论证更有说服力。若听众原来持反对意见,双向论证更有说服力。教师、政治家、推销员等，可以从中得到借鉴。在介绍正面观点时，必须对反面观点进行回应，才能获得听众的信任。

登门拜访 · 面对面劝说

登门拜访　拜访：拜望、访问。亲自上门，拜望想见的人。刘绍棠《柳伞》第三章："他听说有一位乡土文学作家，想写当年运河的历史风貌，不禁喜出望外，亲自登门拜访，愿结忘年之交，迎到家中待如上宾。"

人们的态度往往很顽固，很难改变。观点越熟悉、涉及的话题越重要，人们就越相信经验，越屈服于习惯，说服的影响力就越小。性别歧视就是这样。对于无足轻重、比较生疏的事情，说服的影响力较大。例如，商店出售两种品牌的阿司匹林，做过广告的是没有做过广告的售价的3倍。研究表明，说服的主要影响不是来自媒体，而是来自人际交往。艾德斯威尔研究了某地区修订城市宪章的宣传活动。他以不想投赞成票的市民为被试。第一组成员只接触当地媒体；第二组成员收到4封支持修订宪章的邮件；对第三组成员，则是登门拜访，进行面对面劝说。结果，第一组19%投赞成票，第二组45%投赞成票，第三组75%投赞成票。

气味相投 · 相似者影响最大

气味相投　指双方性格、志向、情调一致，合得来。宋 · 葛长庚《水调歌头》："天下云游客，气味偶相投。"

人际交往在说服中所起的作用，与双方关系的亲疏有关。然而，更重要的是双方的相似度。对于青少年来说，谁的影响最大？不是父母，不是老师，而是气味相投的同学、闺蜜、同事。家长和老师往往高估了自己对孩子的影响。多数大学生回忆说，他们从朋友和同学那儿学到的东西，比从父母、书本和老师那儿学到的更多。孩子想买一种新玩具，是因为同学们都在玩。孩子爱看一本书，是因为小伙伴们迷上了它。媒体产生的影响，有时通过人际交往，以间接方式发挥作用。闺蜜介绍的流行服饰，是从电视上看到的。同事津津乐道的幽默段子，是从手机上接收到的。子女提出的建议和劝告，是从网络上搜索到的。

七情六欲 · 情绪的构成

七情六欲　泛指人的一切情绪和欲望。《礼记 · 礼运》："何谓人情？喜、怒、哀、惧、爱、恶、欲，七者弗学而能。"

所谓"情绪"，指个体对自己或外界事物所持态度的体验，即通常所称的七情六欲，由认知、生理和表达等三个层面构成。在认知层面上，情绪是一种主观体验。对于不同的事物，个体有着不同的感受，如回乡探亲时的喜悦、遭遇骗子时的愤怒等。在生理层面上，情绪是一种生理唤醒。情绪发生时，带来一定的生理反应：激动时血压升高，愤怒时头发直立，快乐时眼睛放光。在表达层面上，情绪表现为特定的外部行为，如面部、体态和语调的变化:激动时大喊大叫,愤怒时暴跳如雷,快乐时喜笑颜开。三个层面的共同活动,构成了完整的情绪体验。新兵第一次上战场时,可能非常害怕,他知道子弹是不长眼睛的。他虽然面带微笑,假装镇定,但是,他的心在狂跳,他的声音有点颤抖,这些都是无法掩饰的。

各色各样·情绪的种类

各色各样　色:种类。各种类别,各种式样。清·李绿园《歧路灯》第八十七回:"却说盛公子一派话儿,把官亲投任的人,各色各样,形容的一个详而且尽。"

人的情绪各色各样,种类繁多。但从总体上看,可以分为两大类:基本情绪和次级情绪。基本情绪有快乐、悲伤、愤怒、恐惧和厌恶等五种,分别对应特定的生理反应。快乐是达到既定目标时产生的体验,人们感到满足,有了优越感。悲伤是失去最珍惜的人或物时产生的体验。愤怒是在外界干扰下,无法达到既定目标时产生的体验。如果认定对方带有恶意,有意设置障碍,愤怒就会突然爆发。恐惧是危机来临、深感无助时产生的体验。厌恶是讨厌、不喜欢某人或某物,急欲回避、逃离时产生的体验。次级情绪是基本情绪的派生物。快乐派生出喜欢和惊喜,悲伤派生出忧郁和悔恨,愤怒派生出仇恨和嫉妒,恐惧派生出惊慌、害羞和焦虑,厌恶派生出轻蔑和漠视。情绪的存在往往是复杂的、混合的。

不如意事十八九·消极情绪

不如意事十八九　指不合心意之事经常发生。宋·陆游《新津小宴之明日欲游修觉寺以雨不果呈范舍人》:"不如意事十八九,正用此时风雨来。"

个体对自己或外界事物持肯定态度时,体验到快乐等积极情绪;持否定态度时,体验到悲伤、愤怒、恐惧和厌恶等消极情绪。在五种基本情绪中,除快乐外,其余都是消极情绪。原始人生活在危机四伏的环境中,随时有可能遭受猛兽袭击,更不用说洪水、疾病等灾害了。不如意事十八九,消极情绪自然会多于积极情绪。哲学家休谟说:"我们永远悬浮在生与死、健康与疾病、丰足与匮乏之间。"诗人荷马感叹:"诸神赐予我们一份快乐,就要相伴双份的苦难。"

祸不单行·消极情绪的恶性循环

祸不单行　祸:灾难。指不幸的事接连不断地发生。汉·刘向《说苑·权谋》:"此所谓福不重至,祸必重来者也。"

常有人感叹祸不单行,倒霉的事总是接二连三出现。这既非巧合,也非迷信。心理学研究发现,遇到挫折、压力、疾病等负面事件时,很多人会陷入消极悲观、情绪抑郁的心理状态,容易自暴自弃,不愿意做深入思考,导致错误迭出。加之,接连出现的坏事,又使心情更加糟糕。这就进入消极情绪的恶性循环。反之,倘若遇到负面事件时,能够控制自己的情绪,以积极的心态看待世界,对未来有着美好的期待,就会保持一个好心情,愿意付出最大努力,争取获得最好的结果。好的结果伴随的必然又是一个好情绪。这就进入积极情绪的良性循环。

息息相关・情绪的强度

息息相关　呼吸相互关联。形容彼此关系极为密切。《清史稿・文祥传》:“使武备果有实际,则于外族要求之端,持之易力,在彼有顾忌,觎觊亦可潜消,事不尽属总理衙门,而无事不息息相关也。”

木泽伊乌认为,当情境变化影响到目标实现时,情绪就产生了。倘若一个事件与自身息息相关,情绪的强度就大,因为它对我们实现目标具有重大影响。而且,个体负有的责任越大,可供选择的方案越多,情绪的强度就越大。责任重大,表明个体应该控制事态的发展。可选择性强,表明个体有可能控制事态的发展。无论能否做到,都会产生强烈的情绪反应。做到了,我们满足了,就会引发积极的情绪反应。没有做到,我们失望了,就会引发消极的情绪反应。两个小孩都考60分,甲原来成绩好,乙一向不及格。他们有什么反应?甲会沮丧和后悔,因为稍微努力一些,他可以做得很好。乙则非常快乐,他的努力有了回报。

盘根问底・孩子的好奇心

盘根问底　追究事情根底。清・李汝珍《镜花缘》第四十四回:“被小山盘根问底,今日也谈,明日也谈,腹中所有若干典故,久已告竣。”

除了积极情绪和消极情绪外,还有一种情绪介于二者之间,称为中性情绪。惊讶就是中性情绪,本质上与学习有关。亚里士多德说,求知出于好奇与闲暇。所谓“好奇”,就是对未知事物的惊讶。为了满足好奇心,人们学习和探索,试图掌握未知的世界,这是人类走出森林,从非洲走向世界的根本动力。孩子睁大好奇的眼睛,惊讶地看待周围的一切,总喜欢盘根问底,提出很多稀奇古怪的问题。等到长大成人,为经验和习惯所左右,大多数人不再有惊讶,不再有幻想。此时的求知,染上了浓厚的功利色彩,失去了那种寻求真理的本能的冲动。少数有幸保持童心的人,怀揣着孩子般的梦想,对人生、社会和自然,始终保持着好奇和惊讶,洋溢着探索的激情。他们成为勤奋耕耘、硕果累累的科学家。

浑然无知・情绪意识不到

浑然无知　形容糊里糊涂,什么都不知道。明・吴承恩《西游记》第九十七回:“那贼浑然无知,不言不语。”

有时候,我们浑然无知,意识不到自己的情绪。第一种情况是压抑。个体面临危险或威胁时,为了自我保护,力图从意识中排除引起焦虑的刺激源,将紧张、不安、忧虑等不愉快的情绪掩藏在内心深处。第二种情况是忽视。面临险境时,由于高度紧张,没有意识到自己非常害怕,以至于冷汗浸透了衣服。所谓“后怕”,就是指这种情况。第三种是遮蔽。当某种情绪有损自我形象时，它可能是难以被我们发觉的。例如，很多人认为自己没有性别歧视。但是种种迹象表明，性别歧视非常普遍。招聘时，女大学生往往受到婉拒；升职时，女士往往成为局外人。

麻木不仁·对待自己的情绪

麻木不仁　不仁：没有感觉。肢体麻痹，失去知觉。比喻对外界事物反应迟钝或漠不关心。清·文康《儿女英雄传》第二十七回："天下作女孩儿的，除了那班天日不懂、麻木不仁的姑娘外，是个女儿，便有个女儿情态。"

很多人对自己的情绪麻木不仁，而且很少关注。由于无所察觉，消极情绪长期压抑在心中，不利于身心健康。患抑郁症的病人，通常将情绪不佳归因于生理因素，不是就诊于脑科医院，而是前往综合医院，病情自然得不到缓解。有些学生考试前高度紧张，表现为胃痛和腹泻。他们只会吃一些止泻药，当然无济于事。一个人生气，可能意识不到生气，只觉得胸闷憋气。因此，想要调控情绪，首先要学会关注自己的情绪，看看处于哪种情绪状态，是紧张、焦虑，还是愤怒？

喜上眉梢·情绪的表达

喜上眉梢　眉宇间流露出喜悦的神情。清·文康《儿女英雄传》第二十三回："思索良久，得了主意，不觉喜上眉梢。"

情绪是内在的主观体验，但总以某种表情表达出来，如快乐时喜上眉梢，愤怒时怫然作色。除面部表情外，还有体态表情和语调表情。它们统称为肢体语言，是人类的非语言交往手段。达尔文说，人类的表情是在进化过程中保留下来的。人类愤怒时暴露牙齿的方式，与狗、老虎、猴子等动物一样。心理学家解释，向其他人表达情绪，可以提高个体生存的概率。例如，对愤怒和阴险的脸，比对快乐、悲伤、中性的脸更加敏感，有助于我们保持警惕，预防可能的危险。

不露形色·克制情绪的后果

不露形色　不让思想感情从行为和表情上流露出来。赵大年《公主的女儿》十一："但他毕竟是饱经风霜变故的八十老人了，完全可以做到不露形色。"

在组织内部，倘若每个成员都克制情绪，不露形色，是不利于合作的。同事们不能得到及时的鼓励或警告，不能进行深入的沟通和交流。这样的组织是缺少默契，缺少凝聚力的。美国哥伦比亚大学的研究表明，善于表达情绪，即使表达的是消极情绪，也对组织整体有利。情绪表达可以产生积极的效果，如提升道德水准、促进合作和自我约束。米歇尔·图安·帕姆教授说："企业有情感丰富的人是件好事，因为情感控制人，甚至愤怒都有助于约束行为。"不善于表达情绪的人，通常会漠视他人的非语言暗示，不容易与他人相处。

一人向隅，满座不乐 · 情绪的传染性

一人向隅，满座不乐　指满堂之上，一人不乐，众皆为之不欢。汉 · 刘向《说苑 · 贵德》："今有满堂饮酒者，有一人独索然向隅而泣，则一堂之人皆不乐矣。"

在群体中，情绪表达的能力之所以重要，还因为情绪的共性和社会性，使之具有很强的传染性。个体受到他人影响，会于无意识中与他人同欢乐、共忧虑，所谓"一人向隅，满座不乐"。研究表明，一个人的微笑与高兴，会在他人大脑中引起类似的情绪反应，忧虑或厌恶也一样。但是，前者激起的情绪反应，要明显强于后者。快乐的人让他人快乐的概率是9%，而且可以持续一年。一个人变得快乐，其朋友快乐起来的概率是25%，朋友的朋友快乐起来的概率是10%。情绪在传播过程中，因相互影响而不断得到强化。在著名歌星的演唱会上，最初的一片掌声和欢呼声，很快得到呼应。在交叉感染中，粉丝们热情高涨，情绪激动，欲罢不能，直至达到狂热。在群体中，每种情绪和行动都具有传染性。其影响力之大、一致性之强，足以使个体满怀激情，准备为群体牺牲个人利益。

步调一致 · 夫妻相

步调一致　步调：脚步的大小快慢。比喻行动协调统一。张平《开拓者》："在这件事上，我们保持步调一致。"

"东施效颦"是一个贬义词。效法西施，其实并非东施刻意为之。日常生活中，观察他人的面孔、姿势和声音，我们会于无意识中，自动进行模仿，与他们保持一致，尤其是对自己崇拜或喜欢的人。与此同时，我们也从中体验到他们的感受。恋人爱穿情侣装或相同风格的衣服，相互模仿对方的神情和动作。粉丝模仿偶像的一言一行，有着类似的发型，同一品牌的衣服，还有着共同喜欢的菜肴。更有趣的是"夫妻相"，即夫妻长得越来越像。部分原因是，双方生活在同一个屋檐下，生活方式和饮食结构非常接近。更重要的是，在长期的共同生活中，他们不自觉地模仿对方的行为和面部表情，渐渐变得步调一致、不分彼此了。

一颦一笑 · 面部表情

一颦一笑　颦：皱眉。指喜怒哀乐等面部表情变化。宋 · 杨万里《转对札子》："内帑所在，人有觎心，至使人主不敢一颦一笑也，一颦一笑则宫闱左右望赐矣。"

面部表情是最常见的情绪表达方式，也是鉴别情绪特征的主要标志。面部表情具有共性，不同文化背景下的人，其一颦一笑传递出相同的情绪体验。心理学家发现，世界各地的人都能精确分辨七种表情：快乐、惊讶、生气、厌恶、恐惧、悲伤和轻蔑。最容易辨认的是快乐、痛苦，较难辨认的是恐惧、悲哀，最难辨认的是怀疑、怜悯。情绪成分越复杂，面部表情就越难辨认。阿姆斯特丹大学运用情绪分析软件，根据嘴角的曲线、眼旁的皱纹等，来判断人们的情绪特征，对达 · 芬奇的名画《蒙娜丽莎》重新做出诠释。为什么蒙娜丽莎的表情那么神秘？因为其有着独特的情绪配方。其中，83%是快乐，9%是厌恶，6%是恐惧，2%是愤怒。

目不转睛·传递善意

目不转睛　睛：眼珠。形容凝神注视。明·冯梦龙《东周列国志》第五十二回："饮酒中间，灵公目不转睛，夏姬亦流波送盼。"

心理学家发现，人与人之间的交流，语言占 7%，声调占 37%，眼神和肢体动作占 56%，其中，眼神所占比例最大。眼神交流是人类的本能。进化心理学认为，眼神交流使猎兽等大型活动更加顺畅，促进了人们之间的合作，故而得以传承。英国心理学家的研究表明，如果喜欢对方，你会放大瞳孔，双目炯炯有神。因此，"看一喜欢"成为人际交往中的普遍原则，即喜欢谁就会对谁多看几眼。这个原则是双向的。说话时，如果目不转睛，较长时间地注视对方，对方感受到你传递的善意，将还报以同样的注意，并对你产生好感。这种好感通过眼神反馈，使你受到鼓舞，愿意和他进一步沟通。于是，合作起来就比较容易了。

一举一动·体态表情

一举一动　指每个动作。宋·无名氏《宣和遗事》前集："所上表章，数朕失德，此章一出，中外咸知，一举一动，天子不得自由矣！"

在社会交往过程中，人们会不自觉地运用身姿、动作的变化来表达情绪、传递信息，这就是体态表情。例如，快乐时手舞足蹈，惊讶时呆若木鸡，生气时暴跳如雷，恐惧时浑身战栗。总之，一举一动总关情。再如，骄傲和自信使人挺直腰杆，消沉和抑郁使人背部微驼。优秀的裁缝根据年龄量体裁衣。年轻气盛的，前面的衣襟略长。年老体衰的，前面的衣襟略短。他们走起路来，前后衣襟看上去都一样长了。解读交谈时的体态表情，可以窥测到对方的真实态度。这些，可能是他竭力想要掩饰的。对方胳膊交叉置于胸前，暗示着怀疑、反对和不认可；对方摩擦鼻子，表明并无诚意；对方手托下巴，表示正在考虑你的意见。

举止不凡·握刀人

举止不凡　形容仪态、风度不平凡。清·褚人获《隋唐演义》第七十八回："太子见那女子举止不凡，吩咐内侍不许啰唣。"

达·芬奇指出，描绘人容易，描绘人的思想难，因为要通过肢体活动表现出人的思想来。肢体语言传达出的隐性信息，比语言传达出来的显性信息更丰富，更真实。阅历广的人，即使是初次见面，不需说一个字，也能从你的举手投足中窥视到你的所思所想。一次，曹操接见匈奴使者，因个子较矮，害怕受轻视，让崔琰做替身，自己握刀充当侍卫。会见结束后，曹操派人问使者："魏王如何？"使者答，魏王丰采高雅，无可比拟，但座旁的握刀人举止不凡，才是英雄。由此可见，一个人的精神风貌和内在力量，可以通过行为举止自然而然地流露出来。

明察秋毫·泄密的信号

明察秋毫 秋毫:秋天鸟兽身上新长的细毛。比喻目光敏锐,能看到极细小的东西。清·石玉昆《七侠五义》第四十二回:“不想相爷神目如电,早已明察秋毫,小人再不敢隐瞒。”

纳瓦罗是美国联邦调查局前特工和身体语言分析专家,善于通过犯罪嫌疑人的细微动作,揭露谎言背后的真相。如今,他是美国最受欢迎的扑克牌培训师之一。纳瓦罗认为,撒谎时有一些特定的肢体动作,认真观察,可以明察秋毫,“如眼睛四处乱瞟、不时摘戴墨镜、突然变得话多等。在牌场上,这些动作被称作泄密的信号”。“我告诉学员如何按顺序观察对手的脚、手和脸,它们是最诚实的身体部位,有些很简单的举动,如摸脖子、拍脸、咬嘴唇,都是线索。”

拍手称快·手语

拍手称快 拍着手叫痛快。形容非常高兴。明·凌濛初《二刻拍案惊奇》第三十五卷:“说起他死得可怜,无不垂涕。又见恶姑奸夫俱死,又无不拍手称快。”

从手的动作,可以看出一个人的喜怒哀乐:高兴时拍手称快,愤怒时拍案而起,悲伤时抱头痛哭等。焦虑通常通过双手表现出来,或者摆弄钥匙、拽拽衣服,或者触摸自己的身体,以此使自己放松下来。有趣的是,他们接触的身体部位,是最常受到别人爱抚的地方。例如,焦虑者习惯于搓搓手、拉拉耳垂、摸摸下巴,或用手指梳梳头发。通常,母亲就是通过抚摸这些部位来安慰孩子的。足球运动员射门失误时,常常用双手抱头。这种反应是用来保护头部的,但此时不是为了阻挡一般的打击,而是为了抗击心理上的伤害。用双手围住自己的后脑勺,是在重复昔日母亲的动作:母亲托起婴儿的头部,以保护孩子的安全。

握手言欢·握手意味着什么

握手言欢 握手谈笑。形容亲热友好。《后汉书·李通传》:“及相见,共语移日,握手极欢。”

西方人相见,以握手表示亲近。那么,握手意味着什么?在中世纪的欧洲,陌生人相遇时先放下武器,张开双臂,表示手中什么也没有,然后握手寒暄。因此,握手是解除武器的象征。现代人沿袭了这个习惯,但赋予握手以新的含义:双方握手言欢,解除了心理上的戒备。恐惧时往往血压升高、脉搏加快、汗腺亢进。如果对方手掌潮湿,就意味着精神紧张、心理失衡,可能暗藏玄机,应该引起警惕。身体语言学家朱迪·詹姆斯指出:“握手是一种本能反应,传递的是我们愿与对方交往的信息。简单的一次握手,包含了地位、力量、勇气、忠诚、信任、信心甚至健康等众多信息。”“握手无力可能导致面试失败。”

泄露天机·脚语

泄露天机 指透露了不该透露的机密。宋·陆游《醉中草书因戏作此诗》:“稚子问翁新悟处，欲言直恐泄天机。”

曼彻斯特大学的杰弗里·贝蒂教授长期研究人类的“脚语”。他指出，观察一个人移动双脚的方式，可以窥探此人的内心世界。谈话时，对方的眼睛和脸部受到关注。因此，人们善于控制眼睛和脸部的动作。但是，手部和脚部的动作都是不由自主的。脚语能够泄漏天机，在很大程度上表露出我们的性格、情绪和态度。例如，走路大步流星、脚步重的人，性格比较开朗、直率。走路小心翼翼的人，比较细心精明。再如，男士移动脚部表达紧张情绪。女士相反。站在男性追求者面前，女士如果双脚交叉或不动，表示不感兴趣，她们紧张时都会这样。如果女士向前伸出一只脚，表明喜欢这名男士。又如，两人交谈中，如果对方脚尖朝门，暗示着他想离开。这个动作表明，他不耐烦了，只想赶快结束谈话。

抑扬顿挫·语调表情

抑扬顿挫　形容声音高低起伏，停顿转折，和谐而有节奏，多指诗文或音乐。清·魏秀仁《花月痕》第六回：“词本好的，秋痕又能体会出作者的意思，抑扬顿挫，更令人魂销。”

语音的高低、强弱和节奏变化，也可以表达个体的情绪，这就是语调表情。打开收音机，说书艺人讲述时的抑扬顿挫，生动传达出各色人物的喜怒哀乐。同是一句话“你是好人”，用不同的语调可以体现不同的情绪反应。“你是好人!”是赞赏。“你是好人?”是讽刺，是挖苦。高声叫喊“你是好人！你是好人!”可能就是气愤了。总之，面部表情、体态表情和语调表情，都是有效的情绪表达方式。情绪流露时，常同时出现几种表情，使情绪表达更准确、更丰富。例如，一个人处于恐惧状态时，有可能面无人色、浑身发抖，同时又失声尖叫。

逆流而上·情绪表达的最高层面

逆流而上　逆水前进。比喻不畏艰险，积极进取。清·李汝珍《镜花缘》第八十一回：“‘过山龙，打《尔雅》一句。’阳墨香笑道：‘可是逆流而上?’锦枫道：‘正是。’”

情绪表达分为四个层面。第一个层面是向自己表达，弄清自己的情绪状态及其来源。这种表达看似容易，其实不然。真能做到这一点，情绪至少已经发泄了一半。第二个层面是向他人表达，如找亲友聊天，或向专业的心理医生倾诉。第三个层面是向环境表达。情绪低落时，漫游名山大川，驰骋千里草原，观看潮起潮落，你会“心旷神怡，宠辱皆忘，把酒临风，其喜洋洋者矣”。第四个层面是升华的表达，让情绪转化为强大动力，逆流而上。司马迁遭受腐刑，悲哀与屈辱之余埋头著书，写出《史记》这样的历史巨著。蒲松龄科举失利、穷愁潦倒，便将失意和愤恨，化作瑰丽神奇的《聊斋志异》，倾倒了多少男男女女。

待人接物·情商

待人接物　物：众人。指与别人相处交往。《朱子语类》第二十七卷：“待人接物，千头万状，是多少般，圣人只是这一个道理做出去。”

情商也称情绪智慧，是我们感知、表达、理解和管理情绪的能力。简言之，情商就是待人接物的智慧。情商有三个组成部分：第一是情绪知觉，即通过表情、语言等方式传达情绪的能力。第二是情绪理解，即认识、预测各种情绪的能力，包括理解自身情绪和准确感知他人情绪。不了解自身真实感受的人，容易为情绪所左右。读懂对方的面部表情、声音语调和其他情绪特征，是加强沟通，建立良好人际关系的前提。第三是情绪调节，即控制情绪、激励行为、与他人友好相处的能力。一般而言，情商高的人事业更成功、婚姻更美满、生活更幸福。

白璧微瑕·犯错误效应

白璧微瑕　璧：圆形有孔的玉器。瑕：玉上的斑点。比喻很好的人或物有些小缺点。南朝梁·萧统《陶渊明集序》：“余爱嗜其文……白璧微瑕者，惟在《闲情》一赋。”

社会心理学家阿伦森做过一个实验。四位选手参加演讲会，两位才能出众，两位才能平庸。演讲时有两人不慎打翻了饮料瓶，一为才能出众者，一为才能平庸者。实验表明，人们最喜爱打翻饮料的才能出众者，最讨厌打翻饮料的才能平庸者。为什么毫无过错的出众者，没有得到最高评价？原因在于，一个人过于完美，会给他人造成无形的压力。而白璧微瑕，犯一个小小的错误，可以增加才能出众者的亲和力。这就是人际交往中的犯错误效应，也叫“阿伦森效应”。在现实生活中，过分洁身自好，堪称完美的人，不会有很多朋友。反之，杰出的人偶尔犯点错误，如喝醉酒、说错话、丢点东西，会缩小与他人间的距离，让人觉得既可敬，又可亲。显而易见，仅仅智力超群不够，还得让别人接纳你、亲近你。智商可以提升个人形象，情商可以拉近与他人的距离，这一点绝非无关紧要。

蝴蝶效应·费斯廷格法则

蝴蝶效应　比喻许多事情因果关系的复杂性。傅西《蝴蝶效应》：“所谓‘蝴蝶效应’，是用来比喻因果关系的复杂性。说的是南美洲的一只蝴蝶扇动翅膀，沿着因果关系的链条发展，最终引起北半球的一场风暴。”

情绪调节说起来容易，做起来很难，因为人们是缺少自控力的。

美国社会心理学家费斯廷格有一个著名的理论，称“费斯廷格法则”：生活中的10%由发生在你身上的事情组成，另外的90%则由你对这件事如何反应决定。费斯廷格举了一个例子。卡斯丁洗漱时，将高档手表放在洗漱台边，妻子顺手放到餐桌上，儿子不小心将手表碰到地上摔坏了。卡斯丁揍了儿子，与妻子大吵一顿，满腔怒气赶到公司，发现忘拿公文包。回家去取，却没有钥匙。妻子接电话慌忙回来，撞翻了水果摊，赔了一笔钱。卡斯丁迟到15分钟，挨了上司严厉批评，妻子被扣当月的全勤奖。儿子参加棒球比赛，因发挥不佳被淘汰。在这个事例中，手表摔坏是其中的10%，后面发生的事情就是另外的90%。你控制不了前面的10%，但可以决定剩余的90%。如果卡斯丁能够调整自己的情绪,安慰儿子:"不要紧,我拿去修。"随后的蝴蝶效应和一切不愉快就不会发生了。

安之若素・与痛苦共处

安之若素　素:平素。遇异常变故仍平静如常。清・陈确《书蔡伯蜚便面》:"苟吾心之天定,则贫贱患难,疾病死丧,皆安之若素矣。"

情绪是我们对客观事物所持态度的一种体验,感觉到有利就产生积极情绪,感觉到不利就产生消极情绪。人生不如意事十八九,我们不能一有挫折就沮丧,总是生活在阴影之中。学会接纳痛苦,对痛苦安之若素,是控制消极情绪的必要前提。例如,某人患上一种慢性病,短期内无法治愈,治疗过程中又不断出现反复,他经历的痛苦必然是漫长的。如果整天心情抑郁、怨天尤人,不但自己苦不堪言,而且会败坏周围的气氛。与他接触多了,亲友们就会有意无意地疏远他。对肉体或精神上的痛苦越害怕,越抗拒,越关注,就越为它注入更多的能量,使之更为强大。如同拍皮球,用力越大,皮球就弹得越高。

小不忍则乱大谋・糖果实验

小不忍则乱大谋　小事不忍耐,就会坏了大事。《论语・卫灵公》:"子曰:'巧言乱德,小不忍则乱大谋。'"

美国心理学家米伽尔做了著名的糖果实验。他给 4 岁的孩子每人发一颗糖,如果马上吃,只能吃一颗。如果等 20 分钟,则能吃两颗。对 4 岁的孩子来说,做这样一个决策是十分困难的。2/3 的孩子愿意等 20 分钟,与诱惑展开了艰巨的斗争。他们闭眼不看糖果。他们自言自语,或哼着歌曲,或干脆睡觉。1/3 的孩子选择马上拿一颗糖。12 年后再对他们进行调查,发现他们在情感和社会交往上差距明显。前者自信、无畏,敢于面对挑战,绝不轻言放弃。后者固执、多疑,不能承受挫折,常在压力下陷入崩溃。这说明,小不忍则乱大谋,克制欲望、调节情绪是一种非常重要的能力,是在学习、工作上能否成功的决定性因素。情绪调节不但包括管理自己的情绪,还包括管理他人的情绪。例如,别人生气时,你知道如何让他消消火气。管理他人情绪是一门艺术,掌握了这门艺术的人,往往会成为社会上的佼佼者。人缘、领导力、亲和力等能力,都与此有关。

谋事在人,成事在天・智商与情商

谋事在人,成事在天　谋划事情,要尽人的努力。事情的成败,还要受到其他因素的影响。明・罗贯中《三国演义》第一百零三回:"孔明叹曰:'谋事在人,成事在天,不可强也!'"

谋事在人,成事在天,一语道尽了智商与情商的关系。谋事靠的是智商,但是智商再高,也未必能成事。这儿的"天",不但包括环境和机遇,还包括人际关系。如果没有别人的帮助、支持与协作,单枪匹马是难以打出天下的。例如,赤壁大战的胜利,最重要的因素不是诸葛亮的深谋远虑,也不是冬天难得一见的东风,而是孙刘集团的上下一心、全力以赴。诸葛亮以个人魅力征服了鲁肃,鲁肃以忠厚老实取信于周瑜,周瑜以推心置腹感动了黄盖。这一切，为赤壁大战的胜利打下坚实基础。再如，曹操求贤若渴，孙权礼贤下士，刘备大仁大义，吸引无数名士猛将甘为知己者死，这才有了三国风云波澜壮阔，如诗如画。

大智若愚·智商和情商的高度融合

大智若愚　有才能有智慧的人锋芒不外露，看上去好像很笨。宋·苏轼《贺欧阳少师致仕启》："大勇若怯，大智如愚。"

"大智若愚"是智商和情商的高度融合。"大智"指的是才能和智慧，即智商很高。"若愚"指的是情商，与人交往时低姿态、装糊涂，不计较个人得失，明知利益受损，却睁一只眼，闭一只眼。这就是说，光有高智商不行，还得有高情商，为人谦和，不要锋芒毕露、咄咄逼人。唯有"大智"，方知自身不足，不愿炫耀自身的才华。唯有"若愚"，方能博采众长，得道多助，立于不败之地。大智若愚者海纳百川，社会支持多，更容易成功，更容易收获到快乐。待同事和陌生人"若愚"，是谦虚，吸取别人长处；待亲朋"若愚"，是真诚、不算计，无心机；待敌人"若愚"，是麻痹他们，等待进攻的最佳时机。郑板桥说：难得糊涂！

蒙以养正·情商的培养

蒙以养正　指从童年开始，就要施以正确的教育。《周易·蒙》："蒙以养正，圣功也。"

智商大多取决于先天因素，改进的余地不大，情商却可以从小培养。中国自古以来就强调蒙以养正，即从童年开始，要对孩子施以正确的教育。诺贝尔经济学奖得主詹姆斯·赫克曼发现，高质量的早期儿童教育，其重要性远远超过日后对名牌中学和名牌大学的选择。原因在于，3至8岁正是儿童发展责任心、毅力、社交能力和好奇心的阶段。这些品质都与情商有关。对孩子情商的培养，可采用以下方法。首先，让孩子学会等待。孩子要学会排队，遵守公共秩序。孩子爱玩游戏，可以对他们提出要求，让他们完成任务后再玩。其次，让孩子学会善始善终。玩过后，要把玩具放回原位。做完作业后，要把书本放进书包。他们做得好就鼓励，否则就惩罚。还有，经历某事件后，让孩子说出真实感受，使他们了解自己的情绪。最后，让孩子学会交友，与同伴和睦相处，不要以自我为中心。

全身远害·玻璃板上的婴儿

全身远害　指保全性命，远离灾祸。唐·王勃《平台秘略论十首·贞修二》："全身远害，得随时者存乎变。"

进化心理学家认为，情绪是一个复杂系统，是人类成功适应环境的产物。情绪的第一个功能是全身远害，有利于生存和繁衍。例如，愤怒引起攻击，恐惧引起逃避，同情引起助人。心理学家在平台上放了块玻璃板，玻璃板超出平台的边缘，上面躺着一个6个月的婴儿。研究者挥舞玩具，吸引婴儿向前爬。到平台的边缘，婴儿主动停下来，流露出恐惧的表情,尽管玻璃板还空出一截。这表明,人类天生就害怕悬空。我们的祖先曾经生活在树上,有着从高处坠落的危险,由此而产生的恐高情绪,时刻提醒原始人小心谨慎,竭力避免悲剧的发生。

同舟共济・情绪的产生

同舟共济　比喻同心协力,克服困难。《孙子・九地》:"夫吴人与越人相恶也,当其同舟而济,遇风,其相救也如左右手。"

赖瑟和威廉斯指出,情绪是由进化过程中经常出现的情境所塑造,有利于个体乃至整个种群的生存和繁衍。他们从社会交往角度研究了情绪的适应性。原始人必须长期合作、同舟共济,才能完成很多艰巨的任务,如围捕猛兽、抵御外敌、互通有无等,这就导致很多情绪的产生和进化。不断重复的合作,逐步建立起由信任和喜爱所唤起的快乐等积极情绪。因给予较多而自豪,因索取过多而羞耻等情绪的产生,促进了人际关系的和谐。对于助人者的尊敬,对于欺骗者的仇恨,对于搭便车者的蔑视,种种情绪也都应运而生,使合作得到进一步优化。

力所能及・登山的感受

力所能及　及:达到。自己的力量可以达到的。晋・羊祜《诫子书》:"今之职位,谬恩之加耳,非吾力所能致也。"

人类持有什么样的情绪,取决于生存和繁衍目标。有利于生存和繁衍的刺激,引起的是积极情绪,否则引起的是消极情绪。人类学家比约・戈林德尔喜欢登山。他说,爬山时有点惊慌,但能控制局面,这种冒险就是快乐的。如果惊慌过度、局面失控,甚至威胁到生命,这种冒险就是不快的。我们有两种体验恐惧的模式,分别对应不同情境:不敢冒险,人类祖先将永远饥肠辘辘,重复单调的生活。因此,风险和挑战让我们快乐。但是,冒险要在力所能及的范围内。遇到无法应付的危险时,我们必须迅速逃避。这时,有着不快感觉的模式就被启动。

此时无声胜有声・社会交往的媒介

此时无声胜有声　有时,一个表情或动作胜过千言万语。唐・白居易《琵琶行》:"别有幽愁暗恨生,此时无声胜有声。"

情绪的第二个功能是,有利于社会交往。人是社会性动物。除了语言,情绪也是社会交往的重要媒介,此时无声胜有声,甚至比语言更真实、更有力。你微笑时,对方读懂了你的情绪,知道你是善意的,乐于助人的,愿意接近你,帮助你;你冷笑时,对方读懂了你的情绪,知道你讨厌他、蔑视他,就会远离你,避免可能产生的冲突。吃了有毒食物后,人们通过作呕、厌恶等神情,传递莫吃此类食物的信息。危险来临时,人们通过恐惧的表情,传递立即逃跑的信息。

急中生智·开发潜能

急中生智　紧急时突然想出好办法。清·石玉昆《三侠五义》第六十二回："韩爷急中生智，拣了一株大树，爬将上去，隐住身形。"

情绪的第三个功能是，有利于开发潜能。傍晚，李广见草丛中有只猛虎，立即弯弓搭箭，射中了老虎。第二天早晨发现，射中的不是老虎，而是一块巨石，箭头深陷，已无法拔出。李广再朝巨石连发数箭，全都跌落到地上。心理学认为，人们有一种潜在的力量，寻常看不见，也意识不到。遇到非常事件，人处于高度紧张之中，就会产生应激的情绪状态。有人调动了积极情绪，急中生智，力量倍增，体力和智力得到超水平发挥。有人调动了消极情绪，手足无措，脑中一片空白。李广在危机中，正是调动了积极情绪，使自身潜能得到充分发挥。

满面春风·积极情绪的优势

满面春风　形容满面愉快、和蔼、得意的神情。元·王实甫《丽春堂》第一折："得胜归来喜笑浓，气昂昂志卷长虹，饮千钟满面春风。"

快乐、满意、喜爱等积极情绪具有明显优势。它们与控制需要有关，有助于我们提高自信、增强动力，激励着我们积极寻找控制力，以把握周围环境和自身命运。积极情绪有助于拓宽视野，增进创造性和进取性，增添战胜困难的勇气。当你满面春风地出现在众人面前时，你发自内心的微笑，打动了人们心灵深处最柔软的部分，从而收获到友谊和真诚的帮助。处于良好心境中，还能增加助人意愿。帮助别人时，我们提升了自我形象，感觉到人生的意义和价值。持积极情绪的人，生活满意度更高，工作更顺利，抗压能力更强。芬兰医学会的研究显示，生活态度积极者比消极者寿命约长 10 年，收入约高 30%。

适可而止·积极情绪必须适度

适可而止　到适当的程度就停下来，不要过头。《论语·乡党》："不多贪。"宋·朱熹注："适可而止，无贪心也。"

积极情绪虽有很大优势，但是必须适度。最美好的东西也要适可而止。针对大学生的调查表明，最快乐的学生的成绩，比有适度焦虑情绪的同学差。其他几项调查显示，与适度快乐的人相比，高度快乐的人学历较低、收入较低。心理学家埃德·迪纳解释，高度快乐的人往往满足于现状，不愿通过跳槽、深造改变自己的处境。而且，高度快乐的人一般不重视自己的身体，健康状况可能欠佳。这些研究并没有否定积极情绪的意义，只是强调，积极情绪必须适度。

遇难成祥·消极情绪的适应性

遇难成祥　遇到灾难，能够化为吉祥。清·李汝珍《镜花缘》第八十四回："愿他诸事如意，遇难成祥。"

一般情况下，积极情绪具有明显优势。但只要适度，消极情绪也有适应性。焦虑、悲伤、愤怒、恐惧、厌恶等消极情绪虽然令人不快,但也存在着合理性,帮助我们回避风险,遇难成祥。如恐惧让人逃跑,厌恶让人远离有害食品等。这些都是人类祖先赖以生存和繁衍下来的重要保证。消极情绪的保护作用,可以从恐惧情绪的形成机制中看出来。恐惧由大脑中的杏仁核区域产生,不经过大脑皮层。危机来临时,人们不知道究竟发生了什么,就能立即做出反应。再如,愤怒使人感到充满力量,有助于集中全身能量,抵御野兽或强敌的入侵。适度的愤怒表达,还起到警示作用,提醒对方纠正错误、改变立场,促使双方关系得以改善。

谨言慎行·消极情绪的价值

谨言慎行　说话和行动都小心谨慎。《宋史·李穆传》:“(穆)质厚忠恪,谨言慎行,所为纯至,无有矫饰。”

澳大利亚新南威尔士大学在多次实验中证实,如果消极情绪适度,可以提高记忆力和判断力,使人不易上当受骗。研究人员通过播放电影或回忆往事,刺激被试产生积极情绪或消极情绪。随后,让被试判断流言的真实性。与快乐组的被试相比较,情绪低落组的被试不易冲动,不易轻信。研究还发现,回忆亲身经历时,情绪低落组的人不易出错,陈述事件更加完整。研究人员认为,积极情绪能激发创造力、适应力和自信心,消极情绪则能让人集中精力,冷静思考,谨言慎行。在面对困境时,适度的消极情绪有利于人综合考虑各种信息。

不可一世·曹操的失败

不可一世　自以为当世第一,无人可比。宋·罗大经《鹤林玉露补遗》第十五卷:“荆公少年,不可一世士。”

曹操最成功的战例,都是在势力弱小、惨淡经营、心存忧虑之时,如官渡之战。当时,曹军势弱,粮草不支,反能出奇制胜。曹操采纳许攸的建议,偷袭袁绍的粮仓乌巢,继而击溃袁军主力,创造了历史上以弱胜强的著名战例。反之,曹操最失败的战例,都是在势力强大、气吞万里如虎之时,如赤壁惨败。挟百万重兵攻打东吴,人人皆以为曹操势在必得,却落得折戟沉沙,几乎丧命。失败的原因固然很多,最主要的是曹操过于乐观、过于自信,看不到滚滚江水中隐藏的急流险滩。想当年,曹操执槊赋诗,不可一世,再也听不得相反意见。

转危为安·恐惧的保护方式

转危为安　指局势、病情等转危急为平安。《战国策·序》:“皆高才秀士,度时君之所能行,出奇策异智,转危为安。”

伊萨克·马科斯提出,恐惧能提供四种保护方式,使人们转危为安:第一,不作为,驱使自己隐蔽起来。在不能确定是否已被对方发现时,一动不动比逃跑更好。第二,逃跑或回避,与某种威胁保持距离。第三,发动攻击,以攻为守。不过,行动前要正确估计双方力量。第四，屈服或让步。这种反应针对的是本物种成员。在大猩猩中，如果表示屈服，头领就会放弃对它的攻击。同样，人类也是如此。在进化中，恐惧还形成一些生理反应，如心跳加快和分泌肾上腺素，为肌肉提供逃跑所需要的能量。受伤时，肾上腺素还可以促进血液凝结。

目瞪口呆・恐惧使感觉更敏锐

目瞪口呆　目瞪：睁大眼睛直视。口呆：嘴里说不出话来。形容因惊诧、害怕而发愣的样子。元・无名氏《赚蒯通》第一折："项王见我气概威严，赐我酒一斗，生豚一肩。被俺一啖而尽，吓得项王目瞪口呆，动弹不得。"

最新研究表明，恐惧是应对危险情境的一种准备状态，对人类适应环境变化起重要作用。惊恐时目瞪口呆，除了能向他人传递警报外，还有自我保护功能。研究者让被试模仿一系列面部表情，用仪器检测其视线和呼吸。结果发现，被试惊恐、眼球突出、鼻孔张大时，可以更好地觉察到周围的危险。眼眶睁大，可以开阔视野；眼球突出，可以看清细节；鼻孔张大，可以吸入更多氧气，为激烈的肌肉运动和大脑活动做好准备，以最高限度地开发体力上和智力上的潜能。由此可见，恐惧可以提高人知觉的敏感性，使人更多、更有效地摄取信息。洪水或地震来临时，人们的视觉和听觉都非常敏锐，有助于在短时间内迅速逃离险境。

光彩照人・留下美好印象

光彩照人　形容人或事物很美好或艺术成就很辉煌。清・夏敬渠《野叟曝言》第一百一十一回："况我有易容丸在此，令其脸泛桃花，光彩照人，包管一些也看不出。"

除恐惧外，其他消极情绪也有着进化功能，如焦虑、仇恨、愤怒、抑郁等。焦虑是面临威胁而又不知道威胁来自何方、如何应对时产生的情绪。施伦克和利里运用自我展示理论，诠释了焦虑问题。当我们想要光彩照人，给别人留下美好印象，但又怀疑自己能否做到时，焦虑就产生了。在特别重视别人评价的情境下，焦虑感最强，如有求于人、被人品头论足、身处陌生的环境等。这时，人们小心翼翼，举手投足都很谨慎，生怕出错。通过这种方式，个体可以获得安全感。适度焦虑有益。它使我们预感到危险，从而调整自己的言行。它甚至能引起好奇心、激发创造力。过度焦虑有害，它使人缺乏自信，还会危害健康。

义愤填膺・愤怒的进化价值

义愤填膺　膺：胸。胸中充满由正义而激起的愤怒。清・余怀《板桥杂记・丽品》："余时义愤填膺，作檄讨罪。"

合作时倘若遭受不公平待遇，个体就会义愤填膺。赖瑟认为，愤怒也有进化价值，它既保护个体免受压榨，又使个体意识到，和谐的人际关系非常重要。对于欺骗者的愤怒和报复，可以有效遏制群体中的欺诈行为。实验中，为被试播放好莱坞短片。如果欺骗受到惩罚，被试感到满意。如果背叛得到宽恕，被试感到愤怒。这表明愤怒有监控功能，可确保人们履行自己的责任和义务。当事人违约或背叛时产生的内疚也有进化意义。内疚传递这样的信息:我为伤害你感到后悔和歉意,愿意给予补偿。因此,内疚可以修复遭受破坏的关系。

郁郁寡欢·抑郁未必是坏事

郁郁寡欢　郁郁:发愁的样子。心中愁闷,缺少欢乐。战国楚·屈原《九章·抽思》:"心郁郁之忧思兮,独永叹乎增伤。"

抑郁非常普遍。因为丧失了某些东西,如财产、配偶和地位,个体感到灰心和失落,从而郁郁寡欢、思维迟缓。最新研究表明,适度的抑郁是一件好事。英国精神病学家基迪韦尔称,抑郁情绪带来了痛苦,但也使人们更坚韧,更有耐受力。抑郁还激发了创造力,使人面对突发事件与不幸事件时,努力寻找解决问题的新方法。他认为,抑郁情绪不是缺点或缺陷,而是一种防御机制。但是,过度的抑郁乃至患病不利于身心健康。精神病专家表示,少数人可以自我调整好精神状态,大多数人需要药物治疗。

一山不藏二虎·仇恨从何而来

一山不藏二虎　资源有限,一山容不得二虎。比喻个人或群体之间的竞争。欧阳山《三家巷》:"他跟展公有点一山不藏二虎的味道,这是他太狂妄。"

研究恐外症和种族中心论,有助于理解仇恨是如何形成的。所谓种族中心论,是指以自我为中心,唯本种族独尊,视他种族成员为草芥。俗话说,一山不藏二虎。由于资源稀缺,在进化史中,不仅个体间竞争激烈,群体间的竞争也十分残酷,只有获胜者才具有选择优势。我们继承了这种竞争的心理机制,也继承了由竞争而产生的仇恨。实验表明,"我们""他们"的概念非常重要,可以自动地、于无意识中被激活。认同了某群体后,容易夸大本群体与其他群体的差异。所谓"恐外症",是指害怕外人或陌生人的倾向。人类天生喜欢接近熟悉的面孔,回避陌生的面孔。在远古时代,生存环境险恶,人类对世界又缺乏了解,不熟悉的个人和群体,可能代表着攻击、掠夺和危险,应该立即逃避或予以反击。

这种来自遗传的人性倾向,是产生种族中心论和恐外症的心理基础。

悲喜交集·混合情绪

悲喜交集　悲伤和喜悦的心情交织在一起。《晋书·王廙传》:"当大明之盛,而守局遐外,不得奉瞻大礼,闻问之日,悲喜交集。"

积极情绪与消极情绪有可能同时产生,如悲喜交集、喜忧参半等。研究表明,大脑左半球加工积极情绪,右半球加工消极情绪,彼此互不妨碍。因此,我们可能同时感觉到愉快和悲伤、快乐和恐惧、喜爱和仇恨。跳伞、蹦极时,我们体验到混合着快乐的恐惧、混合着恐惧的快乐。母亲回顾往事时,既为青春已逝而悲伤,又为子女成长而欢愉。男人面对着背叛他的女人时,既有满腔仇恨,又有深深的眷恋,还有挥之不去的内疚。正因为这样,人生才变得如此丰富。

这山望着那山高·幸福不对称论

这山望着那山高　比喻对现状不满。马烽《韩梅梅》:“这山望着那山高,看不起劳动,这种思想很不对。”

为什么人们渴望幸福,却缺乏幸福感? 荷兰教授尼科·弗里达提出“幸福不对称论”。他认为,人类容易适应快乐,却永远无法适应悲伤,因为情绪是不对称的。让我们陶醉、快乐的事件如果反复出现,就使我们感到厌倦和乏味。消极情绪就不同了。与积极情绪相比,消极情绪表现较强,持续时间较长。对于人类祖先来说,这是具有适应性的。具有较强的危机意识,有利于生存和繁衍。因此,我们的幸福感是短暂的。我们这山望着那山高,为了得到新的满足,不断走上新的征途。从这个角度看,消极情绪对人类文明具有强大的推动作用。

过犹不及·情绪与智力

过犹不及　过:过度。及:达到。做过了头,就跟做得不够一样,都是不好的。《论语·先进》:“子贡问:‘师与商也孰贤?’子曰:‘师也过,商也不及。’曰:‘然则师愈与?’子曰:‘过犹不及。’”

美国心理学家赫布发现了情绪水平与智力活动之间的关系。情绪水平较低时,激励作用不足,智力活动效率不高;情绪水平上升,智力活动效率随之提高。然而,过犹不及。情绪水平超过临界点,产生的激励作用过大,使人过度兴奋,抑制了理性思维,反而降低了智力活动的效率。这个临界点是情绪水平的最佳点,也是智力活动效率的最佳点。沃尔福特发现,情绪水平的最佳点与智力活动的复杂性呈反向关系。智力活动难度越大,最佳情绪水平就越低,反之亦然。这就是耶尔克斯—道森定律。因此,从事高难度的工作,如科研或指挥作战,必须镇定自若、头脑冷静,才有可能明察秋毫、指挥若定。此时,大怒大喜带来的,必是决策失误,甚至灾难性的后果。日常生活中,则不妨让情绪挥洒自如一点。

前因后果·再释罗密欧与朱丽叶效应

前因后果　事情的起因和结果。泛指事情的整个过程。《南齐书·高逸传论》:“今树以前因,报以后果。”

斯坦利·沙切特提出情绪认知理论:受到刺激时,大脑要对生理反应做出解释,找出前因后果,在此基础上产生了情绪。他和杰罗姆·辛格假设,思维把身体感受到的东西,分别贴上愤怒、快乐、恐惧等标签。例如,你在小巷里独自行走,突然有人在背后大叫:“不许动!”此时,你心跳加速、手心冒汗。回头一看,如果是陌生人,你会把这种唤起称为害怕。如果是朋友,你会将其解释为惊讶和兴奋。再以罗密欧与朱丽叶效应为例。在父母干预下,一对恋人非常激动,心跳加快、内心焦虑、彻夜难眠,产生了强烈的生理反应。

因为他们已经相爱，便把这些生理反应归因于“真正的爱情”。于是，压迫越大，爱得就越加痴迷。

是非得失・认知评价影响情绪

是非得失　正确与错误，所得与所失。宋・朱熹《辞免兼实录院同修撰奏状二》：“奉圣旨不允者沥恳控陈，必期从欲，闻命悚惕，不知所言，重念臣愚，素无史学，然于是非得失之故，实有善善恶恶之心。”

很多心理学家认为，对情境的认知评价，极大地影响着情绪反应。个体遇到刺激时，首先进行认知评价，考虑此事的是非得失，以及是否与自己有关。接着，便产生唤起、行为、表情、情绪等一系列反应。唤起、行为和表情可增加情绪体验，情绪体验影响评价，评价则进一步影响各种反应。在公交车上，有人踩了你的脚。你想，他是恶意的！于是，你感到脚痛、心跳加快，这是生理唤起。你责骂对方，面呈痛苦状。你体验到愤怒。这些反馈到大脑，使你的评价更为负面，愤怒进一步加强。朋友可能劝你，他是无意的，车上太拥挤，肢体接触难以避免。你考虑了一下，觉得此话有理。于是，疼痛减轻了，愤怒渐渐消散了。在很多情况下，如果你能冷静下来换位思考，大部分争吵都可以消弭于无形之中。

二者必居其一・绝对化的观念

二者必居其一　只能在两者中选择其中的一种。《孟子・公孙丑下》：“前日之不受是，今日之受非也；今日之受是，则前日之不受非也。夫子必居一于此矣。”

情绪不是由某一诱发性事件直接引起的，而是由个体对该事件所持有的观念、看法和解释引起的。情绪上的困扰，来自不合逻辑的思维或不合理的观念。例如，绝对化的观念，容易导致不恰当的、过度的情绪反应。所谓绝对化的观念，是指认为某件事或必定发生，或必定不发生，二者必居其一。问题绝对化后，就容易感情偏激、情绪失控。例如，有些领导要求部属只许成功，不许失败，稍有过错便横加指责，没有客观评估环境的影响。于是，领导总是不满，部属总是忐忑。再如，有着完美主义倾向的人，凡事总要做到极致。由于目标难以实现，他们或终日焦虑，或谨小慎微、生怕出错，或对合作者心存不满、怒火中烧。

以偏概全・评价不合理

以偏概全　以局部概括全体，看问题不全面。郭雨庭《天职》：“不过是笔者于五十年代作为杨柳村一员，目睹身感的点滴琐事，绝不敢以偏概全。”

以偏概全的思维方式，也会带来不恰当的、过度的情绪反应。对待自己时，表现为对自身评价不合理。如失败时过度自卑，焦虑、抑郁；成功时过度自信，盲目乐观。对待他人时，表现为对他人评价不合理。例如，只看到别人的缺点，认为此人一无是处，产生敌意和愤怒等情绪，最终导致人际关系破裂。另一个极端是只看到别人的优点，如对朋友或恭维自己的人极端信任、非常喜欢。近年流行“宰熟”，有人专门找亲友行骗，因为他们更容易接近，更容易轻信。

宠辱皆忘 · 放飞的心灵

宠辱皆忘　受宠或受辱都毫不计较。常指一种通达的超绝尘世的态度。宋 · 范仲淹《岳阳楼记》：“登斯楼也，则有心旷神怡，宠辱皆忘，把酒临风，其喜洋洋者矣。”

认知可以调节情绪。同一件事带来的可能是快乐，也可能是悲伤。究竟产生什么情绪，全看你持有什么样的看法。波伊提乌出身于罗马贵族，不但是著名的哲学家，而且担任过罗马执政官。权势与财富达到顶峰时，他被判叛国投敌，将于次年处死。开始，波伊提乌愤愤不平，充满悲伤和绝望。后来，他重新诠释人生，认识到应该接受既成事实。他认为，这不完全是坏事。比如，现在与家人的关系更加亲近。再说，妻子、儿子和父亲都还健在。还有，坏运气使人坚强。他变得快乐起来，写书告诉人们，怎样才能宠辱皆忘，让心灵自由飞翔。

高不可攀 · 无法达到的目标

高不可攀　攀：攀登。形容难以达到。三国魏 · 陈琳《为曹洪与魏文帝书》：“且夫墨子之守，萦带为垣，高不可登。”

可获得性理论认为，顾客对商品的喜爱程度与这种商品的可获得性有关。如果某商品非常昂贵，如游艇和私人飞机，一般人觉得高不可攀，就会丧失兴趣。相反，如果某商品的价格是普通人可以接受的，吸引力就会大大增加。这意味着，认知可以调节情绪。狐狸吃不到葡萄，感到沮丧，就产生“酸葡萄效应”，把葡萄看成酸的。在认知调节下情绪的变化，使狐狸恢复了心理平衡，不再为够不着葡萄而痛苦了。一个人面对难以达到的目标时，也会产生此类反应，这是人类的自我保护机制。当付出最大努力仍然无法达到某一目标时，通常的策略就是贬低它或漠视它，使自己恢复尊严。正如阿Q挨打时说：“儿子打老子！”

振振有词 · 情绪合理化

振振有词　振振：理直气壮的样子。认为理由充分，说个不停。鲁迅《准风月谈 · 外国也有》：“不过我还希望他们在外国买有地皮，在外国银行里另有存款。那么，我们和外人折冲樽俎的时候，就更加振振有词了。”

根据认知失调理论，人们努力使自己的认知和行为保持一致。这里的行为，不仅包括实际行动，也包括情绪体验。我们讨厌一个人，可能仅仅因为一些无足轻重的原因，如不喜欢他说话的方式、说话的声音，或者是外貌和身材。这些理由摆不上桌面。于是，我们设法使自己的情绪反应合理化。我们相信，他之所以令人讨厌，是因为行为不端、出口伤人。贪官收取贿赂，表现出对金钱的贪婪，但他们总能做出看似有理的解释。他们振振有词地说：别人都这样，我拒收了，会让其他人难堪。或者说：这是夫人背着我收的。

还有人说:我为贿赂者提供方便,是在政策许可的范围内。他们自己也怀疑,这些理由有什么可信度。

屡次三番·喜欢的商标

屡次三番　形容反复多次。清·李宝嘉《官场现形记》第二十九回:"徐大军机本来是最恨舒军门的,屡次三番请上头拿他正法。"

认知是产生情绪的基础。反之,情绪也对认知和行为产生重要影响,涉及注意、感觉、记忆、幸福感、态度、决策、表情、情绪感染、人际关系等各方面。罗伯特·再因茨针对熟悉效应做了多次实验。他让被试看一些商品商标,最少的只看 1 次,最多的看了 27 次。再因茨问:你们认识哪些商标?最喜欢哪些商标?结果发现,被试喜欢的商标,是屡次三番看过的,虽然被试不知道其中的含义。这表明,我们喜爱某些人或物,不是因为他们自身的特点,而是因为对他们更加熟悉。再因茨得出结论:情绪可以先于认知。人们结婚、离婚、杀人或自杀,或放弃生命追求自由,未必都经过深思熟虑,往往是在感情支配下进行的。

春风得意·情绪影响我们的感觉

春风得意　旧指进士及第后的兴奋心情。现指心愿得到满足后的喜悦。唐·孟郊《登科后》:"春风得意马蹄疾,一日看尽长安花。"

我们当前的情绪,强烈影响着我们对新刺激的感觉。一个人春风得意时,满目是美景,满地是鲜花;碰到的每个人都是亲切友好的;他受伤时不太疼痛,吃饭时格外可口,看风景时无比陶醉;即使是噪声,听上去也不太刺耳;世上的一切,都受到他情绪的感染,变得生动而又美妙。一个人忧郁时就不同了,受伤时无法忍受,吃饭时勉强入口,看风景时无动于衷;听到噪声,他更是百倍烦躁;在他看来,生活不过是打发时间。一天过去了,意味着这天的苦难结束了。

毁誉参半·不般配的情侣

毁誉参半　批评、称赞的各占一半,指评价不一。清·纪昀《四库全书总目提要·别集二三·白沙集》:"史称献章之学以静为主。其教学者但令端坐澄心,于静中养出端倪,颇近于禅,至今毁誉参半。"

很多研究证实,面对陌生的面孔,即使是最有经验的考官,也会受到个人情绪的影响;快乐时,他们为面试者打的分数较高;忧郁时,他们为面试者打的分数较低。约瑟夫·福格斯设计了一个实验,用于研究情绪如何影响我们对他人的评价。他制作了两套情侣图片。第一组图片中,情侣年貌相当。第二组图片中,不是老夫配少女,就是美男配丑女。然后,他让学生观看图片并做出评价。其中,一半被试刚看过一部悲剧,另一半被试刚看过一部喜剧。对不般配的情侣,学生们毁誉参半,而且与当时的情绪密切相关:从喜剧中体验到快乐情绪的人,做出的评价比较正面。而看过悲剧,陷入悲伤情绪的人,对他们做出的判断比较负面。这表明，我们对任何人或物的理解和评价，都受到情绪的强烈影响。

如出一辙·评价自己的表现

如出一辙　辙：车轮碾轧的痕迹。好像出自同一个车辙。比喻两件事情非常相似。宋·洪迈《容斋续笔·卷十一·名将晚谬》："自古威名之将，立盖世之勋，而晚谬不克终者，多失于恃功矜能而轻敌也。此四人（指关羽、王思政、慕容绍宗、吴明彻）之过，如出一辙。"

研究人员分别在雨天和晴天，调查大学生的心情和对生活的满意度。与雨天相比较，晴天大学生不但情绪更好，而且有着更高的生活满意度。约瑟夫·福格斯做了个实验。他先通过催眠，使被试心情愉快或情绪抑郁。然后，让被试观看自己在社交场所的录像带。有着相同心情的被试，对自己的评价如出一辙，非常相似。心情愉悦者很满意自己的表现，发现自己自信、善于交际。心情抑郁者则大失所望，觉得自己的表现很糟糕：紧张、口齿不清。哈特拉杰等人认为，情绪对简单的、"自动化"思维的影响，比对复杂的、"有意控制"的思维要小。因此，当我们评价复杂的人和事件时，思维更可能受到情绪的干扰。越是需要思考的评价，思维受情绪的影响就越大，就越要慎重。

心醉神迷·粉丝是怎样炼成的

心醉神迷　醉：沉迷。形容内心极为倾倒仰慕。北齐·颜之推《颜氏家训·慕贤》："所值名贤，未尝不心醉魂迷，向慕之也。"

明星的表演或生活，总能让粉丝找到自己的影子，甚至是自己的希望，故而觉得很亲切，没有距离感。在粉丝眼中，明星或多或少在某些方面与自己相似，或为经历，或为性格，或为家乡。他们美好的歌声，无论是快乐还是悲伤，都与自己的心灵发生强烈碰撞，让自己情绪亢奋、难以忘怀。在曼妙的歌声中，在动人的表演中，人们很放松，情绪很好，对明星的评价和感情也就不断上升，这种亲切感，又因熟悉效应而进一步强化。熟悉效应指出，越是熟悉的人和事物，就越有吸引力。观看一部电影或一本小说时，主角不断重复出现，由陌生到逐步了解的过程，就是我们不知不觉喜欢上他们的过程。渐渐地，对他们的熟悉程度，已经不亚于亲人。我们因他们的爱情而激动，因他们的幸福而欢笑，又因他们的不幸而落泪。对于明星也是这样。一次次倾听，粉丝越来越熟悉他们的歌声。这些歌声久久回荡在内心深处，常常误以为它们并非来自别处，而是从自己心中自然而然流淌出来的。在著名歌星的演唱会上，最初的一片掌声和欢呼声，很快得到呼应。千万个粉丝聚集在一起，就会产生"情绪传染"。他们相互模仿、相互鼓励，不由得热情高涨、心醉神迷，欲罢不能，直至达到狂热状态。

出手大方·冲动性购买

出手大方　指花钱或给人钱财很慷慨。高阳《红顶商人》第五章："首县却是要'外才'的,讲究仪表出众,谈吐有趣,服饰华丽,手段圆滑。最重要的是,出手大方,善于应酬。"

在一个实验中,研究人员假扮成某公司的销售人员,向部分顾客赠送小礼品。另一位研究人员则假扮为该公司的调查员,了解顾客对该公司产品的满意度。这些小礼品价值菲薄,只相当于一块口香糖,但它会使顾客心情愉快。调查揭示,这些顾客对该公司产品的评价,比其他顾客高出许多。商场常常利用情绪的影响,增加产品对顾客的吸引力。北京能源审计报告称,每平方米建筑的耗电量商场最高,年耗电量 175.5 度。商场温度通常高达 28～29 摄氏度,顾客购物时,往往燥热难当、昏昏沉沉。商场说,这是由于人多、电灯多。心理学家却说,这是商场的策略。在这种环境中,人们容易头脑发热,出手大方,产生冲动性购买。

挥之不去·情绪记忆

挥之不去　形容想忘都忘不了。王石《我哪儿都不去》:"精神和肉体的双重苦闷中降生的儿子,虽然给他们不堪重负的生活带来了些许欢乐和安慰,但更多的却是至今仍挥之不去的伤感。"

情绪影响认知的另一种方式,是对记忆的作用。我们的记忆是选择性记忆。面对成千上万个刺激因素,感官究竟如何选择?这很大程度上是由情绪决定的。这就是情绪记忆。情绪帮助我们识别环境中的重要因素。在拥挤的人群中,我们能找到熟悉的面孔。在嘈杂的集会中,我们能听到自己的名字。熟人或自己的名字,使人倍感亲切,从而引起注意。总之,情绪让人的注意力高度集中,既不会忽略面临的威胁,也不会放过任何机遇。美国的凯伊·派尼教授及其同事发现,伴随情绪反应的事件都是挥之不去,很难忘记的,即使情绪表现得非常微弱。下雨时未带伞,上班时迟到 5 分钟,烹调时菜炒煳了,你都记得,因为你曾感到后悔。派尼说:"情绪记忆在形成时,与自身生活的许多部分发生了关联,要隔离它们很难。"只有在遗忘动机足够强的情况下,人们才可以摆脱情绪因素的制约。

刻骨铭心·情绪反应的强度

刻骨铭心　铭:在石头或器物上刻字。形容感受深切,永远不忘。唐·李白《上安州李长史书》:"深荷王公之德,铭刻心骨。"

回忆往事时,越是感人,越是令人刻骨铭心的事件,记得就越牢。当时我们曾经沮丧或欣慰,大喜或大悲。情绪反应的强烈程度,标志着事件的重要程度。一个事件越重大,记忆期限就越长,记住的细节也就越多。与初恋情人第一次会面,宴会上一些侮辱性的话语,这些都会镌刻在我们脑中,甚至包括对方的姿态和面部表情。然而,更多的记忆已被时间湮没,我们并不为此而感到惋惜。

1977 年,哈佛大学的两位心理学家罗杰·布朗和詹姆斯·库利克提出一个新概念:闪光灯记忆。他们认为,新奇而令人震惊的事件会激活大脑特殊的记忆机制:现场快摄机制，像照相机的闪光灯一样，将震慑人心的情景永远固定下来。当我们经历一件充满情绪色彩的事件，比如从大火中逃生，遭遇洪水、地震等自然灾害，比如贴着惊喜、陶醉、幸福标签的记忆，都会让我们永志不忘。

斗酒百篇·情绪影响创造性

斗酒百篇　饮一斗酒作百篇诗。形容人激情澎湃、才思敏捷。唐·杜甫《饮中八仙歌》："李白一斗诗百篇，长安市上酒家眠。"

情绪不仅影响记忆，而且影响创造性。李白斗酒百篇，是因为酒入腹中，不由得心情欢畅、激情澎湃，灵感有如泉涌。多项研究表明，愉快时创造性更强。与消极情绪比较，愉快的情绪状态可以激活思维，使我们思路更开阔，联想更丰富，并将这些联想综合起来，形成创意和新观点、新思想。年轻人创造力强，除了精力充沛，身强力壮，充满梦想外，还由于他们快乐自信，不识愁滋味，更容易放飞思想。年老时就不同了，状态好的心情平和，虽无大悲，也无大喜。状态差的则心情压抑、郁郁寡欢。由于缺少激情，他们的思维难以迸发出冲天火花。

大而化之·积极情绪的弊端

大而化之　原指一个人的修养达到融会贯通的境界，现形容做事大大咧咧，不谨慎。《孟子·尽心下》："充实之谓美，充实而有光辉之谓大，大而化之之谓圣。"

不同性质的情绪，会导致不同的信息加工方式。积极情绪与启发式加工策略相联系，消极情绪与系统的精细加工相联系。帕克和巴拉杰假设，好心境使个体做事大而化之，更加依赖于心理捷径，以减少心理能量消耗。人们不愿破坏愉悦的心情，不肯进行细致、系统的思维，忽视了论证的严谨性。实验中，他们告诉被试很多人名，部分是美国黑人，部分是美国白人。然后询问，哪些名字可以归入"罪犯"范畴，哪些可以归入"政客"范畴。一半被试看了部滑稽片，心情愉快。另一半被试看了部山水片，情绪中性。前者倾向于把黑人的名字列入"罪犯"范畴，把白人的名字列入"政客"范畴，表现出明显的成见和刻板印象。

周而复始·建桥周期

周而复始　周：转一圈。形容不断地循环。《史记·封禅书》："天增授皇帝太元神策，周而复始。"

著名工程历史学家皮特罗斯基指出，建桥史上成功与失败周而复始，以30年为一个周期。这是情绪影响加工策略的生动例证。连续不断的成功，使设计者渐渐变得胆大起来。他们野心勃勃、容易冲动，最终导致重大失败。反之，失败后，从失败中吸取了教训，工程师心存忧虑，特别注意最基本的问题，反思过去的设计形式，这将带来新的设计理念，并最终取得极大成功。然而，随着新的设计形式趋向发展与成熟，新一轮的乐观和盲目性将再次出现。经济发展也存在着周期，繁荣与萧条轮番出现。英国经济学家庇古和吉霍特等人认为,人们心理上有一种“自生的周期”,乐观和悲观循环往复,自身难以控制。乐观时,消费和投资盲目扩大,经济趋向繁荣。悲观时,消费和投资下降,经济趋向萧条。

非同小可·情绪在决策中的作用

非同小可　小可:很一般,很平常。形容事情重要或情况严重,不可轻视。元·孟俊卿《魔合罗》第三折:“萧令史,我与你说,人命事关天关地,非同小可。”

柏拉图认为,情绪是一种狂乱的、难以控制的、与理性相对抗的力量。因此,情绪常常被排斥在“理性的决策过程”之外。但是,越来越多的研究认识到,情绪在决策过程中的作用非同小可。情绪是认识事物、做出决策的基础。情绪引导认知,认知引发情绪。苏格拉底对此深有感悟。他指出,开始谈判时,先不要讨论分歧观点,而是强调彼此的共同点,以免引起对方反感。等到对方情绪平静,不再存在戒备和敌意,再转向自己的观点。这样,有利于谈判顺利进行。

不近情理·情绪与认知冲突

不近情理　指言行怪诞,不合乎人情事理。郭沫若《革命春秋·我是中国人》:“我以一个陌生的外国人而向他提出了那样的请求,倒是唐突得未免太不近情理了。”

通常,情绪与认知是相互协调的,共同指导着决策行为。但在某些情况下,情绪与认知相互冲突,带来决策失误。有关焦虑的研究发现,人们的情绪反应,常常过于激烈,偏离了认知评估。由于在决策过程中,情绪往往处于主导地位,这种偏离就导致行为乖张、不近情理、影响健康。例如,明知道恐惧无济于事,仍然因害怕夜夜失眠;明知道演讲已做好准备,仍然因害羞结结巴巴,词不达意;明知道对方出于好意,仍然愤怒得难以自制,伤害了亲人。罗尔斯指出:“虽然人们有健全的理性,仍然不能阻止上述现象的发生。”

意气用事·愤怒启发式

意气用事　指凭感情办事,缺乏理智。清·吴敬梓《儒林外史》第四十六回:“至今想来,究竟还是意气用事,并不曾报效得朝廷,倒惹得同官心中不快活,却也悔之无及。”

卡尼曼认为,人们容易意气用事。大多数决策由情绪直接引起,然后才有认知和推理。卡尼曼将之称为“愤怒启发式”。根据陪审员的愤怒程度,可以在很大程度上预测法庭判决的结果。仅仅考虑被告受到的伤害,是无法推测审判结果的。大脑中有两个系统。第一系统思维依赖于经验和直觉,第二系统思维依赖于逻辑推理。繁忙或时间有限时,第一系统思维起主导作用,更可能采用情感启发式策略。例如,对应聘者的评估会受到考官情绪的影响。新人要有试用期,是因为经过长期考察,才能不受情绪干扰,比较准确地把握他们的才能和素质。

酒酣耳热·酒桌上的谈判

酒酣耳热　酣：酣畅、痛快。形容酒兴正浓，畅快兴奋。三国魏·曹丕《与吴质书》："每至觞酌流行，丝竹并奏，酒酣耳热，仰而赋诗，当此之时，忽然不自知乐也。"

外国人的重大合同，通常是在谈判桌上签订的。中国人的重大合同，往往是在酒桌上定夺的。不把酒喝好，想让对方信任你，与你建立合作关系，是非常困难的。酒酣耳热之际，气氛缓和了，精神放松了，人与人之间变得亲近了。此时，你被视为朋友，再谈合作就顺理成章了。然而，当你晕晕乎乎，自以为老子天下第一时，很容易轻举妄动。你没有提防，对方或许布下圈套，等着你钻。这意味着，对于复杂的、需要深入思考的问题，情绪可能妨碍你做出最佳决策。

抱憾终身·佩蒂之死

抱憾终身　指遗憾一辈子。巴金《家》三十一："趁她年轻时候就糊里糊涂地把她的命运决定了，将来会使她抱憾终身的。"

15 岁的佩蒂躲在衣橱里，想等父母访友归来时突然跳出来，吓他们一下。这个玩笑似乎很有趣。父母凌晨一点到家，进入女儿房间时，看见床上没有人，以为她住在同学家中。以往，她曾经这样做过。突然，一个人影从衣橱里跳出，父亲立即拔枪射击。开灯一看，佩蒂颈部中弹，倒在血泊中。12 小时后，佩蒂因伤重死亡。极度恐惧导致父亲不假思索，做出抱憾终身的错误决策。

迥然不同·多重自我

迥然不同　迥然：相差很远的样子。形容差别很大，很不相同。宋·张戒《岁寒堂诗话》上卷："文章古今迥然不同，钟嵘《诗品》以古诗第一，子建次之，此论诚然。"

巴泽曼等人认为，由情绪直接引致的决策，与经过深思熟虑做出的决策，经常是不一致的。前者表达的是"想要"，为"情感型"决策。后者表达的是"应该"，为"理性"决策。谢林指出，每一个个体都表现得像两个人，"一个想要拥有苗条的身材，另一个则酷爱甜点"。这被称作"多重自我现象"。酗酒、吸毒、家庭暴力，以及投资中的盲目乐观行为，都可以用多重自我现象来解释。这里有两个自我，他们迥然不同。一个自我情感占上风，只考虑当前利益。另一个自我理性占上风，能考虑长远利益。在决策中，这种心理偏差是普遍存在的。

兵不厌诈·蒋干庞涓中计

兵不厌诈　厌：厌弃。诈：欺诈。用兵打仗不排斥用欺诈的方法。《韩非子·难一》："战阵之间，不厌诈伪。"

赤壁大战中，蒋干劝降不成，反被周瑜用计骗过。待到蔡瑁、张允人头落地，曹操方省悟曰："吾中计矣！"曹操足智多谋，本不难辨识投降信的真假，然因平素猜忌蔡张，便信以为真，怒不可遏，无法冷静思考。怒气平息后，曹操方恢复理性，但大错铸成，悔之晚矣。在时间压力大、形势复杂多变、难以深入思考的情况下，情绪对理智的影响表现得特别明显。兵不厌诈，打仗时常采用两种心理战术，使敌将丧失理智。其一是激怒对方，如周瑜计赚蒋干。其二是迎合对方，令其头脑发热。例如，孙膑减灶，让庞涓大喜过望，误以为齐兵军心涣散、溃不成军，心甘情愿进入孙膑的埋伏圈。否则，名将庞涓是不可能上当的。

本性难移·四种气质

本性难移　指人原来的个性不容易改变。元·关汉卿《裴度还带》头折："此等人本性难移，可不道他山河容易改？"

人本性难移，有着稳定的、与生俱来的心理特点，这就是气质。气质不同的人，情绪与理智之间存在着不同的组合关系，在同一情境中做出的决策也大不相同。古罗马医生盖伦将气质划分为四种类型：胆汁质、多血质、黏液质和抑郁质。胆汁质的人易激动、反应快、脾气暴，对工作充满热情，适宜于具有竞争性、创造性的工作。多血质的人善交际，容易适应环境，兴趣广泛且易变，适宜于推销、公关、文艺等职业。黏液质的人反应较慢，自制力强，不易激动，顺从现有的制度和秩序，适宜于财会、图书、文秘等模式化岗位。抑郁质的人多愁善感，观察力强，为人较孤僻，行动较迟缓，适宜于担任职员或从事写作、科研等工作。

四种气质的人对同一问题，有着不同的处理方式。且看下面的故事：某人买了张戏票，因故迟到了。检票员不让进，非得等到幕间休息。胆汁质的人大声争辩，想要强行进入；多血质的人与检票员套近乎，诉说来迟的原因，请求通融；黏液质的人来到旁边的咖啡店，手捧一杯咖啡，静静地等待幕间休息；抑郁质的人愁眉不展，觉得今天真倒霉，恰逢交通堵塞。现在是走，还是留下？

鬼使神差·大棒与馅饼

鬼使神差　使、差：指使，派遣。好像暗中有鬼神支配。比喻事出意外，不由自主。元·李致远《还牢末》第四折："今日得遇你个英雄剑客，恰便似鬼使神差。"

情绪对决策的影响，在社会生活中不乏其例，最典型的莫过于诈骗。诈骗有两种策略最奏效，一种是大棒策略，另一种是馅饼策略。大棒策略是吓唬你，说你涉嫌参加洗钱，与犯罪团伙有牵连，自身或家人有大灾大难等。馅饼策略是投其所好。你若孤独，就送你甜言蜜语和亲人般的关怀；你若贪财，就哄骗你说中了大奖，捡了大便宜。大棒策略让你三魂出窍，馅饼策略让你大喜过望。总之，它们都让你失去理智，受情绪左右，鬼使神差般地掉进陷阱。大棒策略和馅饼策略常常双管齐下、相辅相成。在恐惧中，馅饼会变得格外诱人。比较而言，大棒策略起的作用更大。根据损失规避原理，人们对损失比对获得更敏感。因此，馅饼策略还比较容易识破，但在大棒猛击下，很少有人能保持清醒状态。

束手就擒·电影的杀伤力

束手就擒　捆起手来，让人擒捉。比喻不加抵抗，等着做俘虏。《宋史·苻彦卿传》："与其束手就擒，曷若死战，然未必死。"

"二战"期间，德国驻挪威大使召开了一场电影招待会，参会的是挪威军政要员。银幕上出现铺天盖地的轰炸机、震耳欲聋的爆炸声。一座座高楼应声倒下，一张张面孔张皇失措。趾高气扬的德国军人，旁若无人地开进华沙。这次招待会经过精心策划，企图以恐惧为武器，达到"不战而屈人之兵"的目的。第二天，德军出兵挪威。挪威上层没有组织军事抵抗，而是束手就擒，拱手让出了首都。德军两个月就占领了挪威全境。这就是恐惧的第四种保护方式：屈服或让步。

闻风丧胆·恐惧是锐利的武器

闻风丧胆　风：风声、消息。听到一点风声就吓破了胆。形容极度恐惧。唐·李德裕《授张仲武东面招抚回鹘使制》："故能望影揣情，已探致虏之术，岂止闻风丧胆，益坚慕义之心。"

成吉思汗率领蒙古大军，一度所向披靡，横扫欧亚大陆。每攻入一个城市，不论军民，不论老少，一律格杀勿论。成吉思汗认识到，对死亡的恐惧，是一件无比锐利的武器。传播恐怖的最好方式，不是通过士兵的刀枪，而是通过文人的笔墨。蒙古人对记述自己的成就和功德毫无兴趣，他们热衷于渲染战争的残酷，将恐惧传播到世界各地。蒙古人还从被征服的城市中派出代表团，四处讲述蒙古勇士的凶残。由于这些宣传，很多城市的军民闻风丧胆，不做任何抵抗。

嘘寒问暖·贴心的推销员

嘘寒问暖　嘘：缓缓吹气。形容对人的生活十分关切，问冷问热。冰心《关于女人，我最尊敬体贴她们》："孩子们安静听话，太太笑脸相迎，嘘寒问暖。"

中国有一个庞大的地下保健品产业，制造和推销一些假冒伪劣、疗效可疑的药品、保健品和保健器械，向那些孤独、封闭的老人直接推销。周末探望母亲，女儿突然发现，家里多出很多奇怪的东西，都是所谓包治百病、返老还童的灵丹妙药。出身于名牌大学的母亲，在这方面的消费已接近10万元。女儿说，这些推销员都是骗子，母亲却置若罔闻，甚至义愤填膺。在母亲眼中，他们都是天使。母亲太孤独了，想得到体贴和关怀；母亲身体不适，害怕疾病，渴望长寿。女儿满足不了这种感情需要。那些推销员巧舌如簧，给老太太打电话嘘寒问暖，耐心倾听她诉说陈年往事，以及身体上真实的或想象中的痛楚。推销员消除了老太太的恐惧和孤独，点燃了她生命的火焰，自然会赢得她的信任和好感。购买再昂贵的药品和器械都是值得的，因为这意味着走近快乐，走近健康和长寿。

按捺不住·情感反应

按捺不住　指感情冲动，无法抑制。明·冯梦龙《警世通言·白娘子永镇雷峰塔》：

“不想遇着许仙,春心荡漾,按纳不住,一时冒犯天条。”

传统理论认为,消费者的购买决策是理性的。他们搜集信息,比较各种方案,使自身利益最大化。实际上并非如此。消费者于无意识之中,从周围环境中接收到大量信息。感官受到的刺激和暗示,引导他们在瞬间完成信息处理工作。通常,感官产生印象后,大脑先做出情感反应,然后才会有理性的反应。情感反应只需几秒钟,理性反应却要滞后许多。因而,绝大多数购买决策来自潜意识。人们按捺不住一时的冲动,凭直觉决定是否购买,随后再为自己寻找理由。

情之所钟·感性品牌营销

情之所钟　钟:集中,专注。指感情集中在某人或某事物上。明·凌濛初《二刻拍案惊奇》第十二卷:“吾辈情之所钟,便是最胜,那见还有出其右者?”

芝加哥大学的研究表明,人们购买某产品,是因为有着美好的预期。产品性能和品质的吸引力,远远比不上想象中的快乐和满足。因此,刺激消费者的感官,让某品牌成为他们的情之所钟,就成了厂商的努力方向。这就是感性品牌营销。必须在顾客与产品间建立起情感纽带,使消费者的购买行为,不仅是出于需求,更是出于热爱和喜欢。品牌应具备无法抗拒的诱惑力,促使消费者产生立即拥有它的渴望。消费者对品牌注入的感情,是厂商拥有的巨大的无形资产。

心口不一·可口可乐事件

心口不一　想的和说的不一样。清·西周生《醒世姻缘传》第八十二回:“我是这么个直性子,稀罕就说稀罕,不是这么心口不一的。”

心口不一未必就代表虚伪、奸诈。有时候,人们并不知道自己内心的真实想法。1985年,可口可乐公司推出一种新口味的可乐。事先,公司开展了大规模的调查研究,大多数被试表示,新可乐更甜、更柔和、气泡更少、口感更好。13个城市的19万名消费者参加了口味大测试,认为新可乐能够战胜老可乐的占61%。出乎意料的是,传统可乐被取代后,成千上万美国人走上街头,掀起一浪高过一浪的示威游行,不计其数的电话和抗议信涌入公司总部。人们怀念传统可乐,说“这是初恋的甘甜滋味”“我们的子孙再也尝不到可乐的味道了”。

梦中天堂·用爱装点的家

梦中天堂　理想中的栖身处所。褚一民《山间七日》:“到了这里,心旷神怡,烦恼全消,这真是我多年来所想的梦中天堂。”

传统可乐重返市场成为新的历史事件,美国上下一片欢腾,公司当天就接到18000多个表达感激的电话。一位议员说:“这是美国历史上非常有意义的时刻,它说明我国的某些习俗是不能改变的。”可口可乐公司的错误,在于只考虑产品的口感,却忽略了它的精神价值。在美国人心目中,可口可乐代表着年轻,有活力,体现出朝气蓬勃的美国精神。20 世纪 70 年代初期，可口可乐公司主题曲中的一段歌词，形象地说明了可口可乐为什么能打动人心。“我要为世界建立一个家，一个用爱装点的家。/我要在院子里种苹果树，养蜜蜂，还要养雪白的斑鸠。”这首歌大受欢迎，一连播放了六年。而这个梦中天堂，是与老可乐联系在一起的。

神魂颠倒 · 用感官传递信息

神魂颠倒　神魂：精神、神志。精神恍惚，颠三倒四，失去常态。形容对人或物过分迷恋。明 · 许仲琳《封神演义》第七回：“（费仲）厅前走到厅后，神魂颠倒，如醉如痴。”

充分利用感官传递信息，使消费者神魂颠倒，不能自持，是营销中的关键。除了食品公司、化妆品公司，一般公司依赖于语言宣传，很少意识到感官的影响。实际上，购买决策主要来自潜意识，并由具体的感官形象所触发。一旦受到感动，消费者往往不去考虑预算问题，表现得非常大方，仿佛腰缠万贯。颜色、形状、气味、触觉、声音，都可能成为购买的推动力。苹果公司深谙感官的作用，这是苹果产品广受消费者追捧的重要原因之一。与同类公司相比较，苹果公司的产品并非技术更先进，而是外观更精美，设计更出色，强烈冲击着消费者的感官，产生巨大吸引力。乔布斯追求的，不仅是技术上的完美，更是艺术上的完美。在乔布斯看来，饱满、明亮的色彩，豪放的特色，才是 iMac 电脑最大的卖点。

死要面子 · 喜欢高级啤酒

死要面子　形容人爱慕虚荣，硬装门面。张洁《沉重的翅膀》：“你知道爸爸死要面子，绝不会把这些事往外讲。”

人们意识到的欲望，与潜意识中的欲望有很大差距。而真正控制我们行动的，是潜意识中的欲望。某啤酒公司酿造的啤酒包括高级啤酒和廉价啤酒。调查人员问：“您爱喝哪一种啤酒？”结果，喜欢高级啤酒的人，是喜欢廉价啤酒的人的 3 倍。公司得知这一信息如获至宝，立即增加高级啤酒的产量。然而，高级啤酒的销售量并没有上升。原来，消费者死要面子，他们有一种直觉：告诉陌生人爱喝廉价啤酒有失身份。为了捍卫自我形象，他们才声明自己爱喝高级啤酒。

不惜血本 · 强烈的购买欲望

不惜血本　为了达到目的，不吝惜所花费的代价。魏巍《东方》第五部第二章：“山径上堆满了厚厚一层落叶，还夹杂着敌人不惜血本从飞机上撒下来的大量传单。”

有时，人们购买商品，考虑的既非价格，也非效用，而是它所代表的社会意义。以万元计的手表、手包、皮鞋，只是一种象征：我是成功的、有社会地位的，值得世人羡慕和赞美。情人节来临时，无论贫富，男士都尽其所能，购买鲜花、珠宝和香水送给女友，一是表达内心深处的爱慕和喜悦，二是向女友和他人暗示：我不比别人差。因此，如果触及社会需要，常常会引发消费者强烈的购买欲望，甚至不惜血本。为了赢得尊重和仰慕，女士们的衣橱中挂满了只穿过一次的服装或服饰;为了获取社会地位,改变暴发户形象,有些富人任意挥霍、一掷千金;为了面子,有的大学生家庭贫寒,却在生日请客时花光了一个月的伙食费。

大喜过望·情绪影响购买决策

大喜过望　过:超过。望:希望。结果比原来希望的还好,因而感到特别高兴。《史记·黥布列传》:“上方踞床洗,召布入见,布大怒,悔来,欲自杀。出就舍,帐御饮食从官如汉王居,布又大喜过望。”

在商场购物时,既有鼓励购买的正面情绪,又有阻碍购买的负面情绪。其中表现最强烈的情绪,将对购买决策起着重要影响。一般而言,对占有商品的渴望,以及由此而产生的快乐,是吸引购买的正面情绪。对失去金钱的恐惧,是阻碍购买的负面情绪。根据损失规避原理,当正面情绪数倍于负面情绪,消费者大喜过望时,才会倾向于购买,反之就放弃。感性品牌营销的任务,是设法强化正面情绪,弱化负面情绪,让消费者觉得从商品或服务中获得的满足,比失去金钱所感受到的痛苦要大得多。因此,厂商不惜重金聘请大牌演员做广告,用回眸一笑,催生出万朵心花、满腔激情。同时,厂商还广泛推行产品召回制度、无条件退货制度,以及为复杂产品提供的免费培训制度,以减少消费者的后顾之忧。

主要参考资料

[1] 戴维·迈尔斯. 社会心理学(第 8 版)[M]. 张智勇、乐国安、候玉波,等译,北京:人民邮电出版社,2006

[2] DennisCoon,JohnO. Mitterer. 心理学导论——思想与行为的认识之路(第 11 版)[M]. 郑钢,等译,北京:中国轻工业出版社,2007

[3] 保罗·奥默罗德. 蝴蝶效应经济学[M]. 李华夏,译. 北京:中信出版社,2006

[4] 迈克尔·舍默. 当经济学遇上生物学和心理学[M]. 闾佳,译. 北京:中国人民大学出版社,2009

[5] 斯科特·普劳斯. 决策与判断[M]. 施俊琦、王星,译,北京:人民邮电出版社,2004

[6] 奚恺元. 别做正常的傻瓜[M]. 北京:机械工业出版社,2004

[7] 贝特·萨勒. 行为背后的心理奥秘[M]. 王薇,译. 北京:中国人民大学出版社 2008

[8] 理查德·怀斯曼. 怪诞心理学[M]. 路本福,译,天津:天津教育出版社,2009

[9] M·W·艾森克、M·T·基恩. 认知心理学第四版[M]. 高定国、肖晓云,译. 上海:华东师范大学出版社,2004

[10] 马克斯·巴泽曼. 管理决策中的判断(第 6 版)[M]. 杜伟宇、李同吉,译. 北京:人民邮电出版社,2007

[11] D·M·巴斯. 进化心理学——心理的新科学(第二版)[M]. 熊哲宏、张勇、晏倩,译. 上海:华东师范大学出版社,2007

[12] 乔纳森·伯龙. 思维与决策[M]. 胡苏云,译. 成都:四川人民出版社,2003

[13] R·A·罗宾斯. 决策的陷阱[M]. 吉林:吉林文史出版社,2004

[14] R·A·巴伦,D·伯恩著社会心理学(第十版)[M]. 黄敏儿、王飞雪,等译. 上海:华东师范大学出版社,2004

[15] 马西莫皮亚泰利-帕尔马里尼. 不可避免的错觉:理性的错误如何控制我们的思维[M]. 欧阳绛,译,北京:中央编译出版社,2005

[16] 罗伯特·马修斯. “意外后果定律”影响着你的生活[J]. 合肥:新闻世界(社会生活),2007 年第 6 期

[17] 罗伯特·K·雷斯勒,汤姆·夏斯特曼. FBI 心理分析术:我在 FBI 的 20 年[M]. 马玉卿、王晓雪,译,南京:江苏文艺出版社,2011

[18] S. E. Taylor, L. A. Peplau, D. O. Sears. 社会心理学(第十版)[M]. 谢晓非、谢冬梅、张怡玲、郭铁元,等译,北京:北京大学出版社,2004
[19] 郑薇莉,周谦. 中华成语大词典[M]. 北京:商务印书馆国际有限公司,2013
[20]《中华成语词典》编委会. 中华成语词典[M]. 北京:商务印书馆国际有限公司,2014
[21]《成语大词典》编委会. 成语大词典[M]. 北京:商务印书馆国际有限公司,2005